KB048431

김민준의
이너스페이스

김민준의 이너스페이스

나노로봇공학자, 우리와 우리 몸속의 우주를 연결하다

초판 1쇄 찍은날 2020년 8월 31일
초판 1쇄 펴낸날 2020년 9월 9일
지은이 김민준·정이숙
펴낸이 한성봉
편집 조유나·하명성·이동현·최창문·김학제·신소윤·조연주
콘텐츠제작 안상준
디자인 전혜진·김현중
마케팅 박신용·오주형·강은혜·박민지
경영지원 국지연·강지선
펴낸곳 도서출판 동아시아
등록 1998년 3월 5일 제1998-000243호
주소 서울시 중구 소파로 131 [남산동 3가 34-5]
페이스북 www.facebook.com/dongasiabooks
인스타그램 www.instargram.com/dongasiabook
전자우편 dongasiabook@naver.com
블로그 blog.naver.com/dongasiabook
전화 02) 757-9724, 5
팩스 02) 757-9726

ISBN 978-89-6262-348-2 03400

이 도서의 국립중앙도서관 출판예정도서목록(CIP)은
서지정보유통지원시스템 홈페이지(http://seoji.nl.go.kr)와
국가자료공동목록시스템(http://www.nl.go.kr/kolisnet)에서
이용하실 수 있습니다.(CIP제어번호: CIP2020035963)

※ 잘못된 책은 구입하신 서점에서 바꿔드립니다.

만든 사람들
책임편집 김학제
본문교정 양선화
크로스교열 안상준
표지디자인 손소영
본문조판 김경주

INNER SPACE

김민준의 이너스페이스

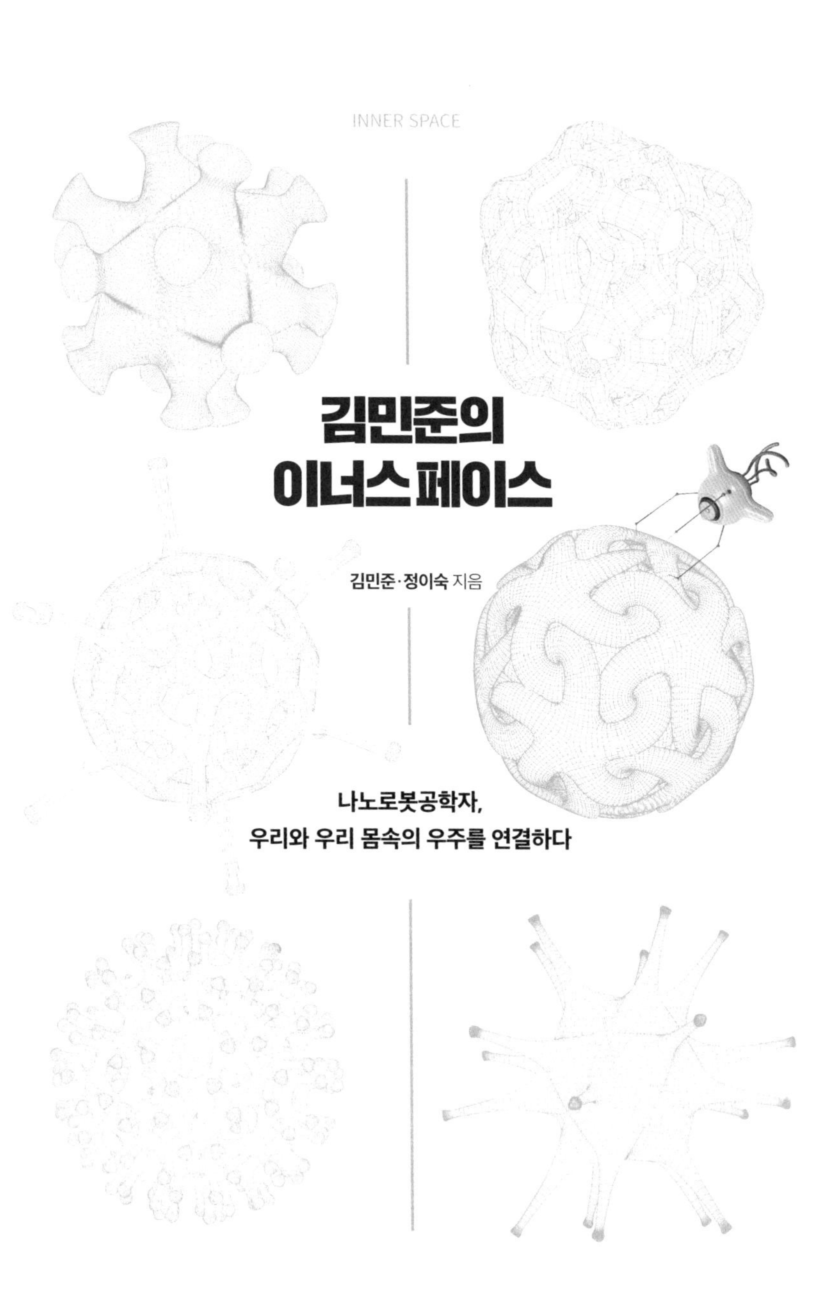

김민준·정이숙 지음

나노로봇공학자,
우리와 우리 몸속의 우주를 연결하다

동아시아

프롤로그

자율주행로봇이나 인간형 로봇에 익숙한 우리에게, 공상과학영화에서나 등장하는 '나노로봇'은 아직 생소하게 다가온다. 나노로봇이란 스스로 환경을 인식하고 상황을 판단하여 자율적으로 동작하는, 머리카락 굵기 10만 분의 1 크기의 작은 기계를 일컫는다. 나는 크기가 너무 작아 인간의 눈으로는 존재를 확인할 수조차 없는 로봇을 연구하고 만드는 공학자다. 연구실에서 보이지 않는 나노미터의 세계를 탐구하다 보면 종종 소인국에 간 걸리버가 된 기분이 든다. 반대로, 연구실에서 나왔을 땐 갑자기 대인국을 여행하는 듯한 착각에 빠지기도 한다.

나노로봇공학자로서 마이크로·나노로봇이 등장하는 공상과학영화를 볼 때마다 나는 나에게 수많은 질문을 던진다. 초소형 잠수함이 사람의 몸속을 탐험하는 공상과학영화 〈이너스페이스〉

의 상상은 현실이 될 수 있을까? 월트디즈니 애니메이션 〈빅 히어로 6〉 속에 나오는 것처럼 명령에 따라 스스로 움직일 뿐만 아니라 서로 달라붙고 떨어질 수 있는 마이크로로봇 군집 기술은 과연 실현 가능한 것일까? 영화 〈지아이조: 전쟁의 서막〉에서 본 나노로봇들로 구성된 '나노마이트'는 실제로 만들 수 있는 것일까?

아마 많은 사람이 영화를 보며 나와 같은 의문을 가졌을 것이다. 영화에서 우리 몸속을 자유롭게 돌아다니는 나노로봇을 보며 '과연 이러한 로봇이 현실에 존재할까? 존재한다면 어떻게 만들까? 어떤 모양일까? 어떻게 움직일까?' 하는 질문들이 떠오르는 당신이라면, 이 책이 과학적 호기심을 충족시키고 공학적 상상력을 기르는 일에 도움이 될 것이다.

과학은 끊임없는 의심에서 시작하고, 공학은 도발적인 상상에서 시작한다. 그 도발적인 상상을 현실의 공학으로 구현하기 위해서는 다양한 학문을 융합함으로써 혁신을 이뤄야만 한다. 그렇기에 나노로봇공학은 혼자 하는 학문이 아니다. 기계공학, 의공학, 전기·컴퓨터공학, 재료공학, 수학, 화학, 물리학, 미생물학, 의학 등 다양한 학문 분야의 연구자와 긴밀히 소통하여 공동연구를 통해 결과를 하나하나 만들어가는, 로봇에 관한 인문학이자 기술학이다.

연구는 사람이 한다. 연구를 한다는 것은 사람을 만난다는 것이며, 서로 다른 사람들과의 만남을 통해 새로운 길을 함께 걸어가는 과정이다. 다학제 간 연구를 인문학적 과정이라 보는 것도 바로 그런 이유에서다. 독특한 사람들이 한데 모였을 때, 우리는 다양성 속에서 일반성과 독창성을 찾아낸다. 일반성은 보편적 질서를, 독창성은 창의적 아이디어를 만든다. 그리고 혁신적 연구 성과는 바로 창의적 아이디어에서 시작한다.

연구를 하면서 많은 사람을 만났다. 스승을 만나 제자가 되었고, 스승이 되어 제자도 만났다. 또한, 공동연구를 통해 다양한 연구자들을 만나 소통했다. 그러는 동안 나는 좋은 사람은 좋은 사람을, 유능한 사람은 유능한 사람을, 정직한 사람은 정직한 사람을 만나게 해준다는 것을 깨달았다. 그러한 만남 속에서, 우리의 연구는 끊임없이 진보해나갔다.

나노로봇공학이라는 보이지 않는 길, 아무도 가보지 않은 길을 걸어가기 위해선, 나에게는 굳은 신념이 필요했다. 앞서간 사람이 없기에 어디로 가야 할지 막막한 순간이 많았다. 더 쉬운 분야로 빠지는 것에 대한 유혹도 있었다. 다행히, 연구를 통한 다양한 만남 덕에 포기하지 않고 새로운 길에 도전할 수 있었다. 그리고 도전하지 않았다면, 결코 만들지 못했을 길을 결국 만들었다. 나는 이 책에서 미래를 준비하는 학생들에게 과학과 인생의 또 다른 길을 보여주고 싶었다. 내가 만든 이 작은 길을 누군가에게 알리고 함께 나누고 싶었다. 그렇게 되면, 지금까지 우리 인류가 다른 분야에서 해왔던 것처럼, 내가 만든 이 길도 더 큰 길이 될 수 있지 않을까? 내 책을 읽고 누군가가 영화에서나 만날 수 있는 줄 알았던 로봇이 실제로 존재하는 것을 알게 되고, 나노로봇 공학자를 꿈꾸게 된다면 그보다 더 기쁜 일은 없을 것 같다. 그렇게 꿈을 품은 학생이 자라 내 연구실의 문을 두드리는 미래를 상상해본다. 가슴이 뛴다. 먼저 그 길을 가본 사람은, 그 길을 꿈꾸거나 이제 막 그 길에 접어든 사람을 만나서 도움을 줄 수 있다. 나는 이 책을 통해서도 그런 일들이 이루어지기를 바라고 있다.

2020년 8월

김민준

차례

소우주가 만든 대우주
한 명의 나노로봇공학자가 키워낸 수많은 제자

나노로봇공학자가 상상하는 미래
오늘의 상상과 내일의 현실을 연결하다

1장

나노로봇공학자의 융합적 사고

사람이라는 각각의 소우주를 서로 연결하다

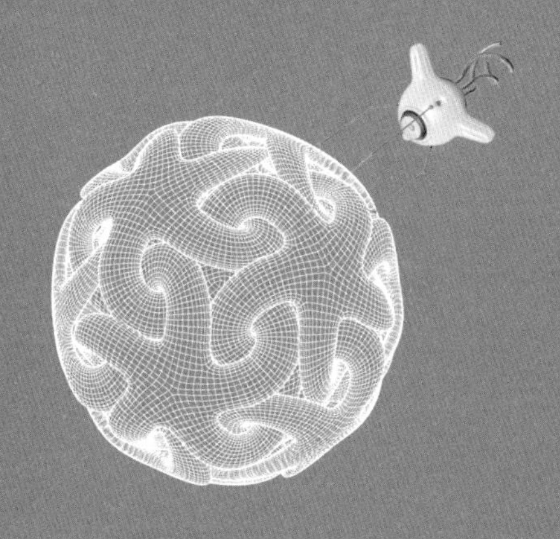

나노로봇공학은 혼자 하는 학문이 아니다. 다양한 학문 분야의 연구자와 소통을 통한 공동연구에 의해 하나하나 결과를 만들어가는, 인문학적 과정이다.

01
30cm 자로 책을 읽는 난독증 교수

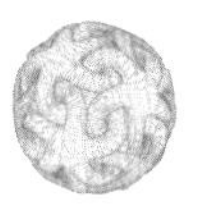

난독증 학생에게 30cm 자를 처방하다

2019년 서던메소디스트대학교 봄학기, 기초 열역학 수업을 할 때 있었던 일이다. 루이스 야거라는 기계공학과 3학년 학생이 장애인 배려 시스템Disability Accommodation & Success Strategy, DASS을 학기 중에 사용하겠다고 요청했다. DASS는 장애를 가진 학생이 수업을 들을 때나 시험을 볼 때 배려를 받을 수 있게 한 제도다. 예를 들면 장애가 있는 학생이 없는 학생보다 더 긴 시험 시간을 배정받는다. 또한 강의실이 아니라 다른 공간에서 시험을 치를 수가 있다. 그런데 루이스는 겉보기에는 아무런 장애가 없어 보였다. 그렇다고 무슨 문제가 있는지 물을 수는 없었다. 학기 중간고사가 끝난 직후, 루이스는 오피스 아워●에 나를 찾아와 자신이 난독증을 앓고 있다고 말했다. 쉽게 말하면, 한 줄을 읽고 다음 줄을 찾지 못하는 것이 문제였다. 나는 가방에서 내가 평소 사용하는 자를 꺼냈다. 그리고 루이스에게 자를 대고 책 읽는 방법을 가르쳐주었다. 루이스가 놀라서 물었다.

"와! 자를 대니까 훨씬 쉽게 읽을 수 있어요! 어떻게 이런 방법을 알고 있죠?"

"나도 너처럼 난독증이 있어. 그래서 항상 자를 가지고 다니지. 꾸준히 연습해봐."

"아! 이런 노하우가 있었다니! 열심히 연습할게요."

결국 루이스는 A마이너스라는 좋은 성적으로 기초 열역학 수업을 마쳤다. 여름방학이 시작되기 전 그는 가을학기에 중급 열역학 수업도 꼭 수강하겠다는 약속을 남기고 고향으로 떠났다.

3개월의 여름방학이 끝났고, 다시 새 학기를 맞았다. 루이스는 약속한 대로 중급 열역학 수업을 신청했다. 그런데 이번 학기에는 DASS를 신청하지 않았다. 그리고 일반 학생들과 똑같은 조건으로 치른 중간고사에서 만점을 받았다. 나는 만점 시험지를

● 수업과 별개로, 교수가 시간을 내어 학생을 면담하도록 한 제도.

루이스에게 전해주며 말했다.

"루이스, 정말 대단하다!"

루이스가 바로 맞받아서 말했다.

"교수님 말씀을 들었을 뿐인데요!"

수업을 마친 후, 루이스는 내 격려와 난독증 해결 노하우가 큰 동기부여가 되었다는 감사의 이메일을 보내왔다. 난독증을 극복한 내 경험이 학생에게 도움이 되었다는 사실에 무척 행복했다.

이번 여름에 저는 시간이 생길 때마다 읽기 연습을 했습니다. 그리고 항불안제 복용도 끊었어요. 제가 그렇게 할 수 있도록 동기를 준 교수님께 감사드립니다.

유년 시절, 나는 특별히 누가 가르쳐주지도 않았는데 길거리 간판을 보고 읽었다. 그 덕인지 다섯 살에 이미 한글과 숫자를 익혔다. 또래보다 한 살 어릴 때 유치원에 입학했지만, 졸업할 때는 유치원 대표로 더듬더듬 축사를 읽을 수 있을 정도였다. 그런데 막상 초등학교 3학년이 되었을 때는 책 읽기가 싫어졌다. 교과서 문장이 길어지면서, 한 줄을 읽고 나면 다음 줄을 찾기가 힘들었다. 글자와 행이 수가 많을수록 단어들끼리 춤을 추고 문장의 내용이 뒤죽박죽으로 섞여 보였다. 그런 증상이 난독증이라는 것을 알게 되었을 때 내 나이는 열네 살이었다. 난 내가 책 읽는 데 어려움이 있다는 사실을 어머니에게 숨겼다. 어머니를 실망시키고 싶지 않아서였다. 어머니가 책을 읽으라고 하면, 내용이 빽빽한 소설책 대신 그림책이나 시집을 들고 읽는 시늉을 했다.

내가 책 읽기를 싫어한다고 생각한 어머니는 초등학교 4학년이던 나를 동네 속독법 학원에 보냈다. 2시간이면 책 한 권을 뚝딱 읽을 수 있게 된다는 과장광고로 아이와 부모를 현혹하던 곳이었다. 그 학원에서 나는 책의 행을 건너뛰며 읽어도 된다는 얘기를 들었다. 한 줄을 읽고 이어지는 다음 줄을 찾기가 힘들던 내가 이미 쓰고 있는 방법이었다. 나는 눈에 들어오는 낯익은, 혹은 중요한 단어만을 찾아 단어 사이의 연관성을 유추하고 상상하며 책의 내용을 내 나름대로 그려냈다. 말하자면, 상상으로 책을 읽었던 셈이다. 단어 사이의 공백을 상상으로 메꾸며 책에 없는 내용을 페이지마다 생각하고 그려냈다.

1988년, 휘문고등학교 국어 시간, 선생님은 학생들이 돌아가며 교과서를 낭독하게 했다. 그날은 1925년 김동환이 지은 〈국경의 밤〉이라는 시를 읽을 차례였다. 내 순서가 되었고, 난 심호흡을 하며 일어서서 맨 위의 한 줄을 읽었다.

“아하, 무사히… 무사히 건너, 건너슬가…”

더듬거리는 목소리가 갈라져 다른 사람의 소리처럼 들렸다. 반 친구들이 웃음을 터트렸다.

“거긴 좀 전에 네 짝이 읽었잖아, 다음 줄부터 읽어.”

선생님이 참을성을 가지고 말했다. 눈앞이 캄캄해지고 등에 땀이 나는 것을 느꼈다.

“두만강을, 경비하는, 오르명 내리명, 외투…”

눈 안으로 뛰어드는 단어들을 간신히 잡아채서 읽어 내려갔다. 하지만 문장의 행이 바뀔 때, 여지없이 이어지는 단어를 찾지 못해 더듬고 더듬었다. 친구들의 웃음소리가 점점 더 커졌다. 내 짝은 아예 책상을 두드리며 웃었다. 내가 장난을 치는 것이라고 생각하는 듯했다. 마침 수업 끝을 알리는 벨이 울렸다. 나는 한숨을 쉬며 자리에 앉았다.

“김민준, 오늘 수업 마치고 교무실로 와.”

선생님은 나를 교무실로 호출하고 교실을 나갔다. 방과 후, 나는 쭈뼛거리며 교무실로 들어섰다. 선생님은 고개를 들어서 내 눈을 들여다보았다.

“민준아, 책 읽는 게 힘들지?”

난 대답을 못 하고 선생님의 책상에 놓인 책으로 시선을 돌렸다. 책 속의 행들이 삐뚤빼뚤 춤추고 있었다. 내 시선이 가 닿은 책을 가리키며 선생님이 말했다.

“이거 한번 읽어봐라.”

“아하, 무사히 건너슬가…”

천천히 한 줄을 읽고 멈췄다. 선생님이 계속 읽으라고 눈으로 재촉했다. 나는 다시 첫 줄을 읽었다. 선생님은 아무 말 없이 다음 줄에 30cm 자를 가져다 댔다. 흔들리던 내 눈동자가 침착해졌다. 나는 자 위로 보이는 행을 읽었다.

“이 한밤에 남편은…”

자가 아랫줄로 내려갔다. 내 시선도 자를 따라 내려가 다음 줄을 읽었다.

“두만강을 탈업시 건너슬가?”

선생님이 들고 있던 자를 나에게 내밀었다.

“이 자, 너 가져라. 이제부터 책을 읽을 때는 지금처럼 이렇게 자를 대고 해봐. 연습하다 보면 남보다 느리긴 해도 읽는 데는 문제가 없을 거야.”

내가 난독증에 대한 첫 처방전을 받은 순간이었다. 학기가 끝날 때까지 국어 시간의 책 읽기 담당은 언제나 나였다. 선생님이 준 자 덕분에 난 행이 바뀌어도 헷갈리지 않고 책을 읽을 수 있었고 학기 말에는 읽는 속도도 놀라울 정도로 빨라졌다. 그때 이후로 난 항상 30cm 자를 가방에 넣고 다닌다. 자를 대고 책 읽는 법을 가르쳐준 이가 바로 고등학교 2학년 시절 담임 조병옥 선생님이다.

글이 아닌 그림과 수식으로 수업하다

어려서부터 책 속의 글자들이 춤을 췄다. 한글 모음과 자음이 자리바꿈을 했다. 종종 글자들의 춤을 감상하다가 텍스트 안에 갇히기도 했다. 책을 오래 보고 있으면 두통이 찾아왔다.

중학생이 되면서 영어를 만났다. 영어의 글자들은 피아노 건반처럼 책장 위를 오르락내리락했다. 그래도 영어는 받침이 없어서 한글보다 읽기 쉬웠다. 게다가 영어 문장에서는 주어 다음에 동사가 오기 때문에, 목적어만 찾아내면 대충 읽어도 뜻을 알 수 있다. 한글은 주어를 읽고 동사를 찾아다니다가 길을 잃는 일이 부지기수다. 주어, 형용사, 목적어가 뒤죽박죽 얽히고설킨다. 가장 읽기 힘들었던 책은 영한사전이었다. 글자 크기가 작은 데다 빽빽한 단어 배열이 마치 갓 대국이 끝난 바둑판 같아 숨이 막혔다. 더 큰 문제는 몇몇 바둑알들이 움직이면서 위치를 바꾼다는 것이었다. 자연히 글자만 가득한 책보다 그림책을 많이 읽었다. 만화 삼국지, 만화 세계사, 그림 백과사전…

난독증 때문에 생긴 특이한 습관도 있다. 음식점이나 카페에 가면 메뉴판을 보지 않고 주문하는 것이다. 늘 같은 것만 먹고 마신다. 종종 메뉴판에 음식 사진이나 음료수 사진이 있으면, 새로운 메뉴에 도전할 수 있어서 감사한 마음까지 든다.

대부분 사람들은 내가 난독증이 있다고 직접 말하기 전까지는 알아채지 못한다. 친한 친구들조차 내가 책을 읽고 글을 쓰는 데 문제가 있다고는 상상하지 못할 것이다. 부모님도 처음에는 믿지 못하고 기막혀했다. 중학교 때까지 노트 필기가 많이 힘들었다. 그래서 나만의 필기 방법을 고안했다. 먼저 단어와 단어를 쓴다. 단어들을 앞뒤로 배열하여 문장을 만든다. 만들어진 문장을 다른 노트에 옮긴다. 급하게 노트 필기를 할 때는 단어만 기입한 후, 나중에 그 조합을 맞춘다. 하지만 다시 노트를 보는 것이 고역이었다. 그래서 무조건 수업시간에 집중해서 이해하려고 노력했다. 고등학교 2학년 때부터는 항상 30cm 자를 대고 글을 읽기 시작했다.

컴퓨터가 세상에 나오고 아래아한글과 마이크로소프트 워드로 글을 쓰면서 모든 것이 편해졌다. 나에게 컴퓨터는 난독증을 해결하는 데 가장 큰 도움을 준 든든한 친구다. 컴퓨터 모니터로 글을 읽을 때, 나는 자 대신 커서를 이용한다. 글을 쓸 때는 공간을 나눈다. 한 공간에는 단어를 배열하고, 다른 한 공간에는 단어를 조합해서 문장을 만들고, 또 하나의 공간에는 문장을 이어 붙인다. 아마도 컴퓨터와 인터넷이 없었다면, 나는 연구자로서 살

그림 1 내가 늘 가방에 넣어 갖고 다니는 30cm 자. 나는 이 자를 대고 논문을 읽는다.

아가기가 굉장히 힘들었을 것 같다.

유학 초기만 하더라도 인터넷으로 논문을 찾아 컴퓨터로 읽는 시스템이 아니었다. 읽고 싶은 논문을 대학도서관에 신청하고 1~2주 후에 찾으러 오라는 연락을 받으면 직접 가서 출력한 논문을 받았다. 내가 읽은 논문에는 항상 노란색, 파란색, 오렌지색 등 갖가지 형광펜으로 칠한 줄이 가득했다. 색마다 의미가 달랐다. 노란색 줄만 따라 읽으면 전체 논문 내용을 잘 이해할 수 있도록 나만의 논리 회로를 만들었다. 논문을 읽을 때는 항상 결론부터 읽는다. 결론에 내가 찾는 것이 없으면 다른 내용은 보지 않는다. 결론이 마음에 들면 초록을 읽은 후 그림을 보고 그림에 대한 설명을 찾아 읽는다. 논문의 도입부는 거의 읽지 않고 필요한 부분만 듬성듬성 읽는다.

박사과정 때부터는 논문을 인터넷에서 PDF 파일로 다운로드 받아서 볼 수 있었다. 그 당시의 PDF 파일에는 노란색 형광펜만 사용할 수 있기 때문에 색으로 만든 논리 회로를 이용할 수 없다. 그래서 아주 중요한 부분만 노란색으로 표시해서 읽었다.

나에게는 논문을 쓰는 것보다 그 뒤에 검토하고 교정하는 것이 더 힘든 작업이다. 논문을 쪼개가며 다시 조합을 맞춰 붙여야 하기 때문이다. 그래서 처음에 쓸 때 최대한 문장을 간략하게 만든다. 한 문장 한 문장 쓸 때마다 실수를 줄이기 위해 최선을 다한다. 학생들과 저널 논문 작업을 할 때 제일 먼저 하는 작업은 데이터를 이용하여 그림을 그리는 작업이다. 그림들을 배열하고 스토리 라인을 만든다. 스토리 라인이 구성되면 논문을 통해 알리고 싶은 연구 결과를 정리하여 결론을 도출한다. 전체가 만들어지면 논문을 간단히 정리한 초록을 완성하면서 작업을 끝낸다.

연구실 학생들과 커뮤니케이션할 때는 주로 파워포인트를 사용한다. 매주 학생들이 한 주 동안 무엇을 했는지, 다음 주에 무엇을 할지 파워포인트 슬라이드 5장 이내로 정리해서 보내준다. 그 내용을 읽고 개인 미팅을 잡는다. 먼저 학생들의 브리핑을 듣고 조언이나 지시를 화이트보드에 그림이나 수식으로 설명한다. 설명이 끝나면 학생은 화이트보드에 쓰인 내용을 스마트폰 카메라로 찍어 간다. 글보다 그림이나 수식으로 설명하는 것이 나에게는 쉽고 편한 의사소통 수단이다.

강의 준비를 할 때는 파워포인트 슬라이드 외에 따로 노트를 준비하지 않는다. 준비한다 하더라도 강의하다가 노트를 보고 필기하는 것이 나에게는 쉽지 않다. 파워포인트 슬라이드에도 텍스트는 별로 없다. 역시 강의 중에 텍스트를 눈으로 읽고 입으로 말하기가 쉽지 않기 때문이다. 하지만 슬라이드의 그림 배치에 따라 강의 스토리라인을 만들고 중간중간 수식들을 화이트보드에 적어가며 학생들이 알아야 할 기본적인 원리를 전달하려고 애쓴다. 그래서 내 수업은 학생의 출석률에 따라 학점의 승패가 좌우된다. 결석이 많은 학생들은 아무리 독학을 해서 강의 내용을 숙지한다고 하더라도 시험에서 좋은 점수를 받기 힘들다.

나는 텍스트 안에서 길을 잃고 길을 찾는다. 난독증 때문에 조금 불편한 것도 사실이다. 하지만 우리 대부분은 한두 가지 핸디캡을 가지고 살아간다고 생각한다. 우리는 모두 각자 다른 핸디캡 안에서 길을 잃고 길을 찾는다. 따라서 우리는 서로 다르지 않다.

02
끊임없이 질문하며 답을 찾아나가는 실험주의자

실험의 결과가 예상값과 일치할 때 환희를 느끼다

어제 마저 정리하지 못한 군집 제어 수학 모델을 출근길에 다시 떠올렸다. 일주일 내내 붙들고 있는 수학 공식이다. 군집 제어Swarm Control란 여러 종류, 다수의 로봇이 동시에 주어진 과제를 수행하는 것이다. 요즘 한참 뇌, 눈, 간 등 인체 여러 기관에 약물을 정확하게 전달하기 위해서 나노로봇공학과 햅틱스Haptics● 기술을 융합하는 새로운 시도로서 다양한 아이디어를 만들고 있다. 알약을 먹는 것과 같은 수동적인 약물전달 방식에서, 나노로

● 키보드, 마우스, 터치스크린 등 컴퓨터가 사람의 촉각을 인지하는 것.

봇을 이용해서 암세포 같은 표적에 정확하게 항암제를 투약하는 적극적인 표적지향형 약물전달 방식으로 바꾸기 위한 연구다.

손은 운전대를 잡고 눈은 앞을 보고 있지만, 머릿속에 하얀 도화지를 펼쳐놓고 3차원 좌표계 안에 원을 하나 그린다. 둥근 원의 한 점을 *x*, *y*, *z* 축으로 각각 잡아당겨본다. 흠… 별로다. 이번엔 *xy*, *yz*, 그리고 *zx* 평면으로 원을 찌그러뜨려본다. 찌그러진 원 안에 화살들을 그려 넣는다. 벡터들이다. *x*는 빨간 화살, *y*는 파란 화살, *z*는 녹색 화살… 조금 더 그럴듯하게 보인다. 이런! 학교 출구를 놓쳤다. 무릎을 치며 혼자 중얼거린다.

출구를 놓치는 바람에 어제보다 10분 늦게 학교 정문에 들어섰다. 내게는 2~3일에 한 번씩 일어나는 해프닝이다. 학교 안에 있으면 마음이 편하다. 우거진 참나무와 아름다운 붉은색 벽돌 건물 사이사이 여러 종류의 나무와 꽃이 마음을 안정시켜준다. 차를 사무실 근처 주차장에 세운다. 차 문을 잠그고 주차 위치를 휴대전화로 꼭 찍는다. 이렇게 안 하면 퇴근할 때 차를 찾느라 지하부터 4층까지 헤매야 한다. 주차장을 나와 횡단보도를 건너면, 로라 리 블랜튼 빌딩 앞 분수가 열렬한 아침 인사를 건넨다. 다음은 내 사무실이 있는 엠브레이 빌딩 앞 화단의 꽃들에게 눈맞춤 할 차례다. 종종 여유가 있을 때는 꽃들에게 말을 건네기도 한다. 계절마다 화단에 피어나는 다양한 꽃들이 있어서 출근길이 더 행복하다.

사무실에 들어서자마자 컴퓨터를 켠다. 사무실에는 컴퓨터 5대, 모니터 6대가 있다. 1번 컴퓨터는 연구 제안서나 논문 작업에 쓴다. 2번 애플 데스크탑 컴퓨터의 임무는 이메일과 화상 미팅이다. 3번 컴퓨터는 수업 준비, 4번 컴퓨터는 학생들과의 연구 과제 미팅을 위해 쓰고, 마지막 5번 애플 랩탑 컴퓨터는 강연·강의를 위해 사용한다. 컴퓨터가 부팅되는 동안, 사무실 안 화이트보드에 출근길 떠올렸던 그림과 수식들을 쓴다. 보드와 책상, 의자 사이를 왔다 갔다 하며 이렇게 저렇게 고쳐본다. 그 일을 반복하다 답을 찾으면 화이트보드 바로 옆 4번 컴퓨터에 저장하고 연구실 학생들과 논의하여 실험에 적용해본다. 다음으로는 이메일을 확인한다. 보통 하루에 100개 정도의 이메일이 온다. 하나씩 읽으면서 바로바로 답을 한다. 이메일 회신이 끝나면 출력해 놓은 논문을 읽는다. 장인이 한 땀 한 땀 바느질을 하듯이, 논문 위에 30cm 자를 대고 형광펜으로 색칠을 해가며 한 줄 한 줄 읽어나간다.

누가 사무실 문을 노크한다. 오전 미팅의 시작이다. 많은 미팅 중에서 우리 연구실 학생들과 연구에 대해 의논하는 미팅에 가장 신경을 많이 쓴다. 학생들과의 미팅은 늘 행복하다. 연구 성과뿐만 아니라 그들의 학문적 성장을 같이 볼 수 있기 때문이다.

현재 연구실에는 박사후 연구원 2명, 박사과정 학생 8명, 그리고 학부 연구생 4명이 있다. 우리 연구실에서는 유전공학Genetics·나노공학Nanoengineering·로봇공학Robotics을 융합하는 다학제 간 GNR 연구를 진행하고 있기 때문에 학생들의 전공이나 배경이 다양하다. 학생들과 연구 얘기를 하다 보면 시간 가는 줄 모르지만, 종종 내 자신이 뭘 하는지 헷갈릴 때가 있다. 방금 전에 한 학생과 DNA 등 분자생물학에 대해 얘기하고 있었는데, 지금 다른 학생과는 자율주행이나 운동 제어 등 로봇공학에 대해 얘기하는 경우가 다반사라 그렇다.

미팅은 질문으로 시작해서 질문으로 끝난다. 난 주로 학생의 생각을 묻고 들으면서 함께 수학이라는 도구로 독립변수와 종속변수를 구분하여 실험을 어떻게 할지 결정한다. 공학적 사고의 기본은 단순화다. 변수를 얼마나 줄이느냐에 따라 실험의 편차와 성공 여부가 달라질 수 있다. 연구실 학생들과 주 1회 일대일 미팅을 원칙으로 하되 필요에 따라 그룹 미팅을 해서 다양한 생각을 교환하고 실험 아이디어를 만든다.

분주한 오전이 지나면 점심시간, 휴식이자 재충전의 시간이다. 점심은 혼자 먹으려고 노력한다. 유유자적할 수 있는 혼자만의 시간이 필요하기 때문이다. 생각을 정리하고 아이디어를 다듬는다. 점심을 먹고 혼자 캠퍼스 여기저기를 걸으며 꽃구경을 한다. 산책 코스는 매일 다르다. 생각이 복잡한 날은 다른 날보다 산책이 길다. 비가 오는 날은 학교 캠퍼스 내 미술관이나 박물관에 간다.

대부분의 연구실 실험은 오후에 시작한다. 실험은 설렘이다. 열심히 준비한 실험이 예상했던 실험값을 만들어줄 때 그 짜릿함은 세상 무엇과도 바꿀 수 없다. 나는 실험주의자로서 연구실 학생들에게 레오나르도 다빈치의 말을 항상 가슴에 새기며 실험하라고 당부한다.

자연이 추리로 시작해서 경험에 의해 끝난다는 것은 사실이다.
그럼에도 불구하고, 우리는 실험을 시작해야 한다.
그리고 그 이유를 알아내기 위해 노력해야 한다.

나는 자연현상에 대해서 실험이라는 과학적 노력을 통해 끊임없이 나의 상상력과 호기심이 만들어낸 질문의 답을 찾는다. 실험은 상상을 현실로 만들어주는 과정이다. 나는 실험을 통해서만 혁신을 이뤄낼 수 있다고 확신한다. 따라서 실험은 창의적 작업이다. 결과에 대한 기대감이 실험의 피곤함을 잊게 만든다. 실험을 계획하고 실험을 준비하고 실험을 통해 답을 찾아나가는 그 모든 과정이 나에게는 큰 즐거움이다.

퇴근길에는 항상 연구실에 잠깐 들른다. 연구실은 나에게 생각날 때마다 자꾸 꺼내보고 싶은 연애편지와 같다. 그곳엔 희로애락이 있다. 무슨 일이 일어나고 있는지 항상 궁금하다. 실패를 밥 먹듯이 되풀이하지만 그 실패를 통해 늘 희망을 본다. 희망은 길이다. 실험을 통해 답을 찾아가는 길!

코페르니쿠스의 후예들과 함께 연구하다

연구실 문을 열고 들어서면 학생들 사무 공간이 있다. 20명의 연구원이 동시에 컴퓨터 작업을 할 수 있는 책상과 개인용 컴퓨터가 빼곡히 들어차 있다. 실험 해석, 통계 분석, 딥러닝·머신러닝, 수치 모사Numerical Simulation를 위해 사용하는 대용량 워크스테이션 2대는 24시간 운용한다. 천장에 빔프로젝터를 부착해서 언제든지 그룹 미팅과 연구 발표를 할 수 있게 꾸며져 있다. 바퀴 달린 화이트보드는 4차원적인 그림과 낙서인 듯 아닌 듯 알아보기 힘든 짧은 영어와 수식으로 가득하다. 무엇보다 이 공간에서 가장 인상 깊은 것은 학문 계보도일 것이다.

우리 연구실에서 연구를 시작하는 학부생, 대학원생, 박사후연구원에게 랩투어를 시켜주면서 내가 제일 먼저 하는 것이 학문 계보도를 보여주며 학문적 조상 한 사람 한 사람의 업적을 실명하는 일이다. 내가 브라운대학교 케니 브로이어 교수 연구실에서 박사과정을 시작하던 첫날, 그가 연구실에서 제일 먼저 보여준 것도 학문 계보도였다. 방문객들은 연구실에 들어서자마자 눈에 확 뜨이는 학문 계보도에 흥미를 갖고 무엇인지 물어본다. 그럴 때마다 자랑스럽게 학문적 조상들의 이름을 열거하며 그분들 이름에 누가 되지 않도록 열심히 연구하고 있다고 말한다.

브라운대학교 박사과정 지도교수 케니 브로이어는 유체공학의 대가로 1990년대 초 미세유체역학Microfluidics이라는 유체공학의 한 분야를 개척하고 이끌었던 분이다. 그는 MIT 대학의 마틴 랜달 교수와 실라 위드널 교수의 제자였다. 모두 응용수학을 기반으로 유체역학의 기본 틀을 만든 분들인데 학문 계보도를 타고 위로 계속 올라가면 지동설로 유명한 니콜라우스 코페르니쿠스가 있다. 코페르니쿠스와 지도교수 사이에는 편미분 방정식을 일반화하여 푸아송 방정식을 유도한 시메옹 드니 푸아송(1781~1840), 정수론과 최소제곱법을 정립한 요한 카를 프리드리히 가우스(1777~1855), 차원 해석의 창시자이며 열전도에 관한 연구로 열전도 방정식을 유도한 조제프 푸리에(1768~1830), 변분법을 사용하여 역학의 원리를 분석하고 오일러-라그랑주 방정식을 유도한 조제프 루이 라그랑주(1736~1813), 복소수 지수를 정의하는 데 출발점이 된 오일러 공식을 만든 레온하르트 오일러(1707~1783), 미분과 적분에 관한 개념을 정립하고 특정

역학계에서 에너지가 보존된다는 것을 깨닫고 열역학 제1법칙을 정립한 고트프리트 빌헬름 라이프니츠(1646~1716)가 있다.

사무실 안쪽 끝에 있는 문을 열면 드라이랩Dry Lab이 있다. 웨트랩Wet Lab에서는 물을 사용해 실험하고 연구하지만 드라이랩에서는 물을 사용하지 않는다. 드라이랩에서는 능동형 3차원 전·자기장 제어 시스템을 통한 나노로봇의 제어 기술을 향상하여 이너스페이스Innerspace를 현실화하는 연구를 한다. 연구실에 있는 대부분의 로봇이 우리 머리카락 두께인 0.15mm보다 10배에서 100배 작다. 눈에 보이지 않는 로봇을 제어하기 위해서는 다양한 광학현미경을 활용한다. 공초점 현미경 레이저 스캐닝 현미경, 내부 전반사 형광 현미경, 도립형 생물현미경, 위상차 현미경들을 전·자기장 제어 시스템과 합체하여 다양한 크기의 마이크로·나노로봇을 제어함으로써 표적형 약물전달, 최소침습수술, 의료영상기술을 향상시키기 위해 노력 중이다.

드라이랩에 있는 장비 중에 단연 눈에 띄는 장비는 데스 스타Death Star다. 실험실 중앙에 있는 사람 몸통만 한 원형 고리 6개를 가로세로로 합체한 전·자기장 제어 시스템이다. 공상과학영화에 나올 것같이 생긴 이 장비는 연구실에서 직접 제작한 3차원 전·자기장 제어기인데, 영화 〈스타워즈〉에 나오는 전투용 거대 인공위성의 이름에서 따왔다. 데스 스타는 종합병원에서 볼

그림 2 동물 실험용 3차원 전·자기장 제어 시스템 데스 스타

수 있는 자기공명영상(MRI) 장비처럼 원형 고리 모양의 장치에 전류가 흐르며, 초당 200번 이상 진동하는 자기장을 고리 안쪽 공간에 발생시킨다. 이 장비를 이용해 동물과 인간의 몸 안에서 자유자재로 돌아다니는 GNR 분야의 첨병, 마이크로·나노로봇을 무선 제어한다. 나노로봇은 주변 환경을 스스로 인지해 방향과 속도를 조절하는 수십~수백 나노미터(1nm는 10억 분의 1m) 크기의 극초소형 로봇이다. 미생물인 박테리아의 수십 분의 1 크기로, 혈액과 같은 인간의 체액 안에서 자기장을 이용한 자체 추진력으로 헤엄쳐 움직인다.

드라이랩 바로 옆에 있는 웨트랩에서는 마이크로·나노로봇의 제작과 실험을 위한 모든 시료를 만들고 테스트한다. 웨트랩에는 박테리아 배양을 위한 시료 제작에 필요한 화학약품과 배양 실험을 위한 인큐베이터와 배양 후 박테리아 처리 과정에 필요한 다양한 원심분리기가 자리 잡고 있다. 이뿐만 아니라 다양한 단백질, DNA, 지질Lipid 등이 있는데 이 점은 일반 생화학 연구실과 별반 차이가 없다. 웨트랩 안에는 작은 실험실 2개가 위치해 있다. 한 곳에서는 단분자 구조 분석을 위한 실험을, 다른 한 곳에서는 다양한 세포 배양을 위한 실험을 진행하고 있다. 예를 들면 DNA 분석 실험, 단백질 중합, 리포솜 합성 실험 등이다.

일반적인 로봇과 달리 나노로봇은 무기물뿐 아니라 생체재료들의 생화학적 조작을 통해 만들어진다. 예를 들어, 박테리아를 모방해 만든 인공 박테리아 나노로봇은 박테리아처럼 세포체와 편모로 이루어져 있다. 세포체는 자성을 가진 아주 작은 나노입자로 되어 있고 편모는 박테리아에서 직접 획득한다. 박테리아 배양 후, 원심분리기를 이용하여 박테리아 세포체와 편모를 분리한다. 분리된 편모를 원심분리기에 다시 넣어 잘게 자른 후 생화학적 과정을 거치게 되면 잘린 편모들이 스스로 재결합하여 길어진다. 이 길어진 박테리아 편모의 양끝을 다시 화학적으로 처리하면 나노입자에 붙일 수 있게 된다. 이런 모든 생물학적·화학적·생화학적 처리 과정과 분석 과정이 웨트랩에서 이루어진다.

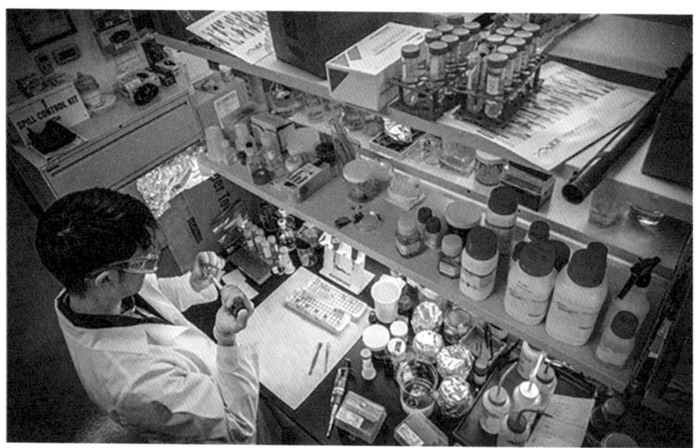

그림 3 나노로봇의 제어 기술을 개발하는 연구를 위한 드라이랩(위)과 나노로봇의 제작·합성을 위한 웨트랩(아래)의 모습

우리 연구실 학생들은 다학제 간 연구를 소화하기 위해 항상 대화하고 함께 일한다. 연구실의 박사후 연구원 부부는 분석화학과 표면화학을 전공한 박사들이다. 박사과정 대학원생 8명은 각각 다른 나라에서 서로 다른 학부와 석사 연구를 거쳤다. 기계공학, 의공학, 전기·컴퓨터공학, 화학·생물공학, 생물물리학을 전공한 학생들은 실험실에서 상호보완적으로 연구할 수밖에 없다. 나는 연구실의 학생을 선발할 때, 특별한 경우가 아니면 한 나라에서 2명 이상의 학생을 뽑지 않는다. 또 내가 잘 아는 분야의 전공자는 일부러 뽑지 않는다. 예를 들면, 나는 전기화학과 유체공학으로 석사·박사학위를 받았기 때문에 해당 전공자는 뽑지 않는다. 서로 다른 연구 역량과 배경을 가진 학생들은 서로 소통하면서 배우고 자신들의 약점을 보완해간다. 매주 1회 그룹 미팅에서 진행 중인 연구 프로젝트에 대해 학부 학생을 포함한 연구실 전원이 자유롭게 자기 생각을 제시하고 토론하며 연구 방향을 잡아나간다. 새로운 아이디어가 있을 때는 언제든지 누구나 미팅을 소집할 수 있다.

03
서로 다른 생각을 연결하는 융합형 인간

공동연구를 통해 로봇 연구의 틀을 깨다

나는 40년 동안 학교에 다니면서 수많은 사람과 만나고 헤어졌다. 그 과정에서 내 나름대로 만남의 철학이 생겼다. 우리는 사람을 통해 사람을 만난다. 좋은 사람은 좋은 사람을, 유능한 사람은 유능한 사람을, 정직한 사람은 정직한 사람을 만나게 해준다. 내 경험에 따르면 그 만남을 통해 연구가 진보할 수 있었다. 우리는 학교에서 선생(가르치는 사람)과 스승(자신을 깨우쳐주는 사람)을 만난다. 선생은 지식을 가르치는 사람이지만 스승은 인생을 가르쳐준다. 어떤 스승을 만나느냐 하는 것은 우리의 인생에 굉장히 중요하다. 좋은 스승을 만나는 것은 천운이 있어야 가능하다.

나는 유학만 가면 좋은(?) 지도교수를 만나서 내가 하고 싶은 공부를 마음껏 할 줄 알았다. 천만의 말씀이었다. 흔히 말하는 세계적 석학을 지도교수로 만나는 것은 하늘의 별 따기만큼 어려운 경쟁에서 성공한 결과다. 지도교수가 정해진 후에는 내가 하고 싶은 공부와는 전혀 상관없이 지도교수가 하고 싶은 연구나 공부를 해야 한다. 지도교수는 학문적으로 평생을 함께한다.

유학 와서 두 분의 스승을 만났다. 좋은 사람은 좋은 사람을 만나게 해준다는 말을 실감하게 해준 분들이다. 한 분은 석사과정 지도교수이자 지금 내 학과장인 알리 베스콕이고, 다른 한 분은 그의 추천으로 만난 박사과정 지도교수 케니 브로이어다. 둘은 서로 친구다. 나는 석사과정을 마치고 박사과정에 진학하면서 연구 주제가 바뀌었다. 석사과정 지도교수는 내가 연구에 흥미를 잃고 골프에 빠져 공부를 뒷전에 밀어둔 결과 박사자격시험에 떨어졌을 때, 오히려 잘됐다며 이참에 더 큰물에 가서 놀아보라고 나를 친구의 제자로 보냈다. 박사과정을 하기 위해 브라운대학교로 떠나던 날, 인사를 드리러 갔을 때 그는 나에게 딱 한마디를 했다. "민준, 부디 나를 자랑스럽게 만들어줘!" 그 말을 들은 나는 그만 울컥해서 그 자리에서 울고 말았다.

11년이 흐른 뒤, 드렉셀대학교 기계공학과 학과장 채용 때,

학과장 선발위원으로서 석사과정 지도교수를 다시 만났다. 안타깝게도 그는 학과장 오퍼를 받지 못했다. 대신 서던메소디스트대학교 기계공학과 학과장 오퍼를 받아서 갔다. 그리고 3년 후, 함께 일해보자며 그 대학으로 나를 불러들였다. 다른 학교에서 받은 오퍼들이 있었지만, 그분이 아니었으면 지금의 내가 없었기에 서던메소디스트대학교 기계공학과로 연구실을 옮기는 데 한 치의 망설임도 없었다.

내 박사과정 지도교수는 천재였다. 하지만 괴팍했다. 내가 만약 군대라는 거친 학교를 졸업하지 않았다면 박사과정 3년을 이겨내지 못했을지도 모른다. 그만큼 쉽지 않았다. 하지만 유태인 특유의 가르침으로 연구의 A에서 Z까지 모두 배울 수 있었던 소중한 시간이었다. 박사학위는 운전면허증이라는 철학을 가진 나의 지도교수는 운전하는 방법(연구하는 법), 자동차가 고장 났을 때 고치는 방법(연구 방향 재점검·수정), 그리고 자동차 연료 채워 넣는 방법(연구제안서 쓰는 법)을 가르쳐주었다. 항상 제자들에게 "나의 성공이 너의 성공이고, 너의 성공이 나의 성공이다"라고 말씀하시며 졸업 후 지금까지 제자를 위해서 물심양면으로 도와주신다. 그런 지도교수가 곁에 있다는 것은 커다란 행운이다.

하버드대학교에서 박사후 연구를 1년 한 뒤 텍사스주립대학교 기계·항공공학과, 뉴욕주립대학교 기계공학과, 밴더빌트대학교 기계공학과, 그리고 드렉셀대학교 기계공학과에서 조교수 오퍼를 받았다. 어디로 가야 하는가 하는 고민은 박사과정 지도교수가 해결해주었다. 어떻게 결정해야 하느냐는 이메일을 보냈더니 그가 보스턴에 있는 자신의 집으로 오라고 했다. 찾아갔더니 커피를 한잔 내주며 내게 물었다.

"민준, 넌 혁신이 뭐라고 생각하니?"

"음…"

"난 구글 검색 엔진에 입력했을 때 아무 검색 결과도 뜨지 않는 키워드가 혁신적이라고 생각해. 왜냐면 아직 아무도 안 해본 것이라 검색 결과가 없는 거잖아. 앞으로 테뉴어●를 받으려면 창의적이고 혁신적인 연구를 해야 할 거야. 그러려면 공동연구의 기회가 많은 곳으로 가."

"필라델피아요?"

"응, 드렉셀 바로 앞에 유펜(펜실베이니아대학교)도 있잖아. 거기도 보스턴처럼 주변 대학들이 많아서 공동연구 하기 좋을 거야. 내가 어떻게 공동연구 하는지 봤지? 이제 혼자 할 수 있는 건 드물어. 사람들과 어우러져서 함께 연구해봐."

마침 그때 드렉셀대학교 기계공학과장이 최문영 교수였다.

● 대학에서 교수의 직장을 평생 동안 보장해주는 제도.

그는 한인 최초로 미주리주립대학교 총장이 된 사람이다. 그가 코네티컷대학교 공대학장으로 옮겨 가기 전까지 나는 학과장의 든든한 지원을 받을 수 있었다. 박테리아를 이용한 유체공학으로 박사학위를 받은 나는 드렉셀대학교에서 연구를 시작하면서, 바로 길 건너 펜실베이니아대학교의 로봇공학자들과 어울리며 나노로봇공학이라는 로봇공학의 새로운 분야를 개척하는 계기를 만들 수 있었다. 협업을 통한 공동연구를 통해 지금까지 존재하던 로봇 연구의 틀 밖에서 혁신적 아이디어를 함께 만들어나갔고, 이러한 공동연구는 로봇공학의 새로운 방향을 제시해주었다.

나는 먼저 유체공학과 로봇공학의 시너지를 최대한 활용할 수 있는 큰 그림을 그렸다. 제일 먼저 떠오른 것이 중학교 때 〈이너스페이스〉라는 영화에서 보았던 한 장면이었다. '작은 로봇이 인체 안에 주입되어 암세포를 제거하고 막힌 혈관을 뚫어주는 기술을 만들면 어떨까?' 하는 상상을 현실화하기 위해 나노로봇공학이라는 큰 그림을 그리고, '어떻게 그 그림을 완성할 수 있을까?' 하는 고민을 시작했다. 숲을 그리고 난 후 그 안에 채워질 다양한 나무를 상상해보았다. 아름답고 건강한 숲을 만들기 위해서는 다양하고 튼튼한 나무들을 심어야 한다. 나노로봇공학을 완성해나가기 위해서는 다양한 아이디어와 튼튼한 연구 역량이 필요했다. 다양한 아이디어를 만들기 위해서 다양한 공동연구자들과 협업을 이루어나갔고 튼튼한 연구 역량을 키우기 위해서 학생들과 함께 연구실의 노하우를 축적해갔다.

"자연을 깊게 들여다봐라. 그러면 모든 것을 더 잘 이해할 것이다." 앨버트 아인슈타인의 말이다. 이 말처럼 나는 아이디어의 발상을 항상 자연에서 찾는다. 미생물 중에서 특히 박테리아에 주목했다. 나는 박테리아의 운동성을 자연 모사하여 다양한 나노로봇의 디자인에 활용하고 그 운동역학의 원리를 이해하려 노력하고 있다. 이를 위해 미생물학자, 유전공학자, 재료공학자, 화학자, 응용수학자, 제어 이론가, 의공학자, 로봇공학자들과 끊임없이 의견을 교환한다. 또 수학적 모델링에 의한 컴퓨터 시뮬레이션의 결과를 바탕으로 마이크로·나노로봇을 설계하고, 생화학적·물리적 상향식 극초미세가공기술을 통해 제작한다. 이렇게 만들어진 마이크로·나노로봇의 의학적·공학적 임무 수행을 다양한 유체 환경에서 실험적으로 증명한다.

실험의 성공은 거듭된 실패의 결과물이다. 실패를 할 때마다 원인을 분석하고 참고 문헌 조사를 통해 검증한다. 실험의 실패는 새로운 노하우를 쌓아가는 기회다. 그래서 나는 실패를 즐긴다. 실패 속에서 성공을 위한 실마리를 찾고 새로운 아이디어를 만들며 연구의 방향을 재조정할 수 있다. 실패를 최소화하는 방법 또한 실패를 통해 얻는다. 실패는 노하우를 만들며 노하우는 연구 역량을 키운다. 따라서 실험하는 연구자는 실패를 두려워하면 안 된다. 실패를 통해 배우고 실패를 통해 한 발 한 발 나아가야 한다.

선생으로 살아가는 나를 하루하루 깨우쳐주는 스승은 사실 학생이다. 연구실 학생들과 함께 논문을 읽고 실험을 계획하고 실험 결과를 분석하고 해석한다. 함께 연구계획을 만들고 실험을 하며 학생들을 통해 새로운 것들을 배운다. 학생과 선생, 둘은 서로에게 스승이 될 수 있다. 연구 미팅을 할 때 나는 끝나는 시간을 정하지 않으며, 대부분 그림과 수학으로 실험 방법론과 아이디어를 학생들에게 전달한다. 서로 질문을 교환하며 답을 찾고 아이디어를 다듬는다. 어떤 실험 결과에 대해 명확한 과학적 해석이 나올 때까지 끊임없이 '왜?'라는 물음을 가지고 답을 찾는다. 때때로 찾은 답에 대한 검증을 위해 또 다른 실험을 하고 실험의 반복성·재연성을 체크한다. 실험을 통해서 새로운 아이디어와 연구 방향을 정하고 그 방향으로 나아가기 위해 연구제안서를 작성하고 연구비를 신청한다. 이런 과정을 반복함으로써 내가 그린 커다란 숲에 나무를 하나하나 심어간다.

한 명의 천재를 대신할, 융합형 연구팀을 만들다

2019년 가을학기 중급 열역학 마지막 수업 날, 학생들에게 열역학 제1법칙과 제2법칙을 한 번 더 강조하고 강의실을 나섰다. 열역학 제1법칙은 에너지의 총합은 항상 일정하게 유지된다는 것이고, 제2법칙은 고립계•에서 총 엔트로피(복잡성)의 변화는 항상 증가하거나 일정하며 절대로 감소하지 않는다는 것이다. 2006년 드렉셀대학교 기계공학과 교수로 부임한 이후 열역학을 가르친 지 만 14년이다. "어떤 것을 완전히 알려거든 그것을 다른 이에게 가르치라"라고 한 트라이온 에드워즈의 말처럼 열역학을 가르치면서 열역학을 배웠다. 아인슈타인은 열역학이 유일한 물리학 이론이며, 물리학이자 철학이라고 했다. 또한 열역학 프레임 안에서 모든 기본적인 것을 설명할 수 있다고 했다. 나에게 열역학은 연구자로서 가져야 할 혁신과 진보에 대한 기본적 철학의 틀을 만들어준 학문이다.

커피숍에서 따뜻한 커피를 머그컵에 담는다고 생각해보자. 온도가 50도 정도였다가 얼마 후 상온인 25도로 식는다. 이것을 원래대로 되돌리려면 일정한 시간 동안 식어버린 25도만큼의 열을 가해야만 한다. 그 가해진 열(에너지)이 엔트로피다. 열역학 제2법칙은 열역학 과정의 방향성을 설명한다. 연구도 열역학처럼 방향성이 있다. 명확하게 설정된 연구의 방향은 지향하는 목

• 자연과학에서 외부와 서로 통하지 않는 물리적 계를 말한다.

표가 된다. 목표는 동기를 부여한다.

조각그림퍼즐을 맞추는 과정을 예로 들어보자. 작은 그림 조각을 이리저리 맞추며 하나씩 하나씩 채워가면 마침내 커다란 그림이 완성된다. 퍼즐 조각을 맞추어가는 과정에는 수많은 선택의 순간들이 있다. 그 선택은 큰 그림의 완성을 향해 나아가는 방향성을 가져야 한다. 모든 선택은 내가 세운 목표를 위한 것이어야 한다.

선택은 나노미터 스케일에서 단백질과 단백질 간 결합·합성 과정에서도 일어난다. 단백질들은 서로 선택적인 '밀고 당기기'를 통해 잘 조합된 새로운 단백질 구조를 만든다. 그 새로운 단백질 구조가 바로 신약이다. 종종 뇌에서 단백질이 실수로 잘못 접히면 알츠하이머 같은 병이 생긴다. 단백질이 접히고 풀리는 것은 에너지에 의해 좌우된다. 신생아의 체온이 40도 이상 고온으로 올라가면 뇌손상을 입기 쉽다. 온도 변화에 따라 단백질의 구조가 꼬이면서 고유의 생물학적 기능을 잃기 때문이다.

우리의 인간관계도 비슷하다. 단백질처럼 꼬여 있을 때, 어떻게 관계의 꼬임을 푸느냐 하는 것이 중요한 삶의 과제다. 또한 단백질끼리의 만남이 새로운 단백질 구조를 만들어내는 것처럼, 우리 인간관계 안에서 특별한 만남은 시너지를 불러일으킨다. 이처럼 우리는 열역학에서 인생의 여러 답을 찾을 수 있다.

요즘은 연구뿐만 아니라 거의 모든 분야에서 창의성과 혁신을 추구하며 강조한다. 사람들은 흔히 혁신은 무에서 유를 만들어내는 것이라 생각한다. 나는 그렇게 생각하지 않는다. 무에서 유를 만드는 것은 신만이 할 수 있는 창조다. 열역학 제1법칙에 따르면, 이 세상 어떤 것도 무에서 만들어질 수는 없다. 따라서 창의적 삶이나 기술의 혁신은 무에서 유를 만들어내는 것이 아니라 유에서 또 다른 유를 만들어내는 것이다. 말콤 글래드웰이 저서 『티핑 포인트』에서 서술한 것처럼, 작은 기술들이 제각각 스멀스멀 치고 올라오다가 어느 순간 끓어 넘치는 정점에 도달했을 때, 극적인 혁신이 이루어진다. 사람들이 혁신의 아이콘으로 말하곤 하는 스티브 잡스의 아이폰은 어느 날 갑자기 나온 것이 아니다. 디스플레이부터 일렉트로닉스까지 모든 분야의 기술이 정점Tipping Point에 이르렀을 때, 스티브 잡스는 이미 존재하는 기술들에 자신만의 창의적인 디자인을 융합하여 유에서 새로운 유를 만들어낸 것이다.

창의와 혁신은 만남을 통해 더욱 진보한다. 아르튀르 랭보가 샤를 보들레르를 만나지 않았다면, 스티브 잡스가 스티브 워즈니악과 함께 일하지 않았다면 예술의 진보와 기술의 진보는 그들만의 한계에 머물렀을 것이다. 히어로 영화에서도 배트맨이 로빈과, 앤트맨이 와스프와 함께할 때 그들의 힘은 배가 된다. 내 연구실에서 진행되고 있는 연구도 마찬가지로 서로 생소한 학문과 학문 간의 만남을 통해 이루어진다. 즉, 융합을 통한 혁신이다. 융합은 다학제 간 연구에서 비롯된다. 연구실에 수학자이자 철학자이자 물리학자였던 라이프니츠나, 조각가이자 건축가이자 천문학자이자 공학자였던 레오나드로 다빈치 같은 천재적인 멀티 플레이어들만 있는 것은 아니다. 여러 분야에 다재다능한 천재는 학문이 지금처럼 방대하지 않았던 과거이기에 존재할 수 있었다. 지금은 다양한 분야의 융합이 한 사람의 천재를 대신하고 있다. 정보통신기술의 발달로 학문과 학문 사이의 벽이 많이 허물어졌기 때문에 가능한 일이다. 나는 열역학 제1법칙의 철학적 바탕에서 유전공학, 나노공학, 로봇공학을 융합하는 새로운 시도로 GNR 분야를 개척해왔다. 나노로봇공학은 열역학 제2법칙에 따라 진행되어가는 나의 연구 방향이다. 로봇공학을 연구하는 교수들은 동역학, 제어공학, 기구학은 가르치지만 열역학은 가르치지 않는다. 하지만 나노로봇공학은 다르다. 열역학과 유체역학의 이해에서부터 시작한다. 눈에 보이지 않는 아주 작은 로봇을 다양한 유체(물 같은 액체) 안에서 제어하는 학문이기 때문이다.

나노로봇공학은 다학제 간 학문의 융합을 통한 끊임없는 도전을 요구한다. 나는 도전을 통해 실패를 하거나 성공을 하고, 그 가운데서 삶의 혁신과 기술의 혁신을 만들어간다. 스티브 잡스는 "리더와 리더가 아닌 사람들을 구분하는 기준이 바로 혁신이다"라고 했다. 나는 리더와 리더가 아닌 사람들의 차이는 도전하느냐 도전하지 않느냐에 있다고 덧붙이고 싶다. 연구를 통해 많은 도전을 하면서 성장해온 나 자신의 모습을 본다. 그 모습 속에 많은 것들이 투영된다. "사람을 판단하는 최고의 척도는 안락하고 편안한 시기의 모습이 아니라, 도전하며 논란에 휩싸였을 때 보여주는 모습이다"라는 마틴 루서 킹 주니어의 말처럼, 도전하는 내 자신의 모습에서 나 자신을 알게 되고 나의 미래를 본다.

2장

나노로봇공학의 경이로움

우리의 대우주와
우리 몸속의 소우주를 연결하다

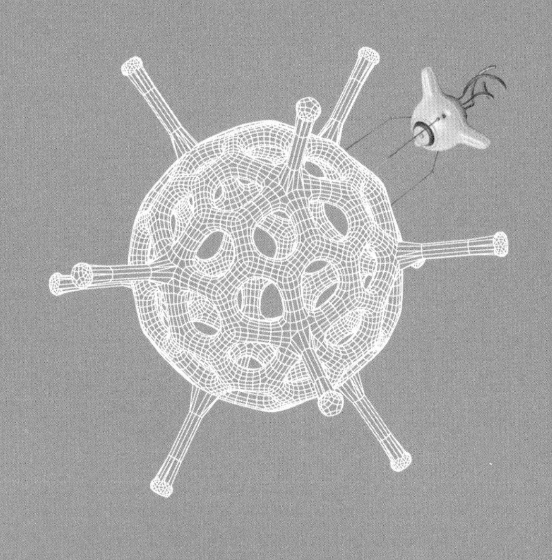

영화 〈이너스페이스〉가 현실이 된다면, 나노로봇이 몸 안의 특정 부위에 약물을 전달할 수 있을 뿐만 아니라 종양 및 암세포를 제거하고 생체검사까지 할 수 있을 것이다. 인류 문명이 생물학을 넘어서는 순간이 오는 것이다.

마이크로·나노로봇 변천사

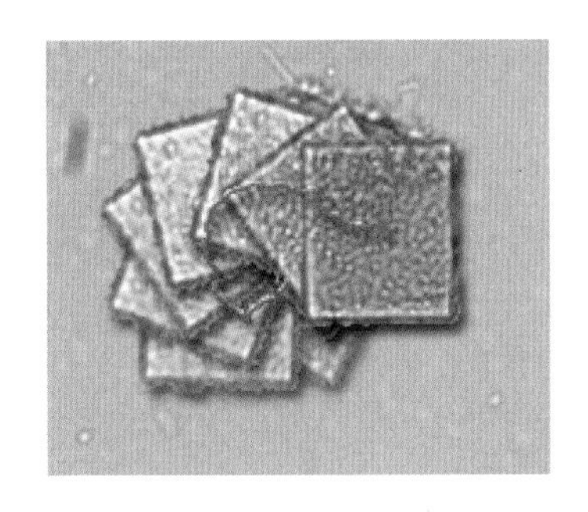

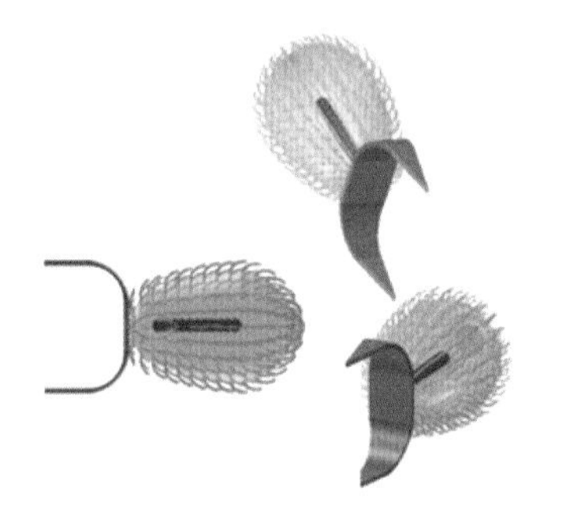

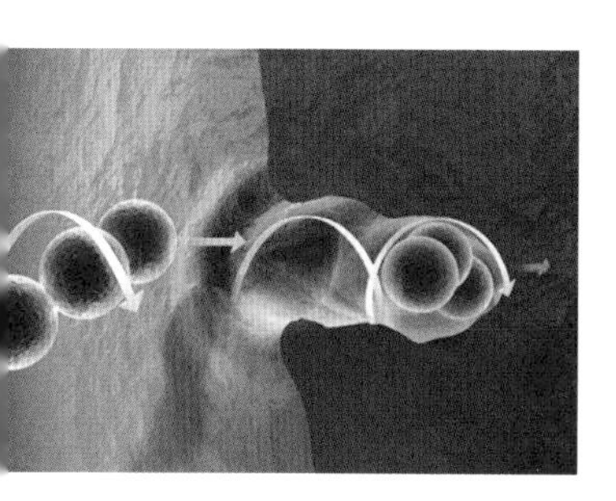

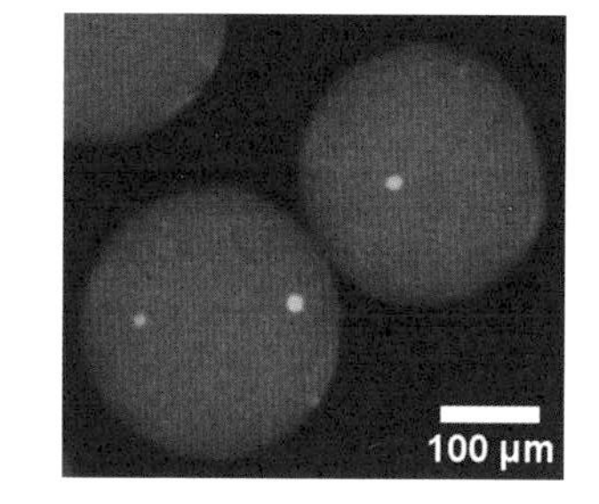

03

트랜스포머 나노로봇

04

박테리아 나노로봇

05

소프트 마이크로로봇

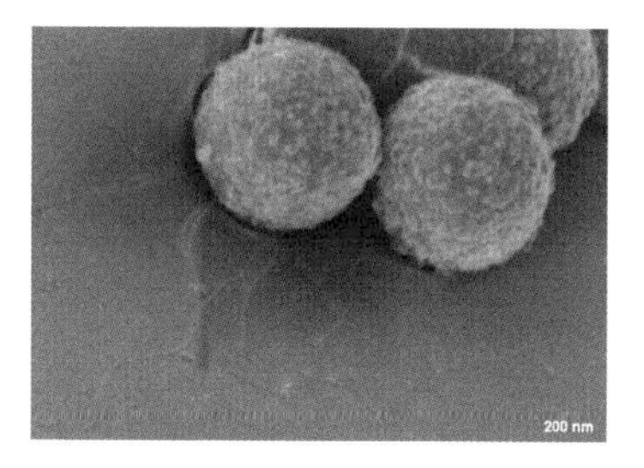

01
눈에 보이지 않는 초소형 기계
마이크로·나노로봇

다학제 간 융합의 결과물로 탄생하다

로봇은 외부 환경을 인식하고 스스로 상황을 판단하여 자율적으로 동작하는 기계다. 용도에 따라 산업용, 가정용, 의료용, 군사용 로봇 등 매우 다양한 로봇들이 존재한다. 산업용 로봇은 조립로봇, 용접로봇, 검사로봇 등 산업 현장에서 사용하고 있는 로봇들이다. 우리가 흔히 사용하고 있는 가정용 로봇으로는 청소로봇과 헬스케어로봇이 대표적이다. 요즘 많은 관심을 받는 의료용 로봇으로는 병원에서 사용하고 있는 다빈치 수술용 로봇과 간호용 로봇이 있다. 군사용 로봇으로는 많은 전쟁 영화에서 등장했던 것처럼 전투용 로봇, 정찰용 로봇 등이 실제 군사작전에 사용되고 있다.

하지만 나노로봇과 마이크로로봇을 연구하는 나는 이런 일반적인 기준으로 로봇을 분류하지 않는다. 나는 세상에는 단 두 가지 로봇이 존재한다고 말한다. 하나는 눈에 보이는 로봇이고, 다른 하나는 눈에 보이지 않는 로봇이다. 로봇을 용도가 아닌 크기에 따라 분류하면 1cm 이하의 밀리로봇, 1mm 이하의 마이크로로봇, 1㎛ 이하의 나노로봇으로 나뉜다. 보통 마이크로로봇과 나노로봇은 인간 머리카락 두께(0.1~0.15mm)보다 10~1,000배 이상 작기 때문에 눈으로 형태나 크기를 가늠할 수 없다.

나노로봇의 역사는 의외로 오래됐다. 나노Nano는 난쟁이를 뜻하는 그리스어 나노스Nanos에서 유래한 말이다. 한편 로봇이라는 단어는 1921년 체코의 극작가 카렐 차페크가 유토피아를 그린 희곡 〈R.U.R.Rossum's Universal Robots〉에 등장하는 'ROBOTA'에서 왔다. 1965년 노벨물리학상을 수상한 리처드 파인먼 교수는 1959년 미국물리학회 강연에서 나노로봇의 개념과 활용에 대해 처음 언급했다. 20여 년이 지난 1983년, 프랑스 스트라스부르대학교의 장피에르 소바주는 화학적 결합 대신 분자들의 기계적 결합을 이용하여 분자 매듭을 만드는 데 성공한다. 그는 초분자 화학의 대가인 미국 노스웨스턴대학교의 제임스 프레이저 스토다트와 함께 위상화학 분야를 이끌면서 다양한 형태의 분자 체인을 만든다. 제임스 프레이저 스토다트는 1991년 분자 고리를 분자 축에 꿰는 데 성공하면서 나노 전자기기의 제작과 나노 전자기계 시스템을 만드는 기반을 마련했다. 더불어 네덜란드 그로닝겐대학교의 베르나르트 페링하는 1999년에 2개의 날개와 이를 잇는 탄소 간 이중결합으로 이루어진 분자 모터를 개발했다. 자외선을 받은 분자 모터는 한쪽 날개가 180도 회전하고, 다시 자외선을 받으면 다른 날개가 180도 회전한다. 이 과정을 반복하여 모터의 날개를 한 방향으로 계속 회전시킨다. 그는 이 분자 모터를 이용하여 2011년 4륜 분자 모터 자동차를 만들어 크게 주목받는다. 이 세 사람은 위에 언급한 분자 기계들을 설계하고 합성한 공로를 인정받아 2016년 노벨화학상을 수상하게 된다.

로봇공학은 로봇을 설계·제작하거나 응용 분야를 다루는 기술학이다. 극초소형 나노로봇은 10억 분의 1m, 즉 1nm의 세계를 다루는 나노과학기술과 로봇공학의 다학제 간 융합의 결과물이다. 로봇공학의 새로운 분야로 마이크로·나노로봇이 본격적인 관심을 받기 시작한 것은 불과 10여 년 전인 2000년대 중반이다. 당시 나는 드렉셀대학교에서 박테리아를 이용·모사한 마이크로·나노로봇을 연구개발했다. 스위스 연방공대 브래들리 넬슨이 박테리아 편모를 모사하여 만든 나노로봇, 미국 카네기멜론대학교 메틴 시티의 박테리아 마이크로로봇, 캐나다 몬트리얼 에콜폴리텍대학교 실베인 마르텔의 박테리아 군집 로봇과 더불어 1세대 극초소형 로봇으로 크게 주목을 받았다. 박테리아를 이용·모사한 1세대 극초소형 로봇과 달리 현재 나노로봇들은 극초미세가공기술Nanofabrication을 바탕으로 유기물 또는 무기물을 다양한 나노구조로 만든 후 외부 자기장을 이용해 제어한다. 암세포 파괴를 위해 의공학적으로 설계된 다양한 나노로봇들은 약물전달 플랫폼뿐만 아니라 최소침습수술 등 의료 혁명을 예고하는 나노의학Nanomedicine의 새 장을 열어가고 있다.

암세포 제거, 고해상 뇌 지도를 실현할 혁신을 일으키다

최근 반도체, 전자, 마이크로 유체소자 등에 널리 응용되고 있는 극초미세가공기술의 발달로 나노로봇 기술이 앞으로 미칠 영향은 상상을 초월할 것이다. 특히 의학 분야에서 나노로봇 기술이 담당할 역할은 무궁무진하다. 내가 영화 〈이너스페이스〉에서 봤던 것들이 현실이 된다면, 나노로봇이 몸 안의 특정 부위에 약물을 전달할 수 있을 뿐만 아니라 종양 및 암세포를 제거하고 생체검사까지 할 수 있게 될 것이다. 1980년대 후반 자성 나노입자가 MRI의 조영제로 이용되기 시작한 이후, 나노로봇 공학자들은 자성 나노입자를 이용하여 '지능형 나노로봇'을 만들어

뇌 모세혈관에 주입하는 야심 찬 계획을 세우고 있다. 그렇게 된다면 고해상 뇌 지도를 만들고, 인간의 뇌 활동에 대한 획기적인 정보를 파악하여 다양한 뇌질환과 뇌혈관질환의 치료와 연구에 활용할 수 있을 것이다.

최근에는 초미세침투수술의 도구로 나노로봇이 주목받고 있다. 외부 자기장의 제어로 움직이는 나노로봇은 일반적인 수술로봇이 닿을 수 없는 신체 내부까지 도달하여 암세포나 종양을 파괴하는 약물을 전달하고, 신체를 절개하지 않는 방향으로 외과적 수술을 할 수 있기 때문이다.

기존의 로봇은 센서와 동력장치를 내장하고 있지만, 나노로봇은 크기가 워낙 작기 때문에 자기장, 화학 반응, 빛, 열 등 외부 에너지를 이용하여 동력 혹은 추진력을 만들어낸다. 수백에서 수천 개의 나노로봇들이 군집 제어에 의해 집단적 자가조립이나 약물전달과 같은 의공학적 임무를 수행한다. 이들은 몸 안에서 임무를 완수한 후에 일정 기간이 지나면 생분해Biodegradability되기도 한다. 그런가 하면, 박테리아처럼 스스로 움직일 수 있는 미생물이나 나노미터 스케일의 DNA, 단백질, 바이러스 등을 직접 나노로봇으로 사용하는 경우도 있다.

세계적 미래학자 레이 커즈와일은 『특이점이 온다』라는 저서에서, 유전공학, 나노테크놀로지, 로봇공학의 융합에 의한

'GNR' 혁명이 단계적으로 일어나면 인류 문명이 생물학을 넘어서는 순간이 온다고 했다. 그는 생물학의 원리가 유전공학에 의하여 밝혀지고 나노테크놀로지를 이용해 그 원리를 조작하게 되면, 인간이 기계가 되고 기계가 인간이 되는 미래 변화의 시점이 만들어진다고 예측했다. 더 나아가 21세기는 GNR 혁명의 시대가 될 것이며, 그 안에서 인류는 노화와 질병 과정의 역전, 환경오염과 전 지구적 기아 및 가난의 해소, 혈관을 헤엄치는 의학용 나노로봇의 개발을 경험할 거라고 말했다. 2030년이 되면 나노로봇이 우리의 생물학적 신경 시스템과 클라우드를 연결하게 될 것이라고 예측하기도 했다.

이렇듯 유전공학, 나노공학, 로봇공학의 다학제 간 연구를 기반으로 하는 나노로봇은 현실 세계가 직면한 많은 문제점을 해결할 잠재력이 있으며, 미래 기술의 향방을 알아보는 척도가 될 수 있다.

02
생명체 본연의 강력함을 담아내는
박테리아 나노모터

과학자들은 예로부터 자연을 관찰하고 모방하면서 많은 기술을 개발하고 발전시켜왔다. 나 역시 그렇다. 내가 개발한 나노로봇들은 기본적으로 박테리아의 외형과 구조를 모방하여 공학적 해석과 설계를 통해 현실에 구현한 일종의 생체모방기술Biomimetics의 한 예라 할 수 있다. 박테리아는 인간 머리카락 두께의 50분의 1 크기의 몸통에 1개 이상의 긴 나선 모양의 편모Flagella를 가지고 있다. 이 편모는 모터보트의 모터에 달린 스크루처럼 회전 운동을 한다. 편모의 한쪽 끝이 세포벽 밖으로 튀어나온 만능 조인트와 연결되어 있고, 이 조인트는 세포벽 안쪽의 나노모터와 연결되어 있다. 만능 조인트는 편모를 시계 방향

또는 반시계 방향으로 회전시켜 추진력을 얻게 한다. 몸길이의 4~5배 정도 되는 긴 나선 모양의 편모는 온도, 산성도(pH), 점도 등 유체 환경에 따라 모양이나 회전 방향을 바꾸며 헤엄치는 방향과 속도를 자유자재로 조절할 수 있다. 박테리아 나노모터가 회전운동하는 데에 쓰는 에너지원은 물의 수소이온(H^+)이다. 수소이온이 없으면 나노모터가 회전하지 않는다.

키가 1.8m 정도인 인간과 2㎛ 길이의 박테리아가 수영장에서 함께 수영한다고 가정해보자. 박테리아는 수영장의 물을 인간이 느끼는 것보다 훨씬 점성력이 큰 액체로 느낀다. 점성력은 유체의 끈적끈적함(점도) 때문에 생기거나 생길 수 있는 힘을 말한다. 영화 〈타잔〉을 보면 늪에 빠진 사람이 몸을 움직일수록 오히려 더 늪 속으로 빠져 들어가는 것을 볼 수 있다. 반복운동을 하기 때문이다. 점성력이 큰 유체에서는 비반복운동을 해야 추진력을 얻을 수 있다. 박테리아가 물(점도: 1centipoise) 속에서 반복운동을 통해 헤엄치는 것은 인간이 꿀(점도: 2,000centipoise) 속에서 헤엄치는 것과 같다. 만약, 우리가 수영장에 꿀을 채워놓고 자유형이나 평영으로 수영을 한다면 어떤 일이 벌어질까? 아무리 팔과 다리를 힘차게 반복적으로 움직여도 제자리에 떠 있을 뿐, 앞으로 나아가지 못할 것이다.

그래서 사람과 박테리아가 헤엄치는 방법은 물리학적으로

커다란 차이가 있다. 인간은 팔과 다리를 반복적으로 움직여 관성력을 만들어 앞으로 헤엄쳐 나아간다. 인간보다 10만 배나 작은 박테리아는 자신의 크기만큼 아주 작은 관성력을 만든다. 인간이 반복운동으로 1N(Newton, 힘의 단위)의 힘을 만들 때 박테리아는 1×10^{-6}N의 힘을 만든다. 따라서 박테리아는 편모를 비반복적으로 회전하여 유체의 점성력을 최대한 활용하며 지그재그(비선형적) 형태로 헤엄친다.

나노모터는 편모를 회전시켜 비행기 프로펠러처럼 추진력을 얻어 앞으로 또는 뒤로 순간적으로 움직일 수 있다. 박테리아의 나노모터는 초당 100~200회까지 회전한다. 자동차에 비유하면 초당 6,000~1만 2,000rpm을 만드는 강력한 엔진을 몸통에 1개 이상 가진 셈이다. 그 추진력은 실제로 엄청나서 박테리아는 자기 몸길이의 30~50배 되는 거리를 단 1초 만에 헤엄쳐 갈 수 있다. 방향을 좌우로 바꾸기 위해서는 편모의 회전이 한쪽 방향으로 진행되다가 갑자기 반대 방향으로 바뀌면서 앞으로(혹은 뒤로) 가려는 관성과 뒤로(혹은 앞으로) 미는 힘에 의해 조인트 부위에 가해지는 압력을 이용한다. 방향 전환에 걸리는 시간은 1,000분의 1초밖에 되지 않는다. 남자 100m 달리기 세계 신기록은 2009년 제12회 세계육상선수권대회에서 우사인 볼트가 기록한 9초 58이다. 우사인 볼트는 초당 본인 키의 약 6배의 거리를 달린 것이다. 그럼 박테리아는 100m를 몇 초 만에 주파할까? 불과 2~3초밖에 걸리지 않는다. 박테리아 나노모터는 지금까지 알려진 가장 강력한 생체분자 모터다.

03

전기장 박자에 맞춰 춤추는 **박테리아 동력 마이크로로봇 (1)**

적변 세균Serratia marcescens이라는 단어를 들어본 독자는 많지 않겠지만, 적변 세균은 우리 주변에 가장 흔한 세균 중 하나다. 세면대, 화장실 파이프, 샤워기 등 우리 생활환경에 흔하게 존재하는 감염균으로 심장 속막염, 요로 감염 등 다양한 질병을 일으키는 박테리아다. 세포벽에 분홍색 점액을 발생시키고 어디든 달라붙는 특징이 있어 적변 세균이라고 부른다. 적변 세균은 강력한 나노모터 3~6개를 몸통에 장착하고 있어서 헤엄치는 속도가 대장균보다 3~5배 정도 빠르다. 나선 모양의 편모들이 모두 반시계 방향으로 회전하면, 편모들이 꼬이면서 강력한 추진력을 만들어 몸통을 앞쪽으로 밀어내기 때문에 헤엄칠 수 있다. 1개

이상의 편모가 시계 방향으로 회전하면, 편모들의 꼬임이 풀어지면서 헤엄치는 방향을 바꾼다.

나는 로봇의 동력원과 환경감지 센서를 박테리아로 대체하는 마이크로로봇에 대한 아이디어를 박사과정 때 생각했다. 박사과정 3년 동안 가변형 액추에이터Actuator, 즉 구동장치로서 박테리아를 이용하는 다양한 연구를 했다. 전기장이나 자기장 같은 외부 동력 없이 오롯이 박테리아 나노모터의 회전운동만을 이용하여 유체를 펌핑하거나 혼합하는 미세유체기계를 개발하는 것이 내 박사논문의 주제였다.

머리카락 두께(0.1~0.15mm) 정도의 직사각형 혹은 원형 튜브 형태의 통로를 미세유로 혹은 마이크로채널이라고 부르고, 미세유로를 통해 이동하는 액체 혹은 기체를 미세유체라 부른다. 마이크로·나노미터 크기의 미세유로 내에서 미세유체 및 부유입자가 어떻게 움직이는지 연구하고, 미세유체를 제어하고 조작하는 응용연구 분야를 통칭하여 미세유체역학이라고 말한다.

나는 먼저 반도체 제조 공정에 쓰이는 미세가공방법을 사용하여 미세유로를 만들었다. 미세유로 안쪽 표면에 뛰어난 운동능력을 가진 적변 세균을 붙이기 위해 유동증착방법을 이용했다. 적변 세균을 미세유로를 통해 아주 천천히 흘려 보내면 유체속도가 제로가 되는 미세유로 표면에 달라붙는다. 이렇게 붙은 상태에서 적변 세균은 나노모터를 통해 편모를 불규칙하게 시계 방향 또는 반시계 방향으로 자유자재 회전하며 유체를 휘젓는다. 그 불규칙한 회전운동을 전기장이나 빛 같은 외부 자극을 통해 한 방향으로 제어해주면 유체를 특정한 방향으로 펌핑할 수 있다.

같은 원리로 적변 세균을 아주 작고 얇은 입방체(3차원 직사각형) 밑바닥 표면에 붙이면, 수백에서 수천 개 박테리아 나노모터가 회전하면서 같은 수의 편모가 유체를 강력하게 밀어내기 때문에 입방체가 유체 안을 이리저리 자유롭게 돌아다닐 수 있을 것이라고 나는 확신했다. 만약 나노모터들의 회전 방향을 자유자재로 제어할 수 있다면, 박테리아를 이용한 마이크로로봇을 만들 수 있다는 것이 아이디어의 핵심이었다. 나는 2006년 드렉셀대학교에 임용되자마자 이 아이디어를 연구실 학생들과 실험적으로 검증하여 마이크로·나노로봇 연구개발을 시작했다.

수많은 시행착오 끝에 완성한 박테리아 동력 마이크로로봇의 제작 방법은 다음과 같다. 먼저 영양소를 증류수에 녹여서 시험관에 나누어 부은 액체 배지培地● 에 한천Agar 등을 첨가하여 고형화한 후, 그 위에 적변 세균을 배양한다. 그림 1에서 보듯이,

● 식물이나 세균, 배양 세포 등을 기르는 데 필요한 영양소가 들어 있는 액체나 고체.

Step 1: 세포 배양

Innoculation Site

Swarm Edge

Step 2: 미세가공방법

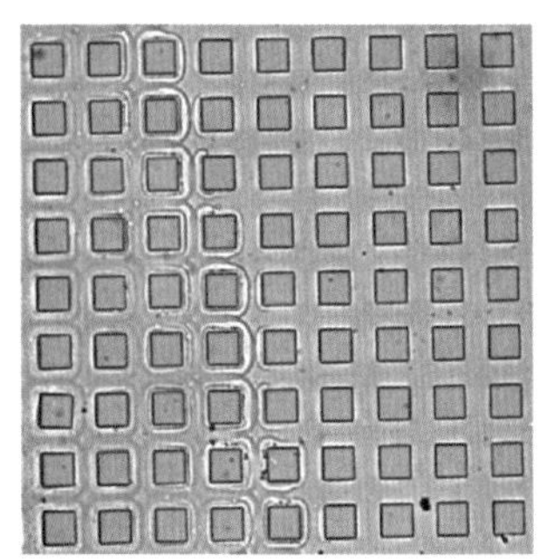

Step 3: 박테리아 블로팅

유리 기판
덱스트란 층
포토리지스트
마스크
박테리아

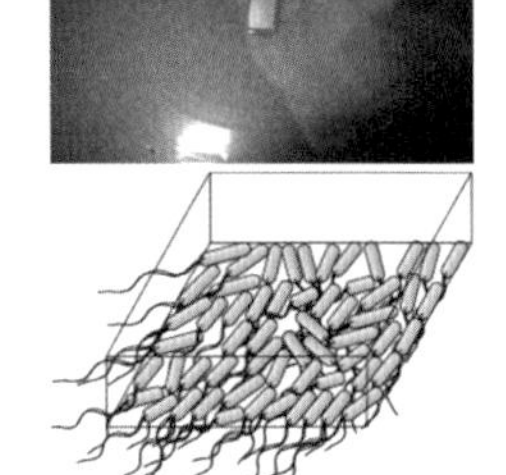

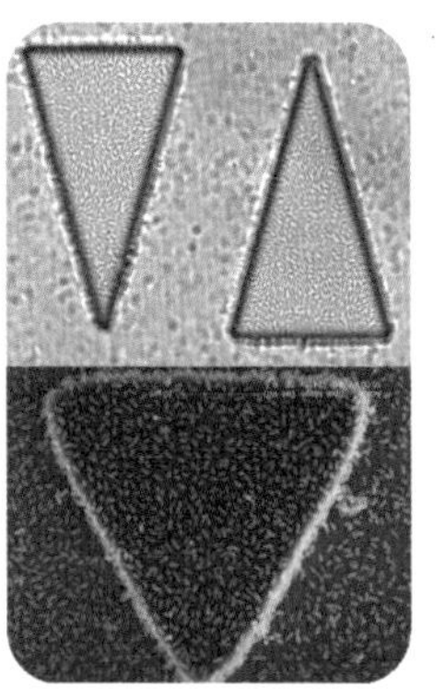

그림 1 합성공정

Step 1 고체 배지 위에 만들어진 분홍색 적변 세균 집락

Step 2 반도체 제조 공정에 쓰이는 미세가공방법을 이용하여 만든 10㎛×10㎛×2㎛ 크기의 정사각형 입방체 구조물들

Step 3 적변 세균 집락 가장자리에서 블로팅Blotting 방법으로 박테리아를 삼각형 마이크로 입방체에 붙인 후 박테리아 카펫의 밀집도를 주사형 전자현미경으로 관찰한 사진들

보통 32~34도를 온도를 유지하는 인큐베이터 안에 4~6시간 정도 넣어둔 후 꺼내면 고체 배지 표면에 적변 세균이 집락集落을 이루게 된다. 배양접시의 박테리아 집락 가장자리의 세포 생장 속도가 가장 빠르고 중앙은 매우 느리다. 반도체 제조 공정을 통해 제작된 입방체 구조물을 적변 세균 집락의 가장자리에 떨어뜨린 후 기다리면 수백에서 수천 개의 박테리아들이 구조물 한쪽 평면에 촘촘히 달라붙는다. 여러 겹의 박테리아를 흐르는 물에 잘 씻어주면 단층의 박테리아 카펫을 입방체 구조물의 한쪽 면에 얻을 수 있다. 현미경으로 살펴보면 박테리아의 몸통은 입방체 면에 붙어 있지만, 나노모터의 회전에 따라 편모들은 자유롭게 시계 방향이나 반시계 방향으로 회전하는 것을 볼 수 있다. 입방체에 형성된 박테리아 카펫이 유체 표면과 맞닿게 뒤집어놓으면 편모의 집단 회전운동에 따라 입방체가 예상한 대로 이리저리 움직이게 된다. 그 움직임을 다양한 외부 자극을 이용하여 제어함으로써 박테리아를 동력으로 사용한 극초소형 마이크로로봇이 탄생한 것이다.

박테리아 동력 마이크로로봇이 일반 모바일 로봇처럼 움직이려면, 전진·후진·좌회전·우회전을 할 수 있어야 하고 무엇보다도 반복적인 출발·정지를 마음대로 제어할 수 있어야 한다. 먼저 박테리아가 전기적으로 음전하(−)를 띠고 있다는 것에 착안

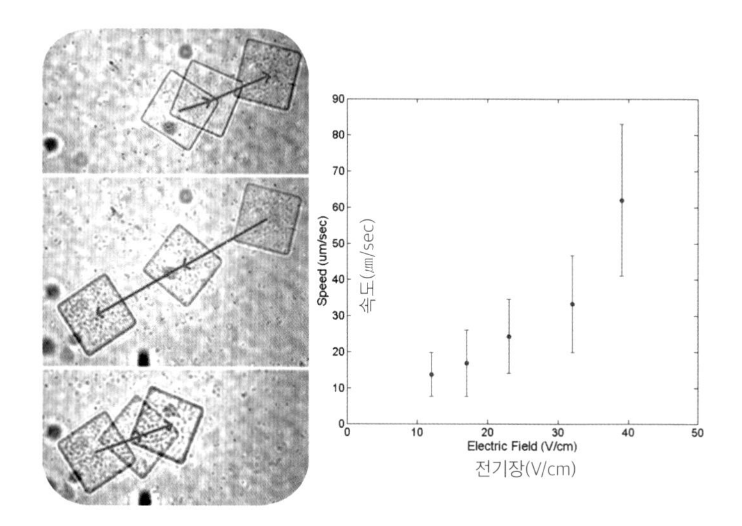

그림 2 동작제어

오른쪽 정사각형 모양의 박테리아 동력 마이크로로봇이 전진·후진을 반복하는 모습
왼쪽 전기장의 세기에 따라 박테리아 동력 마이크로로봇의 속도가 증가하는 것을 보여주는 그래프

하여 방향 제어에 전기장을 이용했다. 물속에 박테리아와 함께 음극(-)과 양극(+)의 전극을 넣어준 후 전기장을 걸어주면 음전하를 띤 박테리아들은 양극을 향해 헤엄친다. 이런 박테리아의 주전성을 이용해 방향 제어 시스템을 만들었다.

박테리아 동력 마이크로로봇의 제어 시스템은 그림 3 좌측 상단에 나와 있듯이, 십자가 모양의 컨트롤 챔버와 그 끝에 연결된 4개의 원형 챔버로 구성되어 있다. 각 원형 챔버에 흑연 전극을 하나씩 넣어주고 전기장이 생성할 때 발생하는 전극 부산물의 부작용을 최소화하기 위해 염화칼륨, 황산마그네슘, 염화나트륨, 질산칼슘과 물로 이루어진 스타인버그 용액을 채웠다. 박테리아 동력 마이크로로봇을 컨트롤 챔버 정중앙에 위치시킨 후 동서남북에 위치한 원형 챔버의 각 흑연 전극에 전하를 걸어 전기장의 방향을 자유자재로 바꿀 수 있도록 설계하고 제작하여 로봇의 움직임을 제어했다. 전기장의 세기가 커질수록 박테리아 동력 로봇이 움직이는 속도가 빨라지는 것도 알게 되었다(그림 2).

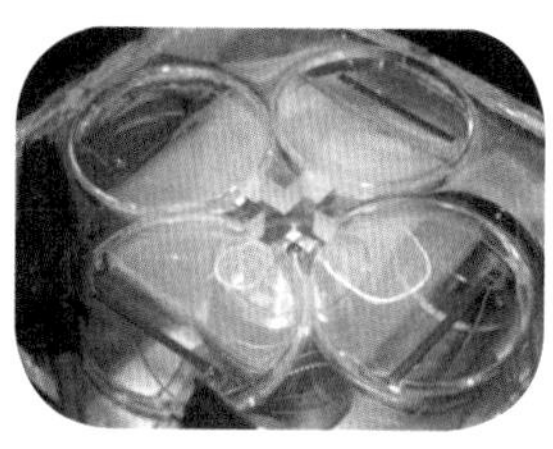

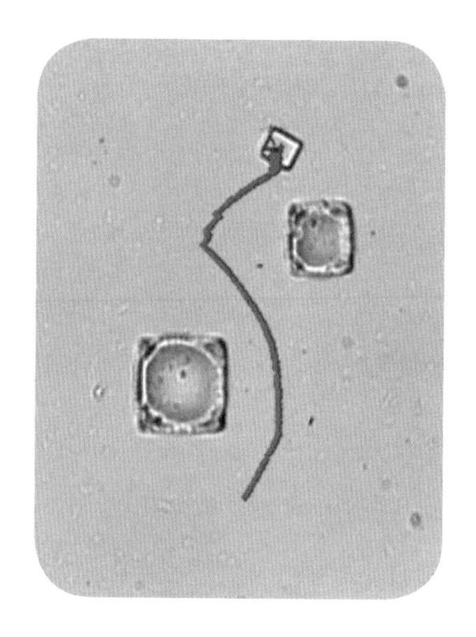

그림 3 **장애물 회피**

왼쪽 위 전기장을 이용한 박테리아 동력 마이크로로봇 제어 장치
왼쪽 아래 박테리아 편모의 회전운동에 의해 형성된 박테리아 카펫 표면의 속도장
오른쪽 작은 정사각형 모양의 박테리아 동력 마이크로로봇이 정지 상태의 정사각형 모양의 장애물들을 피하며 움직이는 모습

박테리아 동력 마이크로로봇이 반복적인 출발과 정지를 할 수 있도록 하기 위해서는 빛을 이용했다. 박테리아에 자외선을 쬐어주면, 나노모터의 에너지원인 물의 수소이온(H^+)을 흡수하는 세포벽과 조인트 사이의 틈이 막힌다. 그 결과 나노모터는 회전을 멈춘다. 자외선을 순간적으로 켰다가 끄면, 나노모터가 순간적으로 꺼졌다가 다시 작동한다. 이렇게 전기장과 자외선을 이용해 장애물이 없는 공간에서 박테리아 동력 마이크로로봇의 상하좌우 이동, 출발과 정지를 마음대로 제어하는 데 성공했다.

다음으로는 장애물을 피해서 움직이도록 하는 연구를 진행했다. 로봇은 출발점에서 목표점까지 이동하는 동안 수많은 장애물을 만난다. 이것들을 피하면서 목표점까지 도달하는 것은 마이크로로봇에게는 더욱 험난한 여정이다. 나는 물속에 절연체가 있을 경우 전기장이 절연체에 의해 왜곡되는 현상에 주목했다. 전기가 통하지 않는 절연체를 활용해서 장애물을 만들고 마이크로로봇이 움직이는 공간 안에 설치한 후 전기장을 가했다. 그리고 마이크로로봇이 왜곡된 전기장 공간을 장애물로 인식하고 피해가면서 움직일 수 있는 제어 알고리즘을 만드는 데 성공했다.

04
수비수를 피해 골까지 넣는 **박테리아 동력 마이크로로봇 (2)**

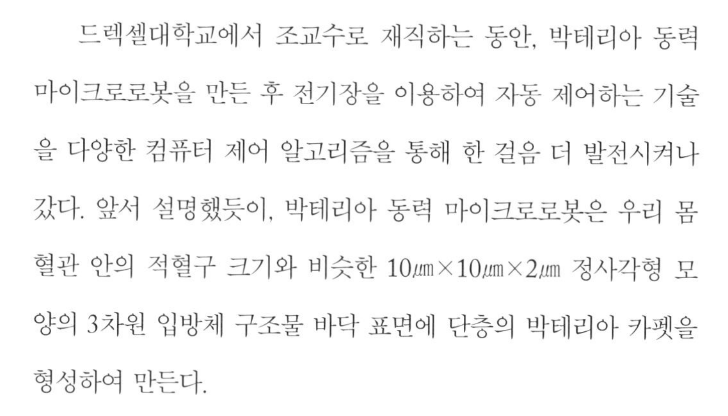

드렉셀대학교에서 조교수로 재직하는 동안, 박테리아 동력 마이크로로봇을 만든 후 전기장을 이용하여 자동 제어하는 기술을 다양한 컴퓨터 제어 알고리즘을 통해 한 걸음 더 발전시켜나갔다. 앞서 설명했듯이, 박테리아 동력 마이크로로봇은 우리 몸 혈관 안의 적혈구 크기와 비슷한 10㎛×10㎛×2㎛ 정사각형 모양의 3차원 입방체 구조물 바닥 표면에 단층의 박테리아 카펫을 형성하여 만든다.

또한 나는 전기장의 세기와 방향에 따라 로봇이 어떻게 움직였는지 영상을 통해 실시간으로 추적하는 영상 기반 피드백 제어 기술을 최대한 향상시켰다. 영상 기반 피드백 제어란, 영상을 통해 제어량을 목푯값에 일치시키기 위해 먼저 제어량을 검출한 다음, 이것을 목푯값과 끊임없이 비교하여 계속 오차를 줄이도록 로봇을 조작하는 제어 기술이다. 이를 이용하면 외부의 어떤 원인에 의해 갑자기 제어량이 변해도 원래의 값으로 자동 복원하면서 마이크로로봇의 운동 방향과 속도 등을 제어할 수 있다.

유전공학을 통해 박테리아의 감각기관에 관여하는 유전자를 조작하면, 박테리아가 특정 중금속이나 독성 물질을 만날 때 빛을 내게 할 수 있다. 또한 박테리아의 운동 능력에 영향을 미치도록 나노모터를 유전적으로 조작하여 헤엄치는 속도와 방법을 조절할 수도 있다. 예를 들어 A, B, C, D의 구조물에 각각 a, b, c, d라는 독성물질에 반응하도록 유전자를 조작한 박테리아 카펫을

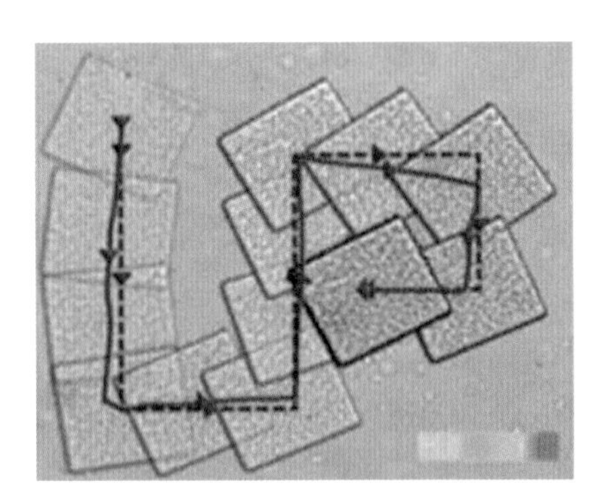

그림 4 박테리아 동력 마이크로로봇의 피드백 제어

만든다고 해보자. 그것을 물속에 투입한 후 독성물질 a를 주입하면, A 구조물의 움직임은 B, C, D와 현저하게 구별된다.

그림 4에서 파란 점선은 정사각형 모양의 박테리아 동력 마이크로로봇이 따라가도록 컴퓨터 프로그래밍한 가상 궤적이다. 빨간 실선은 영상 기반 피드백 제어를 통해 박테리아 동력 마이크로로봇이 가상 궤적을 따라 실제 움직인 운동 궤적을 표시한 것이다. 파란 점선과 빨간 실선 사이에 오차는 거의 없다. 하지만 독성물질의 유무에 따라 오차 범위에 큰 차이가 날 수 있다. 이런 원리를 이용하여 액체에 포함된 특정 중금속이나 독성물질을 탐지하는 용도로 박테리아 동력 마이크로로봇을 사용할 수 있다. 이를 표현형Phenotype 환경감지 센서라고 한다.

그림 5는 박테리아 동력 마이크로로봇을 테이블 축구 게임

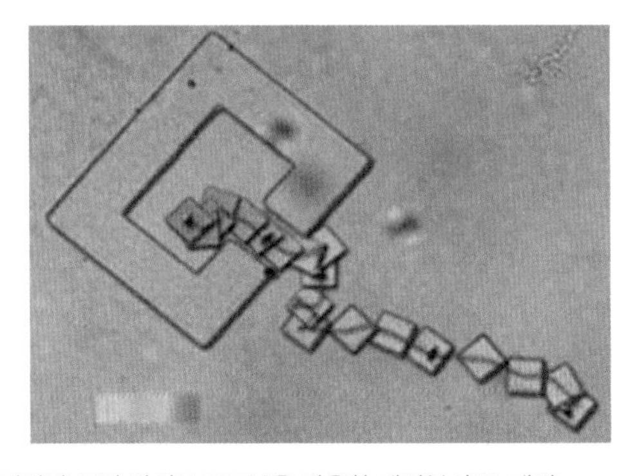

그림 5 박테리아 동력 마이크로로봇을 이용한 테이블 축구 게임

의 축구공으로 사용한 실험이다. 공이 골대 안으로 들어가는 이동 궤적을 보여주고 있다. 실제 우리가 즐기는 테이블 축구는 미니 축구공을 중앙에 놓고, 인형이 달린 기다란 막대기를 시계 방향이나 반시계 방향으로 순간적으로 돌려가며 공을 쳐서 상대편 골대에 넣는 방식이다. 이 방식에 마이크로로봇을 적용하기 위해 먼저 1cm×1cm 크기의 미니 테이블 축구장의 바닥과 천장에 마이크로전극을 1mm 간격으로 가로 10, 세로 10의 2차원 배열로 설치한다. 축구장 바닥에서 천장까지의 높이는 0.2mm다.

초미니 축구공 역할을 하는 10㎛×10㎛×2㎛ 크기의 박테리아 동력 마이크로로봇을 축구장 중앙에 놓으면 게임이 시작된다. 학생 2명이 마이크로 축구공의 움직임을 모니터로 보면서, 마이크로전극 배열과 연결된 회로판 위에, 전기 배터리를 연결한 빨간색 시험막대(+)와 검은색 시험막대(-)로 두 점을 찍어 전기장의 세기와 방향을 각자 조작한다. 배터리와 전기장의 세기는 두 점의 거리에 반비례하고 전기장의 방향은 검은색 시험막대가 찍은 점에서 빨간색 시험막대가 찍은 점으로 향한다. 전기장의 방향에 따라 (테이블 축구에서 막대기를 돌리듯이) 초미니 축구공이 이리저리 움직인다. 학생들은 서로 방어와 공격을 주고받으며, 마이크로로봇을 상대편 골대 안으로 밀어 넣어 득점한다.

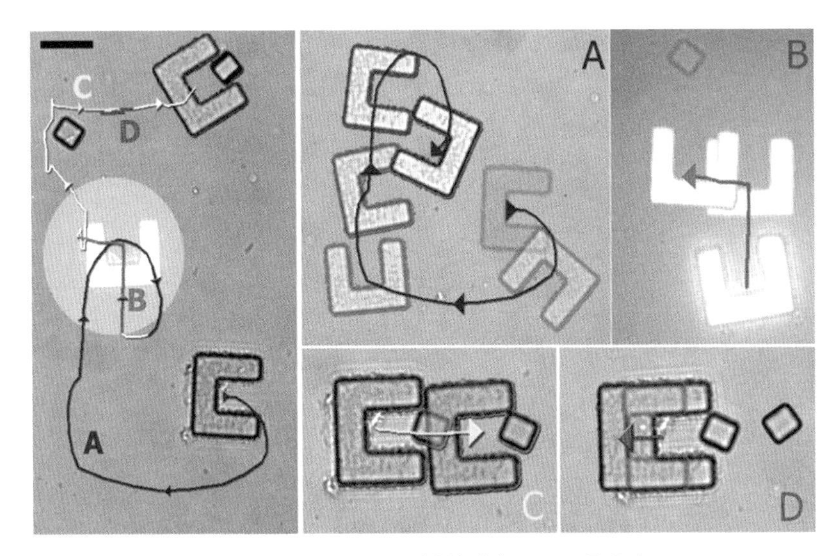

그림 6 박테리아 동력 마이크로로봇을 이용한 마이크로 구조물 운반

그림 6은 'ㄷ'자 모양의 박테리아 동력 마이크로로봇이 적혈구 크기의 정사각형 구조물을 전기장과 자외선을 이용하여 잡아끌었다 놓았다 하며 출발점에서 목표점까지 이동시키는 미세조작기술을 보여주고 있다. 로봇을 정지시킬 때는 일시적으로 자외선을 비추는데, 그림에서 보이는 둥그런 하얀색 원이 자외선 빛이다. 마이크로·나노로봇공학을 의·생물학적 분야에 적용할 경우, 생물학적 유체 환경에서 무선으로 전원을 공급하고 로봇의 운동성을 초정밀제어하여 사람의 손으로 조작이 어려운 난모세포, 초기 배아줄기세포와 미립자의 움직임을 현미경을 통해서

기계적으로 조작하는 생체조작기술을 개발하는 것이 중요하다. 이를 위해 외부 전기장을 실시간으로 3차원 조작할 수 있는 자동 제어 시스템을 설계·제작하여, 박테리아 동력 마이크로로봇이 마이크로미터 크기의 오차범위 안에서 초정밀도를 가지고 단일 세포나 초미세 구조물을 운반하고 조작할 수 있는 기술을 개발했다. 이 연구 결과를 바탕으로 'ㄷ'자 모양의 자성을 띤 그리퍼Gripper를 공학적으로 설계·제작하여, 3차원 자기장 자동 제어 시스템을 만들어 (박테리아 카펫 없이) 단일 세포를 조작할 수 있는 세포조작기술까지 개발할 수 있었다. 현재 자기장을 활용한 세포조작기술은 더욱 발전하여 세포의 분리, 제거 및 치환 등 다양한 생명공학의 기술적 문제를 하나씩 해결해나가고 있다.

나는 박테리아를 액추에이터와 센서로 사용한 마이크로로봇 연구의 공을 인정받아, 미국 대학교의 조교수에게 주어지는 최고 권위의 상인 국립과학재단 커리어어워드National Science Foundation Early Faculty CAREER Award와 미국육군연구성 젊은과학자상U.S.Army Research Office Young Investigator Award을 수상했다. 이를 계기로 유전공학을 바탕으로 한 다양한 박테리아 동력 마이크로로봇을 개발할 수 있도록 국립과학재단과 미국육군연구성의 연구 지원을 5년 동안 받을 수 있었다.

박테리아를 이용한 마이크로로봇으로 로봇공학 분야에 가장

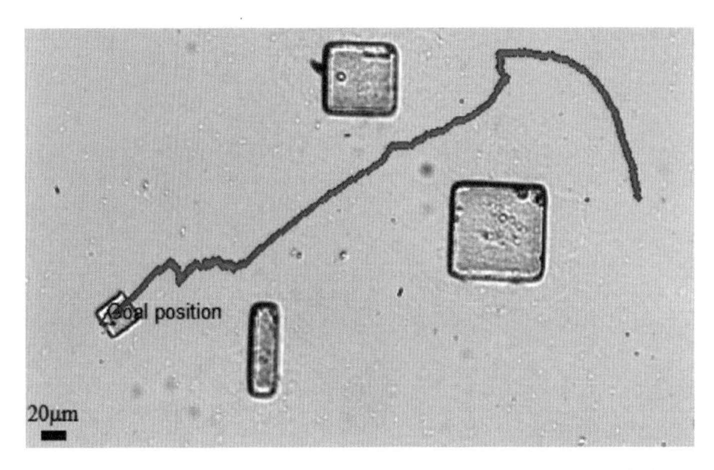

그림 7 박테리아 동력 마이크로로로봇의 장애물 회피 기동의 예시. 오른쪽 출발점에서 왼쪽 도착점까지 최적의 이동 경로를 자율적으로 파악하여 전기장 제어를 통해 장애물을 회피하며 자율주행할 수 있다.

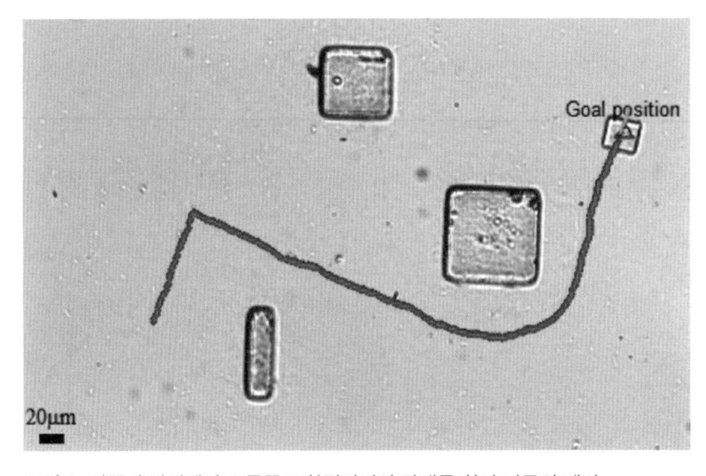

그림 8 왼쪽 출발점에서 오른쪽 도착점까지의 장애물 회피 기동의 예시

큰 공헌을 한 연구는 무엇일까? 바로 장애물 회피 기동 알고리즘을 만들어 마이크로미터 스케일에서 고정된 장애물과 움직이는 장애물을 피해가며 목표 지점까지 도달하는 박테리아 동력 마이크로로봇을 개발한 것이다(그림 7, 8). 쉽게 설명하면 우리가 사는 세계의 10만 분의 1만큼 작은 세계에서 마이크로로봇 스스로 위치 추정, 경로 계획, 경로 추정, 장애물 회피 기동이 가능하도록 필요한 제어 알고리즘을 현실화하여 자율주행 로봇을 만들어 낸 것이다. 특히, 이것은 공동연구의 결과가 아니라 내 연구실의 단일연구를 통해 이루어냈다는 점에서 더 큰 의미가 있다.

박테리아를 이용한 마이크로로봇을 연구하면서 내가 느낀 가장 큰 딜레마는 박테리아가 생산하는 파워가 아주 제한적이라는 것이었다. 예를 들어 눈썰매는 여러 마리의 개가 끌 수 있지만, 버스는 아무리 많은 개들이 한 방향으로 끌어당긴다고 하더라도 쉽게 움직이지 않을 것이다. 움직인다 하더라도 속도나 방향 전환이 공학적으로 아주 비효율적이다.

이러한 문제점을 극복하기 위해 새로운 미생물 세포가 필요했다. 미생물 세포가 마이크로로봇이 되기 위해서는 박테리아처럼 다양한 외부 자극으로 운동성이 제어될 수 있어야 한다. 전기장, 자기장, 빛이 박테리아 같은 작은 미생물을 다루기에 가장 좋은 제어 수단인 이유는 순간적으로 박테리아의 운동성을 켰다 껐다 할 수 있기 때문이다. 그에 따라 미생물의 운동 반응속도 또한 순간적이라 실시간 제어가 가능하다. 나는 이를 위해 박테리아보다 몇십 배, 몇백 배 강력한 파워를 가진 미생물 세포를 찾아 나섰다.

마이크로로봇 연구를 위해 박테리아 아닌 다른 미생물 세포를 찾은 데는 또 다른 이유도 있다. 사실 박테리아를 이용한 연구는 내 박사과정 지도교수의 아이디어였다. 나는 온전히 나만의 아이디어로 나만의 연구를 시작하고 싶었다. 창의적 아이디어로 누구도 해보지 않은 연구를 하자는 결심에 따라 마이크로-바이오-로봇공학을 개척하게 되었고, 마이크로 사이보그 프로젝트가 시작됐다.

05

지금까지 없었던 새로운 세포 기반의 로봇 **마이크로 사이보그**

반년 동안 논문 등 자료 조사를 통해 강력한 마이크로 사이보그 로봇의 후보를 물색했다. 그렇게 찾은 것이 바로 테트라하이메나 피리포르미스였다. 박테리아보다 크기가 25배(25㎛×50㎛) 크고, 헤엄치는 속도가 20배(0.8~1mm/s) 빨랐다. 박테리아가 800cc 소형 엔진을 가진 미니 자동차라면 테트라하이메나는 강력한 F1 포뮬러 경주용 자동차 엔진 수십 개를 장착한 거대한 버스와 같았다. 무엇보다도 테트라하이메나 역시 박테리아처럼 유전공학을 이용하여 세포의 운동성과 감각 능력을 원하는 대로 바꿀 수 있는 원형생물 세포였다.

하지만 연구는 거의 처음부터 새로 시작해야 했다. 수백 개

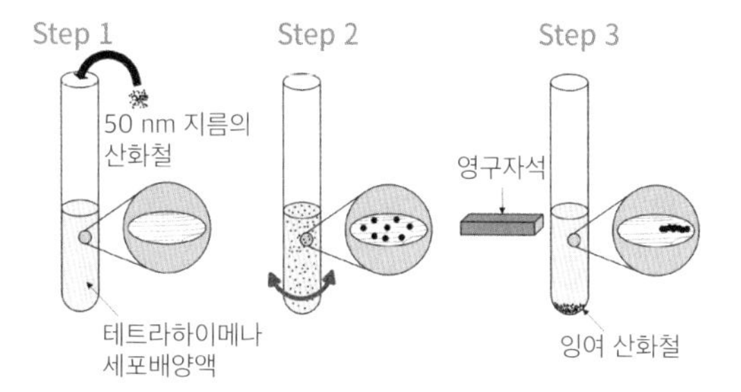

그림 9 합성공정

Step 1 테트라하이메나가 들어 있는 시험관에 50nm 지름의 산화철을 소량 넣어 준다.

Step 2 산화철이 시험관 안 용액에 잘 섞일 수 있도록 천천히 흔들어준 후 2~3시간 기다리면 테트라하이메나들이 산화철을 먹이로 알고 삼킨다.

Step 3 테트라하이메나가 삼킨 산화철을 뱉어내지 못하게 영구자석을 이용하여 자기화를 시켜준다.

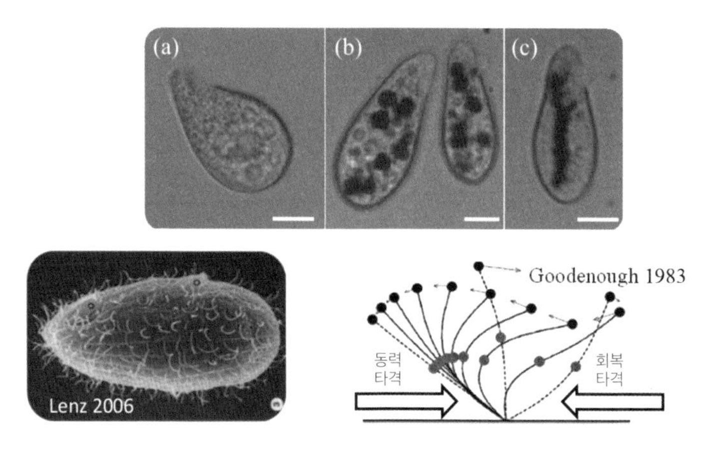

(a) 테트라하이메나, (b) 산화철을 삼킨 테트라하이메나, (c) 자기화한 후 테트라하이메나 내부에 응집된 막대 모양의 산화철 덩어리. 산화철 막대의 한쪽 끝은 남극, 다른 쪽 끝은 북극이다. 이 세포들을 인공 주자성 Magnetotaxis 테트라하이메나 혹은 마이크로 사이보그라고 부른다.
왼쪽 아래 전자현미경 사진은 테트라하이메나 세포 표면의 섬모들의 모습과 섬모가 어떻게 유체를 쳐내며 추진력을 얻는지 보여준다.

의 섬모를 가지고 헤엄치는 테트라하이메나의 운동역학은 박테리아와 완전히 달랐기 때문이다. 박테리아는 편모를 시계 방향이나 반시계 방향으로 회전하면서 추진력을 발생시키는 반면, 테트라하이메나는 그림 9에서 보이듯 섬모를 눕혔다가 일으키면서 유체를 쳐내는 힘으로 추진력을 얻는다. 섬모 하나하나의 힘은 약하지만 약 600개가량의 섬모가 위아래로 위상 차이를 두며 마치 규칙적으로 물결치는 것처럼 운동하기 때문에 박테리아보다 훨씬 강력한 추진력을 만들어낼 수 있다. 이를 바탕으로 테트라하이메나의 운동역학을 수학적 모델링을 통하여 해석한 후, 운동 제어 알고리즘을 개발하기 시작했다.

테트라하이메나는 이제까지 주로 노화 연구에 사용되어왔다. 다른 미생물들과 달리 테트라하이메나는 크고 작은 2개의 핵을 가지고 있다. 작은 핵은 유전정보를 저장하는 역할을 하고, 큰 핵은 단백질을 만드는 역할을 한다. 큰 핵은 수시로 작은 염색체로 갈라지기 때문에 염색체를 연구하기에 좋다. 하지만 나 이전에 이 테트라하이메나라는 원생동물을 로봇으로 사용한 예는 없었다.

나는 우선 테트라하이메나가 전기장과 자외선에 어떻게 반응하는지 관찰했다. 박테리아와 테트라하이메나를 함께 유체(물) 속에 넣고 전기장을 가하면, 박테리아는 양극(+)으로, 테트라하

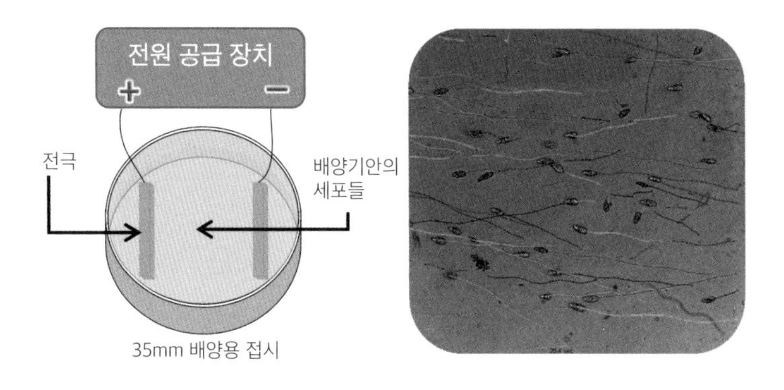

그림 10 테트라하이메나의 주전성 Galvanotaxis in T. pyriformis
테트라하이메나는 전기장에 노출되면 박테리아와 정반대로 음극(-) 방향으로 헤엄쳐 간다. 전기장에 반응하는 이런 세포의 성질을 주전성이라고 한다.

이메나는 음극(−)으로 헤엄치는 것을 볼 수 있다. 전기장을 끄자 몇몇 테트라하이메나가 박테리아를 쫓아갔다. 박테리아가 테트라하이메나의 먹이가 된다는 흥미로운 사실도 나중에 알게 되었다. 이 관찰 실험을 통해 전기장으로 테트라하이메나의 운동 방향과 운동 속도를 제어할 수 있었다. 그뿐만 아니라, 강력한 운동성을 가진 테트라하이메나에 자외선을 쬐면 박테리아처럼 동작을 멈추는 것이 아니라, 강력한 추진력 때문에 자외선 안에 갇혀 제자리에서 빙빙 도는 회전운동을 한다는 사실도 알게 되었다. 자외선에 오래 노출된 테트라하이메나는 DNA가 손상될 수 있다는 한계점 역시 발견했다. 이 새로운 연구 결과들은 2009년에 《응용물리학회보Applied Physics Letters》에 논문으로 발표되었다.

나트륨, 칼륨 등의 체내 전해질 농도를 적정 수준으로 유지하고 있는 인체 내에 전기장을 가하면, 인간은 전기쇼크로 사망할 수도 있다. 세포에 기반한 마이크로 사이보그를 인체 내에서 제어할 때 전기장을 사용할 수 없는 절대적인 이유다. 따라서 자기장을 이용하여 마이크로 사이보그를 제어하는 기술을 개발해야만 했다. 가장 큰 문제는 테트라하이메나가 자기장에 전혀 반응하지 않는다는 것이었다. 이런 사실을 관찰 실험을 통해 하나하나 알아나갈 즈음, 헝가리 세멜바이스 국립의과대학교의 라스즐로 코히다이 교수 연구실에서 테트라하이메나를 가지고 다양한 실험을 하고 있다는 소식을 들었다. 무작정 이메일을 보내고 찾아가 공동연구를 제안했다. 라스즐로 코히다이 교수는 테트라하이메나의 주화성Chemotaxis● 과, 생화학적 신호 경로를 유전적으로 조작하여 유전변이된 돌연변이 테트라하이메나를 이용한 약물전달을 연구하고 있었다. 그곳에서 테트라하이메나 세포 배양과 관련한 여러 실험 연구 노하우를 배웠다. 그리고 유전변이된 테트라하이메나를 이용하여 체계적으로 마이크로 사이보그 로봇 개발을 진행할 수 있게 되었다.

● 특정 화학물질에 가까이 가거나 멀어지는 생물의 행동 형태.

테트라하이메나를 마이크로 사이보그 로봇으로 만들기 위한 획기적인 아이디어는 기대하지도 생각하지도 못했던 엉뚱한 상황에서 얻어졌다. 당시 연구실의 박사과정 학생이었던 김달형 박사(현재 케네소주립대학교 기계공학과 조교수)와 학부 연구생이었던 정유기 박사(현재 중국 남방과학기술대학교 기계공학과 조교수)가 함께 마이크로 사이보그 연구개발을 진행하고 있었다. 김달형 박사가 테트라하이메나를 전기장으로 제어하는 데 성공한 후, 우리는 테트라하이메나를 자기장으로 제어할 수 있는 방법이 없을까 고민했다. 그러던 차에 정유기 박사의 엉뚱한 장난으로 테트라하이메나가 자성 나노입자를 삼켰다가 몇 시간 후에 토해낸다는 사실을 알게 되었다.

온몸이 섬모로 덮여 있는 털북숭이 테트라하이메나는 두 가지 종류의 섬모를 가지고 있다. 하나는 헤엄치기 위한 운동 섬모이고 다른 하나는 먹이를 먹기 위한 구강 섬모다. 광학현미경으로 관찰해보니 몸통에 비해 입의 크기가 상당히 컸다. 그림 9의 합성 공정에서 보듯이 물속에 50nm 크기의 산화철 나노입자를 넣고 테트라하이메나가 최대한 많은 나노입자를 삼킬 때까지 기다렸다가 영구자석으로 자기화를 시켰다. 그랬더니 산화철 나노입자들이 세포 내에서 일렬로 길게 뭉쳐져 긴 막대기 형태가 되었다. 자성을 띤 막대 구조물은 테트라하이메나의 입보다 훨씬 커서 밖으로 토해내지 못했다. 외부에서 영구자석을 좌우나 위아래로 움직이면 자기화된 테트라하이메나가 자석이 움직이는 방향을 따라 움직였다. 이렇게 유전공학적 방법이 아닌 엉뚱한 방법을 통해 세계 최초로 자성을 띤 테트라하이메나가 탄생하게 되었고, 우리는 이 세포 기반 로봇을 마이크로 사이보그라고 불렀다.

이렇게 만들어진 새로운 마이크로 사이보그 로봇을 이용하여 군집 제어를 비롯한 다양한 운동 제어 알고리즘을 개발했다.

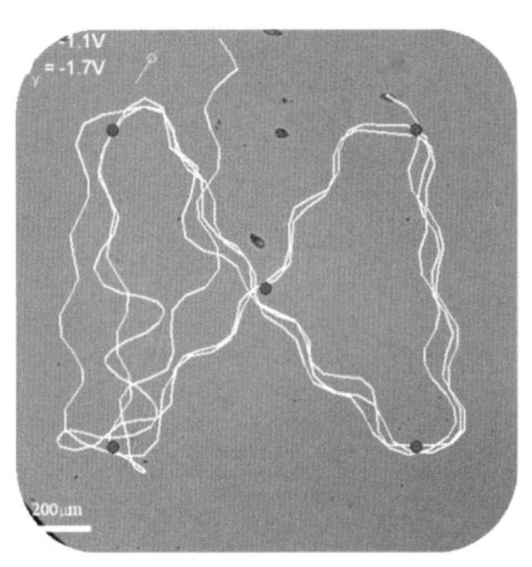

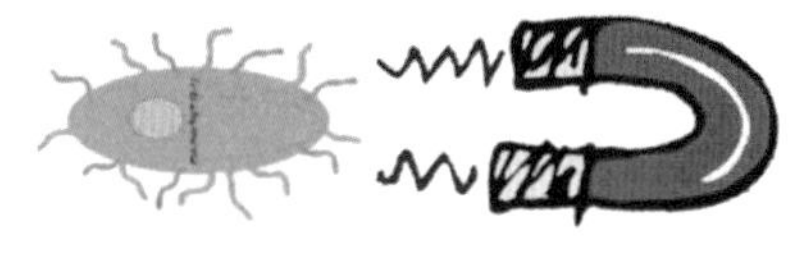

그림 11 마이크로 사이보그의 운동 제어 Artificial Magnetotactic T. pyriformis
외부자기장을 이용하여 인공 주자성 테트라하이메나의 운동성을 다양하게 제어할 수 있다. 3차원 외부자기장 제어 시스템을 이용하여 5개의 빨간 점들을 차례대로 통과하며 모래시계 모양을 반복적으로 그리도록 마이크로 사이보그의 운동성을 제어하는 실험을 보여준다.

그림 11에서 보듯이 운동 계획을 통해 마이크로 사이보그 로봇의 여러 행동 패턴을 만들어서 모래시계나 별 모양을 그리고 영어 알파벳을 쓰도록 제어할 수 있었다. 고급 공정 제어의 한 방

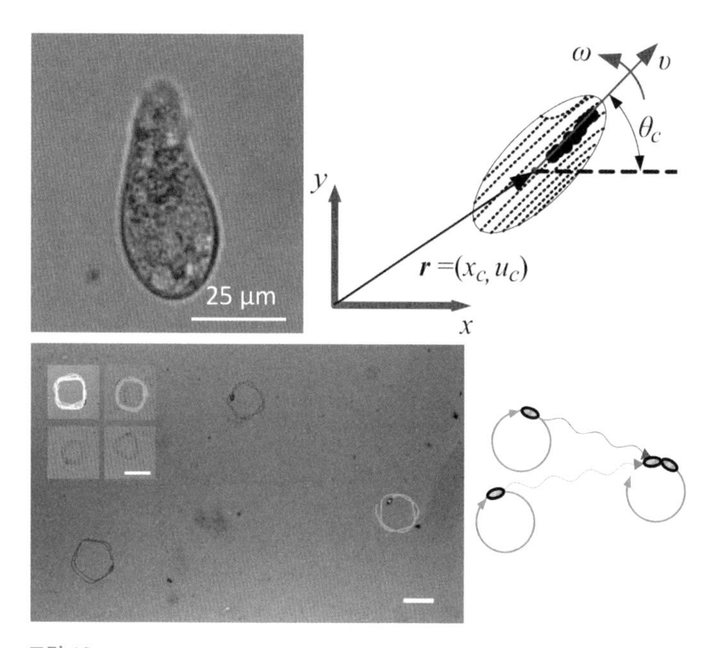

그림 12
위 마이크로 사이보그가 되기 전 테트라하이메나와 자기장이 xy 평면에 θ_c의 각도로 주어졌을 때 마이크로 사이보그의 회전운동과 운동 방향을 보여준다.

아래 동일한 회전 자기장 안에서 군집 제어를 통해 서로 다른 패턴의 회전운동을 보여주는 마이크로 사이보그들. 서로 다른 양의 산화철을 몸 안에 가진 마이크로 사이보그의 자성은 서로 다르기 때문에 동일한 회전 자기장 안에서 삼각형, 직사각형, 오각형, 원형의 운동 패턴을 보여준다. 회전 자기장을 끄자마자 마이크로 사이보그는 직선운동을 한다. 따라서 회전운동과 직선운동을 잘 조합하면 다양한 운동 경로를 만들어낼 수 있다.

법인 모델 예측 제어를 개발하여, 400m 육상 트랙 같은 경로를 미리 정해놓고 경로 계획을 통해 마이크로 사이보그가 정해진 시작점부터 목표점까지 반복운동을 할 수 있도록 만들었다. 직선 구간뿐만 아니라 반원 구간에서도 경로 이탈 없이 경로 계획에 움직일 수 있도록 외부 자기장 제어 시스템의 제어 프로세스를 컴퓨터로 자율 통제했다. 더 나아가 스스로 운동 경로를 개척해나갈 수 있는 마이크로 사이보그를 만들었다. 그중 하나가 그림 13에 보이는 '나 잡아봐라' 알고리즘을 통한 마이크로 사이보그의 운동 제어다.

빨간 원형 목표물을 정하고 마이크로 사이보그에게 추적을 명령하면 목표물의 운동 경로가 시시때때로 바뀌더라도 끝까지 추적할 수 있도록 만든 알고리즘이다. 그림의 빨간 점선은 목표물의 이동 경로를 나타내고 검정 실선은 마이크로 사이보그의 추적 경로를 보여준다. 이동 경로와 추적 경로 사이의 오차는 거의 없다.

이에 그치지 않고 군집 제어를 통해 동시에 여러 마이크로 사이보그들이 다양한 형태의 그림을 그릴 수 있도록 유도했다. 테트라하이메나의 자기적 성질은 산화철 나노입자를 얼마나 삼켰느냐에 따라 다르기 때문에 같은 회전 자기장 안에서도 그것들의 행동은 조금씩 달랐다. 즉, 마이크로 사이보그들의 다양한

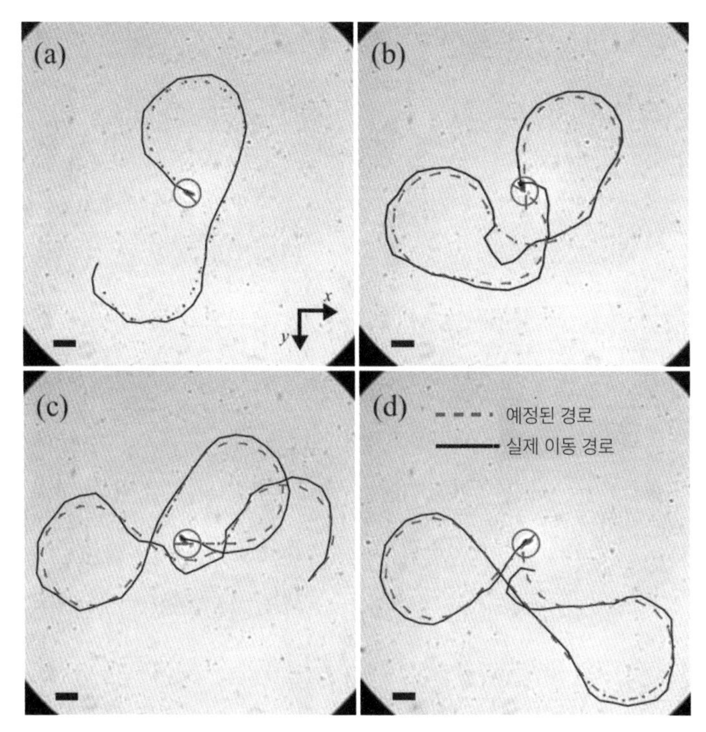

그림 13 '나 잡아봐라' 알고리즘을 통한 마이크로 사이보그 로봇의 운동 제어
마이크로 사이보그가 목표 추적 알고리즘에 의해 빨간 원형의 목표물을 추적하는 과정을 보여준다. 빨간색 원형 목표물이 자유자재로 방향을 바꾸며 이동해도 외부 자기장 제어 시스템은 마이크로 사이보그가 목표물을 정확하게 추적할 수 있도록 설계·제작되어 있다.

자성을 이용해 단일 회전 자기장 안에서도 군집 제어를 하는 데 성공할 수 있었다.

테트라하이메나라는 원생동물의 운동성과 행동 제어를 통

한 마이크로 사이보그 연구를 하면서, 인간의 모습이 투영되는 경험을 할 수 있어서 재미있었다. 아마도 우리 인간 개개인의 개성이 마이크로 사이보그가 가진 자성만큼이나 다양하기 때문일 것이다. 군대에서 소대장으로 복무할 때 종종 소대원에게 제식훈련을 시킬 때가 있었다. '좌향좌' 구령에 우향우를 하거나, '우로 어깨총' 구령에 좌로 어깨총을 하는 소대원들 때문에 제식훈련 도중 웃음보가 터지곤 했다. 마이크로 사이보그들도 마찬가지였다. 아무리 완벽한 제어 알고리즘을 사용한다 하더라도 모든 마이크로 사이보그들이 제어 알고리즘에 따라 100% 컨트롤되지는 않았다. 그 오차범위는 항상 20% 내외였다. 놀랍게도 소대 제식훈련 중에서 소대원들이 보여준 오차범위와 거의 일치한다. 만약 프랑켄슈타인 같은 인간 사이보그가 이 세상에 존재한다면 어떨까? 인간 사이보그의 제어 오차범위 역시 20% 내외라면? 로봇 연구자는 물론 로봇을 사용하게 될 우리 모두가 한 번쯤 생각해봐야 할 문제인 것 같다.

마이크로 사이보그는 마이크로·나노로봇공학계에 신선한 충격을 안겼다. 지금까지 전혀 존재하지 않았던 새로운 개념의 세포 기반 마이크로로봇을 다양한 제어 알고리즘과 외부 자기장을 이용해 자율적으로 컨트롤함으로써, 2차원 군집 행동과 운동경로 제어뿐만 아니라 3차원 행동 계획과 경로 분석을 마이크로미터 스케일에서 단일 회전 자기장을 사용하여 현실화했기 때문이다. 그 결과 나는 2013년 도쿄에서 열린 국제로봇학회IROS 2013에서 최고논문최종후보자Best Paper Award Finalist로 선정되었고, 그해 제주도에서 열린 국제로봇학회URAI 2013에서 최고학회논문상Best Conference Paper Award을 수상할 수 있었다.

06
우리의 세계를 인체 내부로 확장하는
이너스페이스의 꿈

박사과정 때부터 세포를 가지고 다양한 실험을 하면서 항상 가지고 있던 의문이 하나 있다. 인체 내에서 약물전달, 최소침습 수술 등 여러 가지 의공학적 임무를 수행하는 데 박테리아 같은 세포 기반 마이크로로봇을 사용하는 것이 과연 안전(적합)할까? 세포 자체를 이용한 마이크로로봇을 인체 내에 주입하면 여러 가지 면역학적 문제들이 생길 수 있다. 박테리아가 테트라하이메나에게 잡아먹히듯이, 테트라하이메나와 박테리아를 인체 내에 주입하면 백혈구의 공격을 받게 되는 것은 당연한 사실이다. 또한 아무리 유전공학적으로 독성을 제거한 박테리아라고 할지라도 어느 세대에 예기치 못한 돌연변이가 만들어져 박테리아 감염 질병 등 많은 문제를 일으킬 수 있다는 생각도 들었다. 박테리아가 한 세대, 두 세대를 바꾸는 데는 불과 몇 시간밖에 걸리지 않는다. 더군다나 박테리아 하나가 인체 내에서 수억 개의 박테리아로 증식하는 것도 불과 몇 시간이면 충분하다. 이런 현실적 문제점들을 극복하기 위해서는 인체에 무해하고 인체 내에 생물학적으로 적합하며 생화학적으로 쉽게 분해되는 물질을 이용하여 마이크로·나노로봇을 만들어야 한다는 생각으로 새로운 도전을 시작했다.

마이크로·나노미터 스케일에서 헤엄치는 로봇을 설계하고 만드는 것은 일반 수영장에서 헤엄쳐 돌아다니는 물고기 로봇과 비교하여 10^6~10^9배의 크기 차이만큼이나 공학적으로 완전히 다르다. 앞에서 인간이 수영하는 방법과 박테리아가 나노모터를 이용하여 헤엄치는 방법의 차이를 설명했다. 우리 인간은 팔과 다리의 반복운동을 통해 관성력을 만들어 수영하지만, 박테리아는 편모를 가지고 비반복운동을 하며 물의 점성력을 이용해 헤엄친다. 따라서 마이크로·나노로봇 설계의 핵심은 어떻게 공학적으로 비반복운동을 만드느냐에 있다. 비반복운동을 하는 마이크로·나노로봇의 구조는 비대칭성을 가지거나 박테리아 편모처럼 유연해야 한다. 이것이 바로 가리비 이론이다.

가리비 이론에 따르면, 조개껍데기를 열었다 닫았다 하면서 시간 대칭 운동을 보이는 가리비는 점성이 높은 유체 환경에서는 순 변위Displacement를 달성할 수 없다. 다시 말하면, 주기적으로 반복운동을 하는 물체는 박테리아가 살아가는 보이지 않는 작은 세상, 혹은 꿀처럼 점성이 높은 유체 환경에서 전혀 이동거리를 만들어낼 수 없다. 즉, 속도가 0이다. 속도는 위치 변화를 뜻하는 이동거리(변위)를 변화가 일어난 시간 간격으로 나눈 값이다. 예를 들어 탁구공보다 10^6배 작은 자성 입자 하나를 물에 넣은 후 시계 방향이나 반시계 방향으로 회전시키면, 앞으로도 뒤로도 나아가지 못하고 제자리에서 회전만 하게 된다. 박테리아의 몸통은 럭비공 모양의 대칭적 구조를 가지고 있지만, 나노모터에 연결되어 박테리아 몸통 밖으로 뻗어나와 있는 편모들은 아주 유연한 단백질로 만들어진 비대칭성 나선형 구조를 가지고 있다. 그 때문에 박테리아는 보이지 않는 작은 세상에서 다양한 운동 모드를 가지고 자유자재로 헤엄치고 돌아다니며 산다.

이렇듯 '이너스페이스'의 꿈을 실현하기 위한 마이크로·나노로봇의 공학적 설계는 박테리아의 형태와 구조, 그리고 편모의 운동역학에 기초하여 이루어졌다. 그를 통해 다양한 마이크로·나노로봇을 설계하고 개발할 수 있었다. 그중 하나가 자성 입자를 이용하여 만든 트랜스포머 나노로봇이다.

07

환경에 따라 구슬 자석처럼 자가조립하는 **트랜스포머 나노로봇**

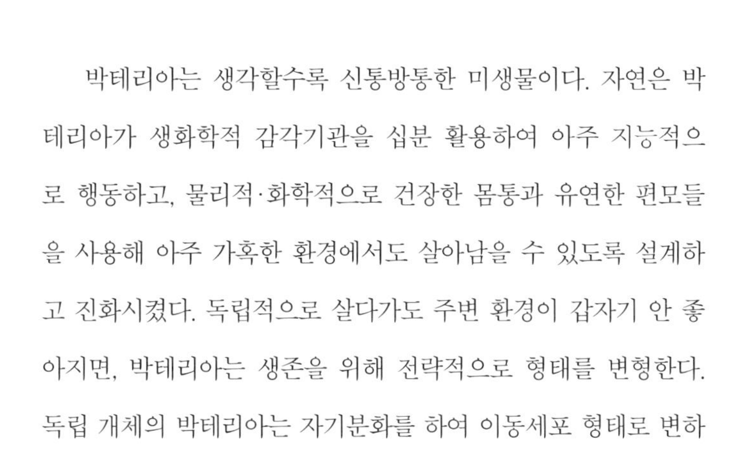

박테리아는 생각할수록 신통방통한 미생물이다. 자연은 박테리아가 생화학적 감각기관을 십분 활용하여 아주 지능적으로 행동하고, 물리적·화학적으로 건장한 몸통과 유연한 편모들을 사용해 아주 가혹한 환경에서도 살아남을 수 있도록 설계하고 진화시켰다. 독립적으로 살다가도 주변 환경이 갑자기 안 좋아지면, 박테리아는 생존을 위해 전략적으로 형태를 변형한다. 독립 개체의 박테리아는 자기분화를 하여 이동세포 형태로 변하고, 더 나아가 다세포 무리 형태를 만들어 최악의 환경 속에서도 생명을 유지한다(그림 14). 그런 의미에서 박테리아는 보이지 않는 작은 세상의 '트랜스포머' 로봇과 같다.

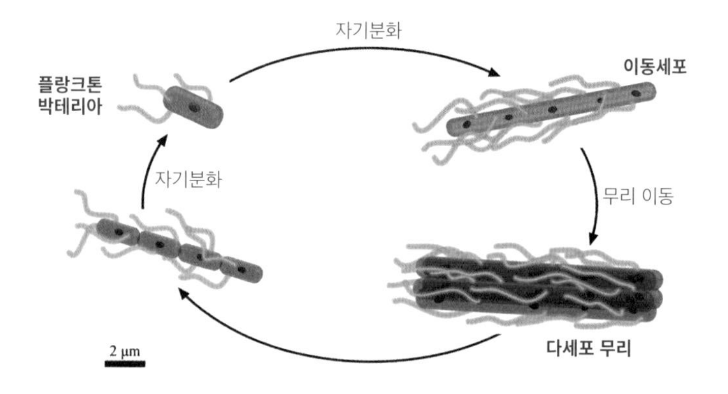

그림 14 박테리아가 표면에 떼 지어 있을 때 나타나는 일반적인 생명 주기를 보여주는 개념도
각 세포의 둥근 점은 박테리아 염색체, 척도 막대는 치수의 대략적인 추정치를 나타낸다.

어릴 적에 감기몸살을 앓으면 어머니는 내게 '콘택600캡슐'이라는 약을 주곤 했다. 럭비공 모양 캡슐 안에 작은 알갱이 형태의 약이 들어 있었다. 호기심에 캡슐을 분리해 알갱이가 몇 개나 들어 있는지 세어보았다. 빨간색, 노란색, 하얀색 알갱이들이 약 730개 정도 들어 있었다. 약을 그렇게 작은 알갱이로 만든 이유는 크기가 작을수록 확산을 통해 유체에 더 빨리 녹을 수 있기 때문이다. 서로 다른 색의 알갱이들은 아마도 서로 다른 약물학적 성분을 가진 약일 것이다. 박테리아의 형태분화 논문을 읽고 있던 어느 날, 그 옛날 콘택600캡슐 속 알맹이 약들이 오버랩되면서 아주 재미난 아이디어가 떠올랐다.

모듈식 로봇이라는 것이 있다. 정육면체 모듈들이 서로 붙었다 떨어졌다를 반복하면서 새로운 형태의 구조물을 만들어가는 로봇이다. 각 모듈에는 센서와 액추에이터가 있어 모듈 간 거리를 인식하고 서로 당기고 밀치면서 2차원, 3차원 형태의 구조물을 만든다. 이와 같은 방식으로 마이크로·나노미터 스케일에서도 모듈식 로봇을 만들 수 있을까 하는 과학적 호기심이 생겼다. 초등학생 때 친구들과 구슬 자석으로 구슬 놀이를 하던 기억이 떠올랐다. 구슬 자석을 일렬로 연결해서 1차원적 사슬을, 3~4개를 가지고 삼각형과 정사각형의 2차원 구조를, 3차원적으로 쌓아 올리며 피라미드나 탑을 만들곤 했다. 콘택600캡슐에 들어있던 감기약 알맹이처럼 생긴 자성 입자들을 박테리아처럼 붙였다 떨어뜨렸다 하면서 2차원, 3차원 구조물을 만들어 유체 내에서 외부 자기장을 통해 제어하면, 모듈식 로봇 같은 트랜스포머 마이크로·나노로봇을 만들 수 있을 것 같았다. 더군다나 나노·마이크로 자성 입자들은 구하기도 쉽고, 값비싼 극초미세가공 공정을 거치지 않고도 극초소형 로봇을 만들 수 있기 때문에 경제성 또한 상당히 높았다. 공 모양의 자성 입자는 코팅 공정을 통해 화학적·생물학적 기능성을 쉽게 향상시킬 수 있고, 가리비 이론에 부합하는 입자들의 비대칭 구조는 공학적 설계를 통해 최적화할 수 있었다.

나는 외부 자기장을 이용하여 자성 입자를 하나하나 꿰어서 목걸이 형태의 구조물을 만들었다. 언뜻 보면 지렁이나 실뱀장어 모양 같기도 한데, 스피로헤타 박테리아와 거의 흡사한 형태다. 스피로헤타는 진드기에 기생하는 박테리아로 인간에게 라임병을 일으키는 병원균으로 알려져 있다. 나선 모양의 스피로헤타는 두께가 약 1㎛, 길이는 약 4~100㎛로, 몸을 굽혔다 폈다 하는 굴신운동이나 축을 중심으로 도는 회전운동을 하면서 유체뿐만 아니라 인체 조직 내에서 느리게 이동한다.

앞에서 설명했듯이, 자성 입자 1개 혹은 2개를 붙인 구조물은 회전운동을 하게 되면 제자리에서 돌기만 할 뿐 앞이나 뒤로 헤엄쳐 나가지 못한다. 구조물의 대칭성 때문이다. 따라서 눈사람 모양의 구조물(쌍자성 입자)에 자성 입자를 하나 더 붙여서 최소한 *xy*, *yz*, *zx* 절단면 중 한 절단면에서 비대칭성을 만들어주어야 회전 자기장 내에서 헤엄칠 수 있다. 이런 물리학적 원리를 바탕으로 아비딘-바이오틴 표면 처리 공정을 사용하여 자성 입자 A에는 바이오틴 코팅을, 자성 입자 B에는 아비딘 코팅을 한 후, 칵테일을 만드는 것처럼 잘 흔들어준다. 그러면 그림 15의 합성공정에서 보듯이 3개의 자성 입자들이 A-B-A나 B-A-B 형태로 결합한 구조물을 만들어낸다. 자성 입자의 크기에 따라 다른 스케일의 나노·마이크로 모듈식 로봇을 만들 수 있다.

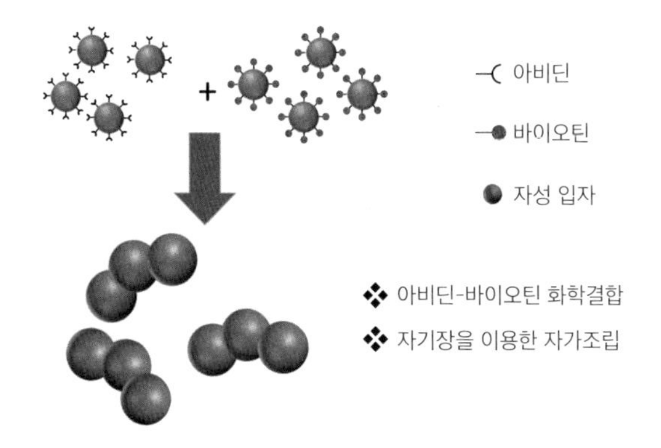

그림 15 합성 공정
아비딘을 코팅한 자성 입자와 바이오틴을 코팅한 자성 입자를 차례로 섞어주면 아주 강력한 화학적 결합에 의해 입자 크기에 따라 자성 입자 3개로 이루어진 마이크로·나노로봇이 만들어진다.

이렇게 자성 입자 3개로 이루어진 기본 모듈식 로봇을 이용하여 다른 자성 입자들과 하나씩 하나씩 결합하면서 두 가지 형태의 구조물을 만들 수 있다. 하나는 좌회전성 나선 꼬임 형태이고, 다른 하나는 우회전성 나선 꼬임 형태다. 꼬임의 형태에 따라서 같은 회전 자기장 안에서도 헤엄쳐 나가는 방향이 서로 반대가 된다. 수치 해석을 통해 트랜스포머 로봇을 만들기 위하여 시뮬레이션한 결과, 자성 입자들이 결합하려면 움직이지 않고 제자리에서 회전만 하는 단일 혹은 쌍자성 입자들이, 자성 입자 3개로 구성된 기본 모듈식 로봇이 헤엄치는 운동 방향의 특정한 각도 내에 들어와야 한다는 것을 발견했다. 이를 실험적으로 증명하여 다양한 결합에 의해 스피로헤타를 닮은 여러 형태의 트랜

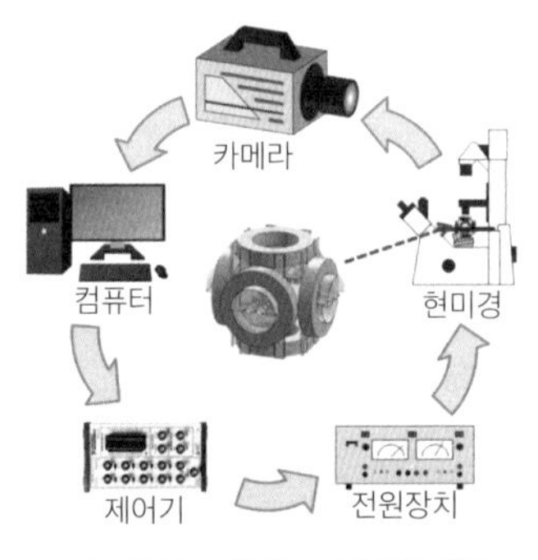

도립식 형광현미경 내에 설치된 3차원 자기장 시스템의 실제 모습

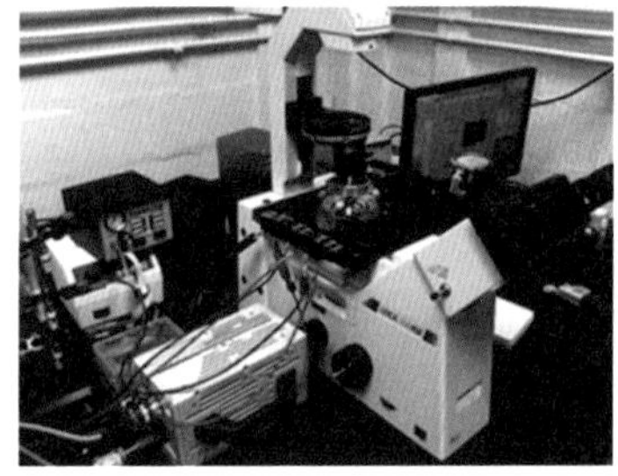

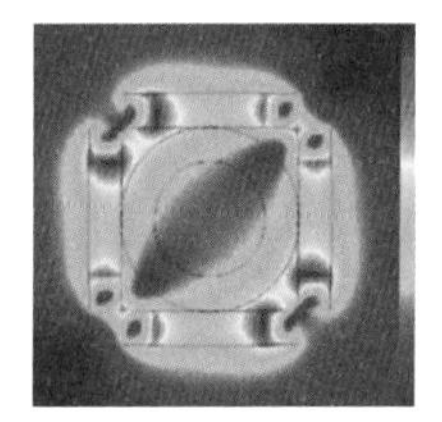

3차원 자기장 시스템 내부에 형성된 자기장의 모습

그림 16 제어 시스템
3쌍의 구리선 코일을 이용하여 *x*축, *y*축, *z*축 방향의 1차원적, *xy* 평면, *yz* 평면, *zx* 평면의 2차원적, 그리고 *xyz* 공간의 3차원적으로 로봇의 운동성을 제어할 수 있는 회전 자기장을 만든다. 전·자기장 제어 시스템은 현미경에 내장된 카메라 시스템과 더불어 영상 기반 피드백 제어를 할 수 있도록 만들어졌다.

스포머 마이크로·나노로봇을 만드는 데 성공할 수 있었다.

다음은 긴 나선형의 트랜스포머 마이크로·나노로봇에서 자성 입자를 분리해서 원하는 형태로 만드는 연구를 했다. 예를 들어 9개의 자성 입자로 구성된 나선형 스피로헤타 모양의 로봇을 4개/5개 혹은 3개/3개/3개 자성 입자로 구성된 모듈식 로봇으로

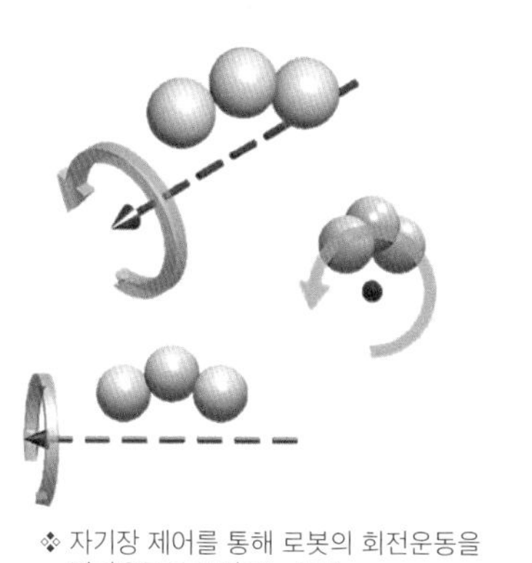

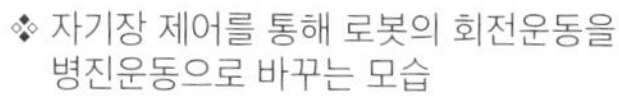

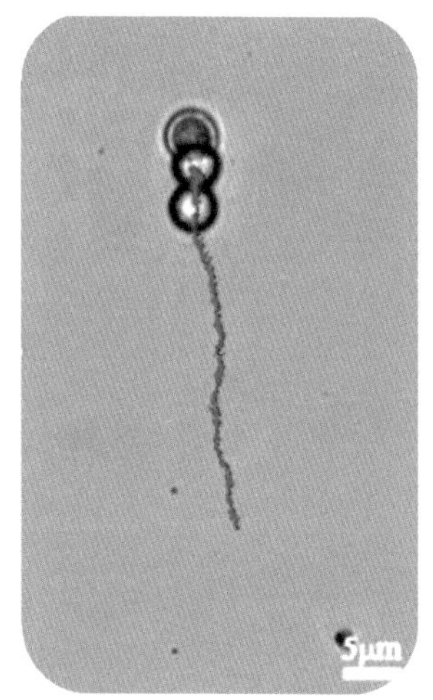

그림 17 자기(장) 구동
3개의 자성 입자로 이루어진 마이크로·나노로봇은 회전 자기장 안에서 시계 방향 또는 반시계 방향으로 회전하면서 유체 안을 자유자재로 헤엄친다.

변형시키는 연구다. 회전 자기장의 다양한 주파수를 나선형 스피로헤타 형태의 로봇에 순간적으로 강하게 전달해서 자성 입자들을 분리해나갔다. 자기장의 주파수를 바꿀 때마다 떨어져 나오는 자성 입자의 수가 제각각이었다. 단일 자기장을 이용하여 여러 마이크로로봇의 형체 분리를 제어하는 것에는 기술적으로 많은 한계가 있었다. 다시 말하면, 형체 분리에서 발생하는 여러 불확실성을 단일 회전 자기장을 이용하여 극복하는 것은 불가능해 보였다. 그럼에도 불구하고 이런 트랜스포머 마이크로·나노

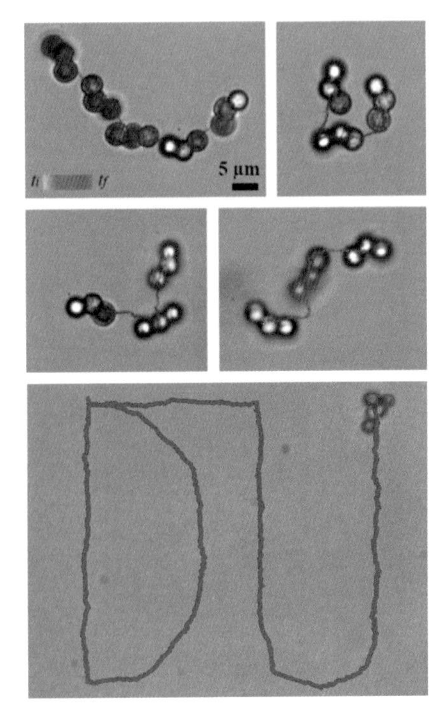

그림 18 **운동 제어**
3개의 자성 입자로 이루어진 마이크로·나노로봇을 컴퓨터 키패드를 이용하여 수동으로 제어하거나 다양한 컴퓨터 제어 알고리즘을 통하여 자동으로 제어한다.

로봇을 이용하여 새로운 개념의 능동적 표적지향형 약물전달 기술을 개발할 수 있다는 확신을 가지게 되었다.

일반적으로 화학적 약물전달 방식은 수동적이다. 콘택600캡슐을 예로 들면, 캡슐을 삼켰을 때 위에서 캡슐이 벗겨지고 그 안의 약물 알갱이가 유체에 녹아 확산작용에 의해 약물이 전달된다. 그렇게 몸 안에 퍼진 약의 효과가 나타날 때까지는 시간이 꽤 걸린다. 마이크로·나노로봇을 이용한 약물전달 방식은 좀 더 적극적이고 표적지향적이다. 요즘은 혈액검사나 소변검사를 통해 암세포나 종양의 유무를 대략적으로 알게 되면, 그 위치를 MRI로 확인하고 조직검사를 통해 확정한다. 즉, 우리 몸 안 어느 곳에 약물전달이 되어야 하는지 그 표적을 미리 알 수 있다. 따라서 표적 근처에 수많은 마이크로·나노로봇을 주입한 후, 외부 자기장을 이용해 최대한 표적 가까이 접근시킬 수 있는 것이다. 모듈식 마이크로·나노로봇은 형태를 바꿀 수 있는 트랜스포머와 같으므로, 최대한 가깝게 표적에 접근하기 위해 스피로헤타 같은 나선형을 만들어 회전 자기장의 도움을 받아 회전하면서 이동하여 표적 표면을 관통한다. 마치 와인병 마개를 따는 것처럼 코르크 표적의 표면을 관통한 후에는 내부 깊숙이 침투하여 약물전달의 효율을 높이기 위해 다시 최소 단위의 자성 입자로 분해하여 빠른 시간 내에 약물을 전달한다. 이것이 그림 19에서 볼 수 있는 마이크로·나노로봇을 이용한 능동적 표적지향형 약물전달 시나리오다.

우리 인체 내에 존재하는 모든 암세포는 모두 각각의 항원을 만들어낸다. 이 각각의 항원에 선별적으로 결합할 수 있는 항체를 모듈식 마이크로·나노로봇에 코팅하면 맞춤형 표적지향성 약물전달체 역할을 수행할 수 있다. 이들을 외부 자기장을 이용

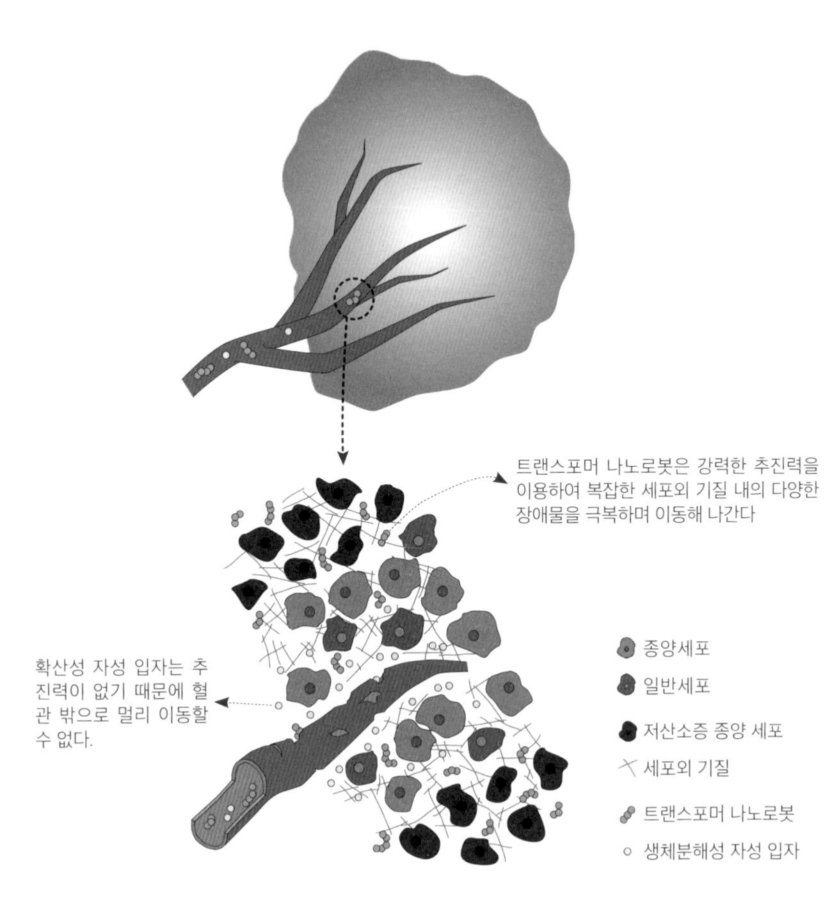

그림 19 트랜스포머 마이크로·나노로봇을 이용한 능동적 표적지향형 약물전달 개념도

단일 약물입자나 마이크로·나노로봇이 혈관(위)을 따라 종양에 도달하면 결국 종양 미세환경(아래) 내로 들어가게 된다. 확산에 의해 이동하는 약물입자들은 혈관과 멀리 떨어져 있는 종양 세포까지 깊숙이 침투하는 데 어려움을 겪게 된다. 이와 대조적으로, 외부 회전 자기장을 통해 강력한 추진력을 가지고 이동할 수 있는 나선형 트랜스포머 마이크로·나노로봇은 스피로헤타 박테리아처럼 강력한 회전·굴신운동을 반복하면서 미세환경을 극복하고 혈관에서 멀리 떨어진 지역까지 도달하여 종양세포에 약물을 전달하고 저산소증을 유발하여 결국 종양을 제거할 수 있도록 한다.

하여 제어하면, 더욱 공격적이고 효율적인 약물전달이 가능하다. 또한 같은 원리로 인체 내의 암이나 종양의 위치나 장기조직의 정확한 영상이 필요할 때, 표적지향성 영상조영제 역할을 모듈식 마이크로·나노로봇들이 수행할 수 있다.

08
박테리아 플라젤라(편모)를 모방한
박테리아 나노로봇

박테리아는 구조적으로 편모가 있는 박테리아와 없는 박테리아로 크게 나뉜다. 편모가 없는 박테리아는 물속에 떠다니면서 필요한 영양소나 이온을 흡수하며 살아간다. 편모가 있는 박테리아는 다시 극성 편모형 박테리아와 주모 편모형 박테리아로 나뉜다. 극성 편모형 박테리아는 편모가 몸통 한쪽 끝이나 양쪽 끝에 분포해 있고, 주모 편모형 박테리아는 편모가 몸통 전체에 아주 불규칙하게 분포해 있다. 인체에 해로운 병원성 감염 박테리아들은 대부분 운동성이 매우 뛰어난 주모 편모형 박테리아이다. 식중독을 일으키는 살모넬라, 폐렴을 일으키는 적변 세균, 그리고 인체에 해롭지 않은 일반 대장균과 식중독을 일으키는 항

원형 대장균 등이 주모 편모형 박테리아다. 생물 생체 모방 기술적 측면에서 보면, 주모 편모형 박테리아가 극성 편모형 박테리아보다 만들기 쉽다. 그렇다고는 해도 편모 하나 혹은 여러 개를 특정한 부분에만 붙이는 것은 마이크로·나노미터 스케일에서는 엄청난 기술적 도전이다. 그래서 나는 지난 10년 동안 꾸준히 주모 편모형 박테리아를 모방한 박테리아 나노로봇을 공학적·생화학적 접근 방식으로 설계·제작하며 업그레이드해왔다.

박테리아 플라젤라(편모): 바이오 소재 센서로 몸속 우주를 감지하다

눈에 보이는 로봇들은 대부분 로봇 자체에 수많은 센서가 부착되어 있다. 센서가 로봇이 움직이는 공간의 여러 환경적 지표를 실시간으로 모니터링하고, 그것을 제어 프로그램에 입력하여 순간순간 로봇의 운동 동작과 방향, 경로를 조작한다. 현실 세계의 모듈식 로봇은 정육면체 각 모서리마다 센서가 있어서 다른 정육면체 모듈까지의 거리나 각도를 정확하게 계산한다. 그리하여 가장 효율적인 이동 경로를 파악하고 모듈과 모듈을 결합시킨다. 보이지 않는 작은 세상에서는 어떨까? 세포 기반 마이크로·나노로봇의 경우 세포 내의 여러 감각인식기관에 의해 환경을 인식하고 주자성, 주전성, 주광성, 주화성 운동을 로봇의 운동 동작과 방향, 경로에 반영할 수 있다. 하지만 무기물을 기반으로 한 마이크로·나노로봇은 환경의 특성이나 변화를 인식하는 데 한계가 있다. 머리카락 두께보다 10배 이상 작은 극초소형 마이크로·나노로봇에는 환경 인식을 위한 센서를 내장할 수 없기 때문이다.

무기물 자성 입자를 이용한 마이크로·나노로봇의 경우, 평균자승변위를 측정하여 유체의 온도를 계산할 수 있다. 그러나 온도 이외의 환경 정보는 얻기 어렵다. 어떻게 하면 마이크로·나노로봇을 통해 더 많은 환경 지표 분석이 가능할까 고민했다. 고민 끝에 얻은 해결책 중의 하나가 환경 센서 역할을 할 수 있는 바이오 소재를 합성하여 로봇에 부착하는 방법이다. 나는 이 바이오 센서의 후보로 박테리아의 편모, 즉 플라젤라를 생각했다.

보통 살모넬라 박테리아는 4~5개의 편모를 몸통에 지니고 있다. 나선형 살모넬라 편모는 길이 약 8~10㎛, 튜브 형태의 편모 단면 구조는 바깥쪽 지름 약 20nm, 안쪽 지름 2nm 정도이다. 나선형 편모의 피치Pitch와 코일 형태의 편모 안쪽 지름은 유체 환경에 따라 변한다. 유체 환경에 따른 편모 구조의 다형 변화는 그림 20에서 볼 수 있듯이 놀라울 정도로 다양하다. 유체 내의 온도, 이온 농도, 산성도(pH) 등에 따라 12가지 형태를 보인다. 유체의 산성도 변화에 따라 편모는 3㎛의 코일 모양에서 10㎛의

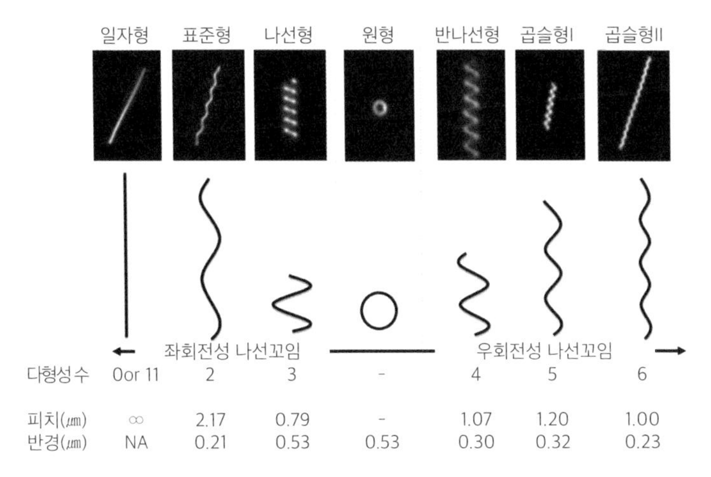

그림 20 박테리아 편모의 다형 변화
곡률 및 비틀림의 형태에 따라 12가지의 다형성 구조를 갖는다. 각 형태에 따라 편모의 기하학적 특성, 즉 피치와 나선의 내부 반경 등이 다르다. 박테리아의 편모는 유체 환경 변화에 따라 최적의 형태로 변형한다. 예를 들어, 살모넬라의 편모는 산성도(pH) 8~6까지는 좌회전성 나선 꼬임 형태의 편모를 가지지만, 산성도가 낮아지면서 다른 나선 형태의 구조로 두 번 급전환한다.

막대 모양으로 변하며, 최대 3배 이상의 길이 차이를 보인다. 즉, 박테리아 편모는 환경 변화에 따라 스프링처럼 수축·이완작용을 한다. 로봇공학적 측면에서 보면, 박테리아 편모는 일종의 자연발생적 환경 센서이자 액추에이터다.

1세대 박테리아 나노로봇: 세계 최초 약물전달용 인공 박테리아

나는 1세대 박테리아 나노로봇을 만들 때, 먼저 두 종류의 입자를 생각했다. 하나는 박테리아의 몸통을 대신할 입자였고 다른 하나는 이 몸통에 추진력을 만들어줄 수 있는 입자였다. 박테리아의 몸통을 대신할 입자는 결국 약물로 대체될 것이기 때문에, 어떤 물질의 입자를 사용할지보다는 얼마만 한 크기의 입자여야 하는지가 중요했다. 나는 2~5㎛ 지름의 폴리스티렌 입자를 구입해 사용했다. 추진력을 만들어내야 하는 입자가 관건이었는데, 자기장으로 시계 방향이나 반시계 방향으로 회전시키기 위해 50~200nm 지름의 산화철 나노입자를 연구실에서 직접 합성했다. 산화철은 체내에 적합할 뿐만 아니라 저절로 분해되기 때문에 인체 내 약물전달에 가장 적합한 물질이라고 생각했다.

다음으로는 폴리스티렌 입자와 산화철 나노입자를 이어줄 나노 바이오 물질을 찾아야 했다. 여러 후보군의 나노 바이오 소재를 고려해봤지만 새로운 답이 나오지 않았다. 산화철로 된 나노입자가 추진력을 만들어내기 위해서는 외부 자기장에 의해서 시계 방향이나 반시계 방향으로 빠르게 회전해야 하므로, 그 회전력을 이겨낼 만큼 튼튼한 나노 바이오 물질을 찾아야 했다. 더군다나 유체 내에서 추진력을 만들려면 구조가 비대칭성을 나타내거나 유연성(탄력성)을 가져야 했다. 이런 조건들을 고려하다 보니 나는 새로운 답이 아니라 오히려 익숙한 답으로 돌아왔다. 내가 원하는 모든 특성을 가지고 있는 것은 바로 박테리아 편모, 즉 플라젤라였기 때문이다.

박사과정 때, 하버드대학교 하워드 버그 교수 연구실에서 닉 단톤과 린다 터너와 함께 공동연구를 진행한 적이 있다. 당시 린다 터너는 내게 유전자 조작된 박테리아를 만들어 보내주곤 했다. 그녀가 맡았던 다른 연구 프로젝트는 단백질 중합을 이용하여 박테리아 편모의 구조를 바꾸는 연구였다. 예를 들면, 약 8~10㎛ 길이의 박테리아 편모를 100㎛까지 늘리거나 4㎛로 줄이거나 하는 식의 연구였다. 린다 터너는 박테리아 편모의 형태나 구조에 따라 박테리아의 운동성이 어떻게 달라지는지를 연구했고, 나는 린다 터너에게서 단백질 중합 공정을 이용해 박테리아 편모를 생산하고 편모 구조를 바꾸는 생물·화학적 방법들을 배웠다.

다음 과제는 어떻게 박테리아 편모 양끝에 자성을 띤 산화철 나노입자와 폴리스티렌 입자를 각각 연결할 것인가였다. 기계공학자로서 공학적 설계를 통해 시스템, 즉 로봇의 구조와 기능을 최적화하는 과정에 많은 경험이 있었고 익숙했지만, 새로운 도전은 생물·화학적 설계에 기초해야 했다. 만약 나노입자나 폴리스티렌 입자가 편모의 양끝이 아닌 중간 어디쯤에 연결된다면, 아주 복잡한 구조가 될 뿐만 아니라 회전 자기장에 의해 유체 내에서 헤엄칠 수 있다는 보장도 없었다. 이 과제를 해결하는 데 1년 이상이 걸렸지만 결국 연구실 학생들과 함께 기발한 아

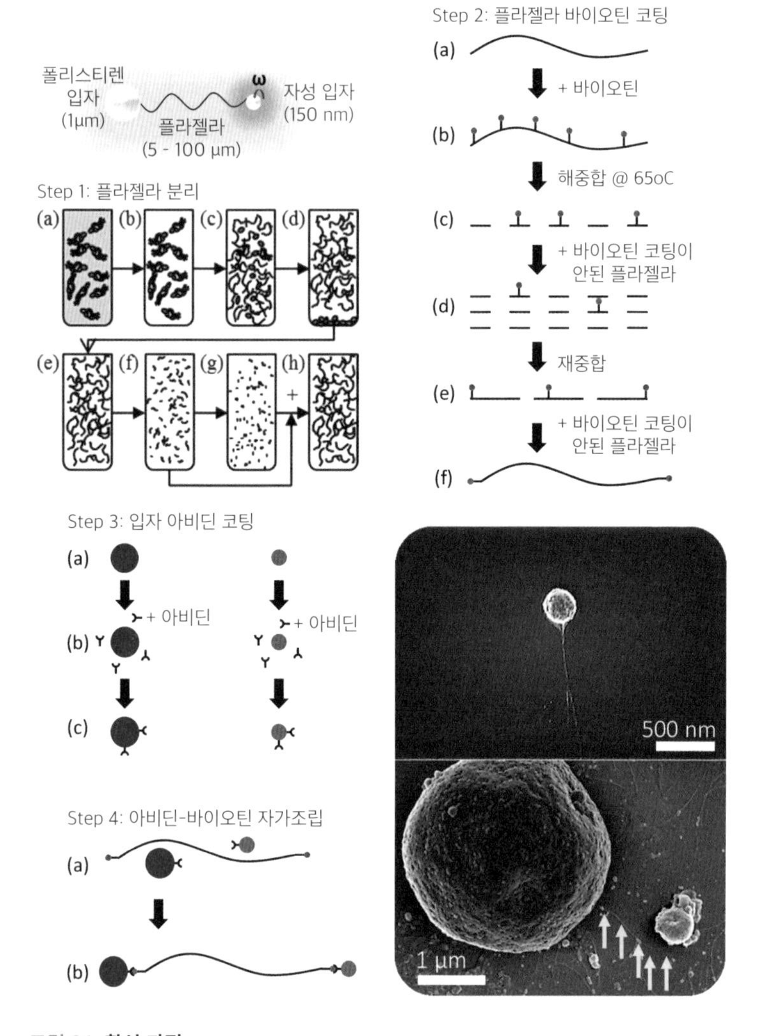

그림 21 합성 과정

Step 1 박테리아 편모 양끝에 산화철 자성 나노입자와 폴리스티렌 입자를 각각 하나씩 연결하기 위하여 단백질 재중합과정을 통해 박테리아 편모를 생물·화학적으로 생산한다.

Step 2 생산된 박테리아 편모를 바이오틴을 이용하여 편모 양끝에만 선택적 코팅을 한다.

Step 3 산화철 나노입자와 폴리스티렌 입자에 각각 아비딘 코팅을 한다.

Step 4 Step 2에서 바이오틴으로 코팅된 편모를 3단계에서 아비딘으로 코팅된 산화철 나노입자, 폴리스티렌 입자와 순차적으로 잘 결합시킨다. 이 다단계 합성 과정을 거치게 되면 오른쪽의 주사형 전자현미경 사진에서 보듯이 1세대 박테리아 나노로봇을 만들 수 있다.

이디어를 만들어냈다.

단백질의 일종인 아비딘과 비타민의 일종인 바이오틴은 서로 선택적 결합을 하여 아비딘-바이오틴 결합물을 만든다. 이는 자연계에서 가장 강력한 결합으로 알려져 있다. 그림 21에 보이는 것처럼, 살모넬라 박테리아를 배양한 후 노란색 배양액을 깨끗한 수용액으로 갈아준다. 살모넬라가 들어 있는 수용액을 원심분리기(3,000rpm)에 넣고 돌리면 박테리아 몸통에서 편모들이 분리된다. 분리된 편모가 들어 있는 수용액을 이번에는 초원심분리기(15만 rpm)에 넣고 돌려서 편모를 잘게 자른다. 이 과정을 거치게 되면 100~300nm 길이의 작은 입자 편모를 만들 수 있다. 이 작은 입자 편모들을 특별한 화학약품들을 섞은 단백질 중합용액에 넣어주면 자가조립에 의해 서로 붙으면서 긴 박테리아 편모로 변한다.

박테리아 편모가 20㎛까지 자라면, 바이오틴을 용액에 섞어 편모의 전체 표면을 코팅한다. 이 용액을 초원심분리기에 넣고 다시 잘게 잘라준 후, 바이오틴 코팅 없이 편모만 잘게 잘라 작은 입자 편모들이 들어 있는 용액에 극초소량을 섞어 다시 자가조립을 유도한다. 이 과정을 여러 번 거치는데, 이를 해중합공정과 재중합공정이라고 한다. 그 결과로 바이오틴이 편모 양끝에만 붙어 있는 편모를 생산할 수 있게 된다.

바이오틴 코팅과 단백질 중합공정을 거쳐 생산한 편모를, 아비딘 코팅을 한 산화철 나노입자와 폴리스티렌 입자가 포함된 용액에 넣어주면 아비딘-바이오틴 결합 반응에 의해서 2개의 구조를 얻는다. 하나는 양쪽에 산화철 나노입자가 붙은 구조이고, 다른 하나는 양쪽에 산화철 나노입자와 폴리스티렌 입자가 각각 붙은 구조이다. 이들은 산화철 나노입자가 한쪽 혹은 양쪽에 붙어 있기 때문에 자기장으로 분리할 수 있다. 이때 양쪽에 산화철 나노 입자와 폴리스티렌 입자를 각각 붙인 구조가 바로 1세대 박테리아 나노로봇이다.

박테리아 나노로봇의 운동역학을 수학적으로 모델링하여 컴퓨터 시뮬레이션을 시작했다. 먼저 산화철 나노입자가 회전하면 어떤 속도장(추진력)이 만들어지는지 관찰했다. 그림 22에서 보는 것처럼, 컴퓨터 시뮬레이션은 산화철 나노입자가 시계 방향, 반시계 방향으로 돌면 편모 주변에 소용돌이가 생기면서 폴리스티렌 입자를 시계 방향, 반시계 방향으로 돌아가게 만들었다. 이대로 실험한 결과, 산화철 나노 입자를 외부에서 회전 자기장을 이용하여 시계 방향, 반시계 방향으로 회전시키면 폴리스티렌 입자가 회전하면서 박테리아 나노로봇이 앞뒤로 움직였다. 자기장의 세기를 높이면 당연히 헤엄치는 속도가 빨라졌다. 실제 박테리아의 운동성과 비교 분석 실험을 했는데 헤엄치는 방법이

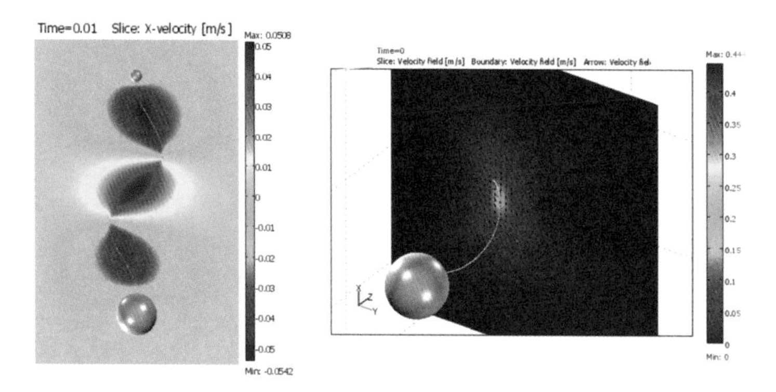

그림 22 **속도장 분석**
회전 자기장 내에서 1세대 박테리아 나노로봇이 만드는 속도장(추진력)을 컴퓨터 시뮬레이션을 통해 분석한 결과다.

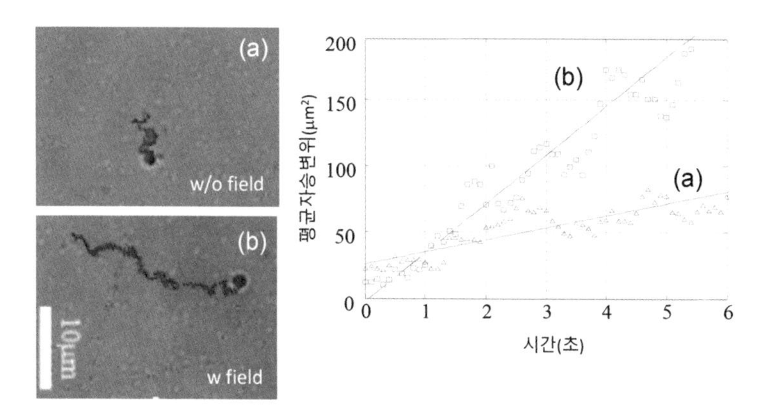

그림 23 **자기장 구동과 확산**
컴퓨터 시뮬레이션을 바탕으로 1세대 박테리아 나노로봇을 회전 자기장을 이용하여 수동 제어한 결과다.
(a) 회전 자기장이 없는 상태에서 1세대 박테리아 나노로봇의 운동성은 정상 확산을 보여준다.
(b) 회진 자기상 내에서 1세대 박테리아 나노로봇의 운동성은 초확산을 보여준다. 또한, 회전 자기장 내에서 1세대 박테리아 나노로봇은 실제 박테리아처럼 단시간 내 미사일 탄도 같은 폭발적 운동성을 보여준다.

운동역학적으로 거의 똑같았다. 특히 박테리아 나노로봇은 살모넬라처럼 난보Random Walk를 보이며, 아주 짧은 시간 동안에는 미사일 탄도 같은 폭발적 운동을 할 수 있다는 사실을 발견했다.(그림 23) 이 결과를 2010년《응용물리학회보》에 연구 논문으로 발표했다.

이러한 과정을 거쳐 나는 기계공학적 설계와 생물·화학적 설계를 통해 나노로봇을 제작하고, 자기장을 이용한 제어 알고리즘을 통해 세상에 처음으로 약물전달용 인공 박테리아를 데뷔시켰다. 지금까지 이 세상에 존재하지 않았던 로봇 박테리아가 탄생한 것이다.

2세대 박테리아 나노로봇: 세계 최초 트랜스포머 나노로봇

1세대 박테리아 나노로봇의 성공을 기반으로 2세대 박테리아 나노로봇 프로젝트를 시작했다. 2세대 박테리아 로봇은 그림 20에서 설명한 박테리아 편모의 다형 변화를 최대한 활용하는 방향으로 나노미터 스케일의 트랜스포머 로봇을 개발하는 데 주안점을 두었다. 이를 위해 폴리스티렌 마이크로입자를 사용하지 않기로 결정했다. 대신 40~400nm 지름의 초상자성 나노입자Superparamagnetic Nanoparticle에 박테리아 편모를 하나 혹은 여러 개 붙이는 형태가 컴퓨터 시뮬레이션에 의해 결정되었다.

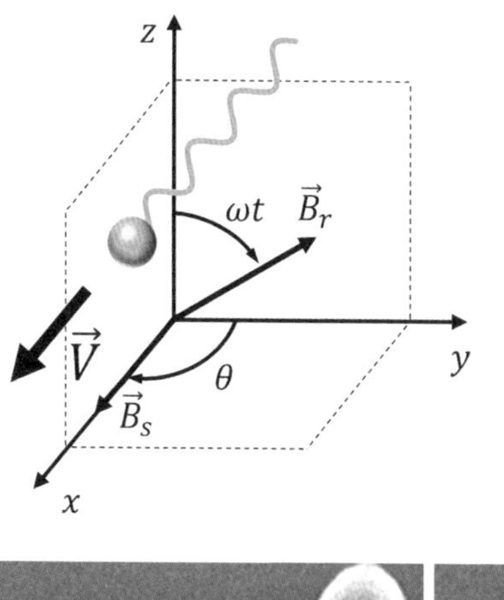

그림 24 **박테리아 편모를 이용한 트랜스포머 나노로봇의 움직임과 회전 자기장의 개략도**

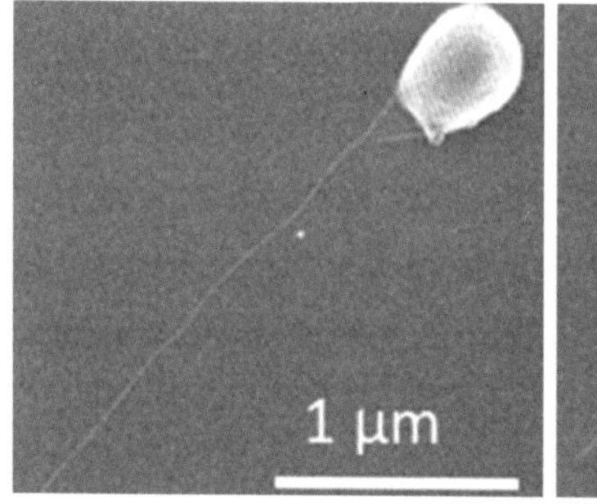

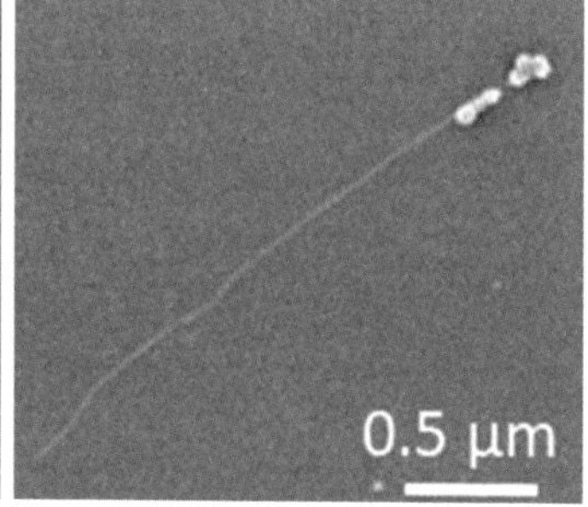

그림 25 **자성 나노입자에 부착된 박테리아 편모의 주사형 전자현미경 이미지들**

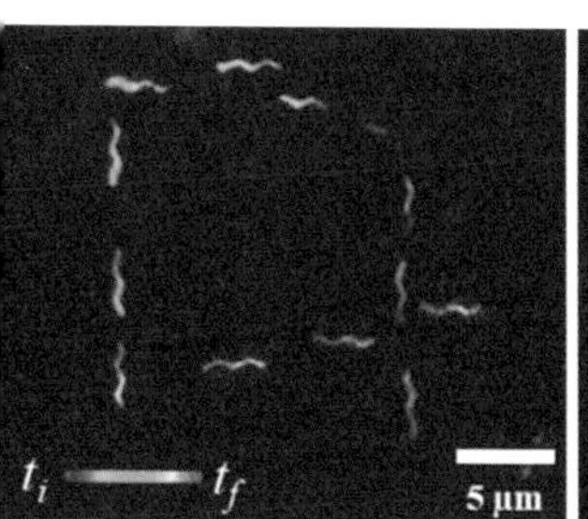

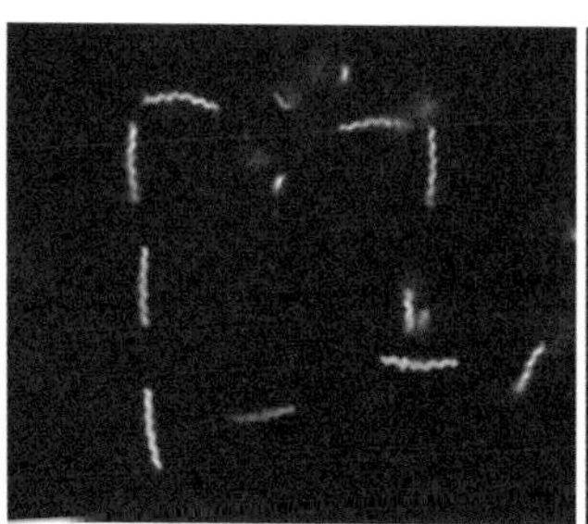

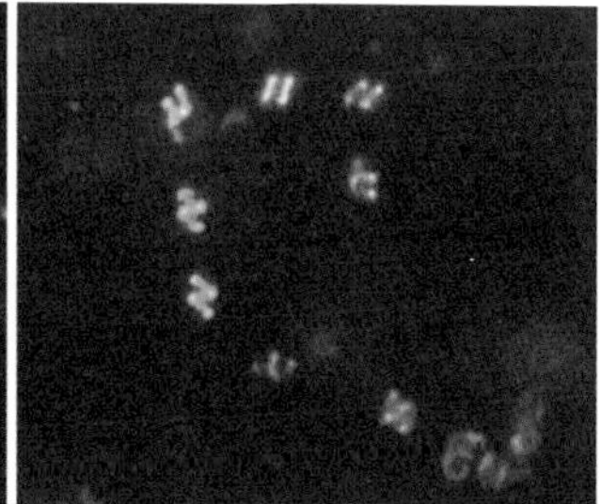

그림 26 **박테리아 편모를 이용한 트랜스포머 나노로봇의 운동 및 경로 제어**
유체 환경의 산성도(pH)에 따라 박테리아 편모는 순간적으로 정상(왼쪽), 곱슬(가운데), 코일(오른쪽) 형태의 다형 변화 구조를 만들고 나노로봇은 각각 다른 운동 속도로 사각형 모양의 2차원 운동 궤적 위를 헤엄쳐 나간다. 눈금 막대는 5㎛다.

단일 자성 입자는 회전 자기장 내에서 헤엄칠 수 없다. x, y, z 축 어느 방향으로 잘라도 대칭성을 유지하므로 비반복운동을 할 수 없기 때문이다. 하지만 유연성을 가진 나선형 곡선 구조의 박테리아 편모를 붙이면 자연스럽게 회전 자기장 내에서 반시계 혹은 시계 방향으로 회전하면서 추진력을 만들어 헤엄칠 수 있다. 또한 박테리아 편모가 유체 환경을 자동적으로 인식하고 가장 적합한 편모 구조의 다형 변화를 스스로 조절함으로써 로봇의 유체 환경에 최적화된 편모의 형태를 만들어낸다. 이런 트랜스포머 나노로봇을 외부 회전 자기장으로 경로 계획을 만들어 제어하면 다양한 유체 환경에서 능동적 표적지향형 약물전달을 실현할 수 있게 된다. 그뿐 아니라, 동작 계획에 따라 정해진 위치나 경로 자체를 2차원적, 3차원적으로 만들어나갈 수도 있다. 예를 들면 현미경의 초점면에서 사각형을 그리다가, 그 위나 아래로 이동하며 새로운 평면 공간에서 사각형을 그리는 3차원적 운동 경로를 개척하는 식이다.

이렇게 개발된 2세대 박테리아 나노로봇은 연구실에서 이미 개발된 영상 기반 피드백 제어를 통해 박테리아 편모의 다형 변화를 관찰함으로써 유체 환경정보를 빠르게 감지하여 나노로봇 운동 제어에 이용할 수 있었다. 한 가지 아쉬운 점은 추진력을 생산하는 편모 운동에 한계가 있다는 것이다. 가늘고 단단한 바늘로 풍선을 찌를 때는 쉽게 터트릴 수 있지만, 가늘고 유연한 실로는 아무리 세게 찔러도 터트릴 수 없는 것처럼, 강력한 추진력을 만들어 세포벽을 헤집고 관통하려면 단단한 3차원 나선형 나노구조가 필요하다는 점을 인식하는 계기가 되었다. 공동연구를 함께 수행했던 유타대학교 헨리 푸 교수도 다음과 같은 사실을 알려 왔다. 컴퓨터 시뮬레이션을 바탕으로 세포벽을 관통하여 표적지향형 약물전달을 가능하게 하려면, 3차원 나선형 나노구조물의 두께가 800nm 이하이되 더 단단해야 한다. 이런 원리는 사실 예방 접종이나 혈액 검사를 받을 때, 우리가 이미 경험해본 것이다. 피를 뽑을 때 혈관에 주입하는 주사 바늘의 두께에 따라 알맞은 혈액을 빠른 시간 안에 얻어내고 빠른 시간 안에 지혈할 수 있다. 주사 바늘이 단단하지 않으면 피부를 뚫고 혈관까지 도달하기 힘들고, 주사 바늘이 두꺼우면 출혈이 많을 수밖에 없다.

3세대 박테리아 나노로봇: 생화학 공정을 거친 3차원 나선형 나노로봇

세포를 치료하기 위해서는 세포벽을 안전하게 뚫고 세포 안에 약물을 전달할 수 있는 강력한 파워의 나노로봇이 필요하다. 이런 나노로봇의 구조로는 박테리아의 편모와 같은 3차원적 나선형 나노구조가 가장 적합하다.

여러 연구 그룹들이 3차원적 나선형 나노구조를 만들기 위한 다양한 시도를 하고 있었다. 스위스 연방공대의 브레들리 넬슨 교수 연구실과 독일 막스플랑크연구소의 피어 피셔 교수 연구실에서는 이미 10년 전부터 다양한 방법의 하향식 초미세나노가공 공정을 이용해 3차원적 나선형 나노구조물을 설계·제작하고 있었다. 하지만 복잡한 다단계 공정을 필요로 하기 때문에 시간이 많이 걸렸다. 무엇보다도 하향식 초미세나노가공 공정을 바탕으로 한 제작 방법이라 로봇을 만드는 재료가 무기물에 한정되며, 공정에 소요되는 장비들이 상상 이상으로 비싸기 때문에 초기 투자 비용이 엄청나게 높다. 최근에는 3D 프린터를 이용하여 다양한 3차원 나선형 구조를 만들고 있지만 나노미터 스케일의 로봇을 만들기에는 아직도 기술적인 한계가 많다.

나는 이런 모든 한계를 극복하여 단순한 공정, 아주 적은 비용으로 쉽게 원하는 형태의 3차원 나선형 나노로봇을 만들 방법은 없을까 고민했다. 그 결과 박테리아 편모를 바이오 형판 나노구조로 이용하여 생화학적 방법으로 3차원 나선형 나노구조를 만드는 방법을 개발했다. 하향식 초미세나노가공 공정과는 정반대의 상향식 초미세나노가공 공정을 택한 것이다.

이때 핵심 기술은 박테리아 편모의 3차원 나선형 나노구조를 액체 안에서 최대한 유지한 채 편모의 바깥 표면에 미네랄을 용착하는(녹여서 붙이는) 방법이었다. 미네랄을 용착한 후 높은 열을 가하면 박테리아 편모를 구성하고 있는 플라젤린이라는 단백질이 녹아 없어지기 때문에 3차원 나선형 구조의 나노튜브를 얻게 된다.

이를 위해 먼저 어떤 미네랄이 인체 내에 가장 적합한가를 공부했다. 문헌 조사를 해보니 이산화규소가 가장 생체 적합성이 높았다. 그리고 상향식 초미세나노가공 공정의 핵심인 다양한 생화학적 공정 과정과 환경에 아주 적합한 물질이라는 것도 알 수 있었다. 이산화규소의 다양한 농도와 화학적 반응을 온도, pH 등 박테리아 편모의 3차원 다형 변화에 맞추어 최적화하는 실험을 했다. 이를 통해 박테리아 편모 바깥 표면에 이산화규소가 코팅된 3차원 나선형 나노튜브를 만들어내는 데 성공했다.

나노로봇을 만드는 마지막 공정은 편모에 이산화규소를 용착해 만든 3차원 나선형 구조가 자성을 가지게 하는 것이었다. 굳이 박테리아 편모를 제거할 필요 없이 절연체인 이산화규소 표면 위에 초상자성 물질의 금속을 화학기상성장법Chemical Vapor Deposition Method으로 증착하면 된다. 굉장히 복잡해 보이지만, 실은 칵테일 만드는 방법과 비슷하다. 작은 비커에 박테리아 편모와 이런저런 화학약품들을 넣고 온도와 pH를 유지한 상태에서 아주 부드럽게 저어주거나 흔들어주는 과정을 반복하면 된다. 이

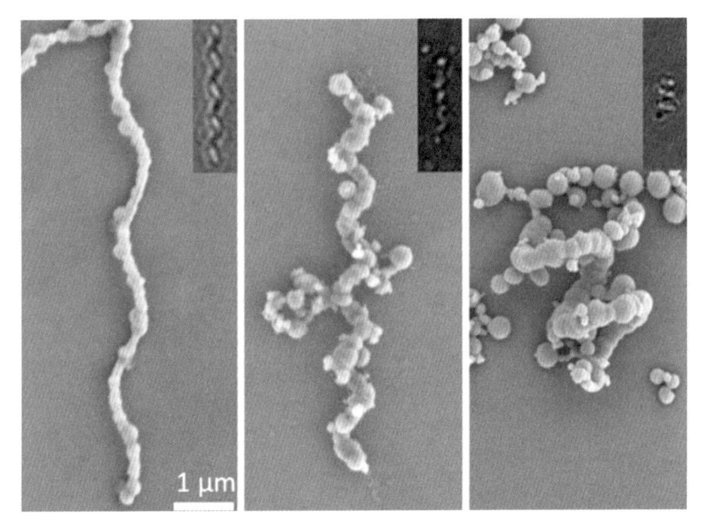

그림 27 주사형 전자현미경 이미지들은 각각 정상, 곱슬곱슬, 코일 형태를 가진 박테리아 편모에 이산화규소를 증착하여 만든 3차원 나선형 나노튜브들을 보여준다. 척도 막대는 1㎛다. 3차원 나선형 이산화규소 나노튜브는 밝은 필드 이미지로, 이에 상응하는 박테리아 편모 형태는 빨간색 형광 이미지로 서로 겹쳐져 있다.

렇게 하면 그림 27에서 보듯이 이산화규소가 매끄럽게 코팅된 3차원 나선형 구조의 나노로봇이 탄생한다.

이후에는 용액에서 나노로봇을 걸러내어 말리고, 화학기상 성장법으로 금속을 입혀준다. 마지막으로 영구자석으로 나노로봇을 자기화시키면 된다. 공정이 쉽고 간단해서 초미세나노가공 공정을 전혀 모르는 사람이라도 프로토콜에 따라 쉽고 저렴하게 만들 수 있다. 이렇게 제작한 나노로봇의 운동을 이미 개발한 제어 알고리즘을 통해 제어하여 다양한 유체 환경에서 자유자재로 헤엄치며 돌아다니는 로봇으로 만들어냈다.

3세대 박테리아 나노로봇에 영상 기반 피드백 제어를 시작하자 코르크 스크루처럼 강력한 회전 운동을 하며 유체 안을 휘젓고 헤엄치기 시작했다. 3차원 나선형 나노구조가 회전할 때는 로봇 주위에 소용돌이를 발생시키고 그 추진력으로 빠르게 전진한다. 그림 28에서 보듯이 나노로봇이 어떻게 2차원, 3차원의 8자 궤도를 그리는지, 얼마나 깊이 세포벽을 관통하는 추진력을 발생시키는지 추적 알고리즘을 통해 분석했다.

사람의 몸 안에는 점도가 높은 섬유소 유체, 콧물과 같은 점탄성 유체, 혈액과 같은 복합 유체 등 다양한 유체 환경이 있다. 나는 박테리아 나노로봇이 인체 내의 다양한 유체 환경을 어떻게 인식하고 극복하는지, 약물전달을 위해 박테리아 나노로봇을 어떻게 제어할 수 있는지, 로봇 간 상호작용을 어떻게 조절하여 군집 제어를 이룰 수 있는지 등 많은 의문점을 풀기 위한 실험을 시작할 준비를 마쳤다.

차세대 박테리아 나노로봇:
비뉴턴 유체의 늪을 딥러닝으로 빠져나오다

늪은 한번 푹 빠지면 중력에 의해 진흙이 몸에 압착되기 때

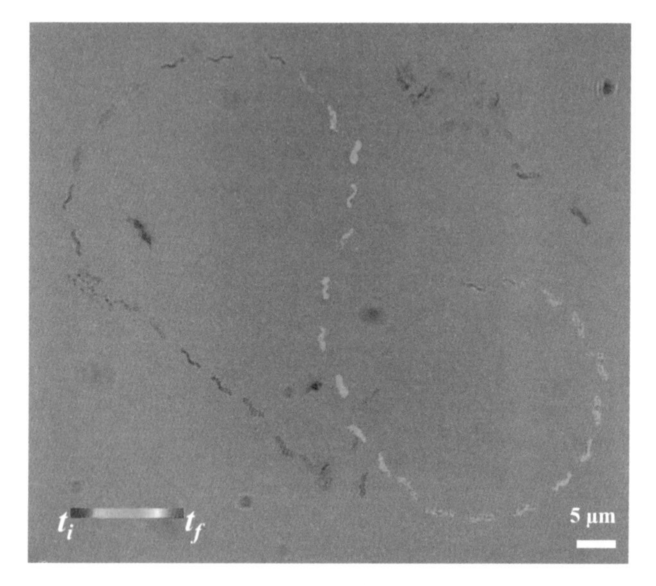

그림 28 회전 자기장 수동 제어에 의해 8자 패턴으로 3차원 이동 경로를 보여주는 3세대 박테리아 나노로봇의 궤적이다. 눈금 막대는 5㎛이다.

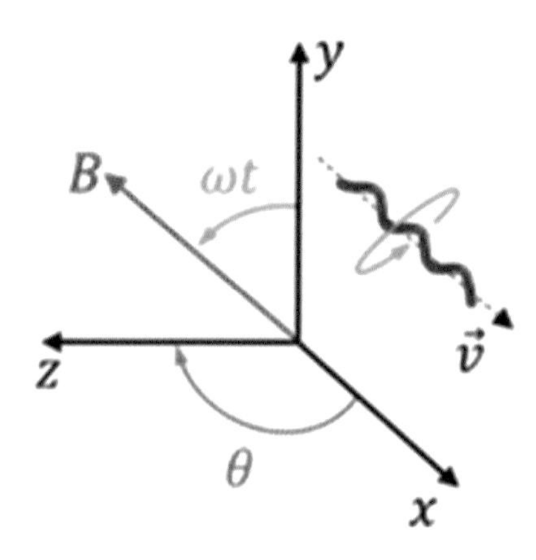

그림 29 **나노로봇의 움직임과 회전 자기장의 개략도**

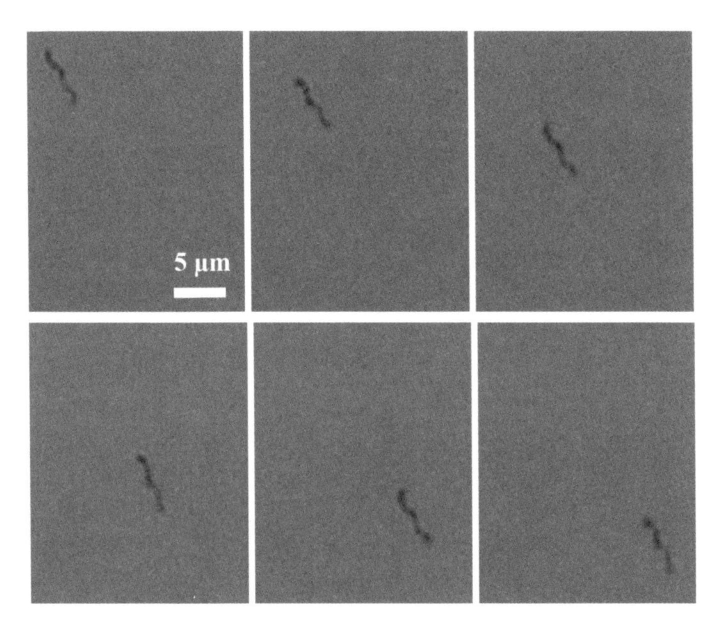

그림 30 시간 경과에 따른 3세대 박테리아 나노로봇의 반시계 방향 회전운동 경로를 보여준다. 눈금 막대는 5㎛다.

문에 쉽게 빠져나오지 못한다. 늪에서 나오려면 내 몸무게와, 몸이 밀어내야 하는 진흙의 무게를 합친 만큼의 힘을 줄 수 있어야 한다. 허리까지 늪에 잠겼을 때 혼자 힘으로 절대 나올 수 없는 이유다. 이러한 늪을 이루고 있는 진흙이나 개흙 같은 유체들이 우리 몸 안에도 있다. 예를 들어 콧물, 질액, 타액 같은 점탄성 유체들이다. 나노로봇이 이런 몸속 늪에 빠지면 어떻게 될까?

우리가 사는 거시적 세계에서 대부분의 물체 운동은 뉴턴 운동법칙에 의해 설명된다. 뉴턴의 제1법칙은 관성의 법칙, 제2법칙은 가속도의 법칙, 제3법칙은 작용과 반작용의 법칙이다. 그중 마이크로·나노로봇공학에서 주목하는 뉴턴의 법칙은 가속도의 법칙이다. F=ma. 질량이 있는 물체에 힘을 가하면 가속도가 생긴다. 그 물체에 힘을 점점 증가시키면 가속도가 힘의 크기에 비례하여 증가하게 된다. 거시적 세계에서는 힘과 가속도 사이에 이와 같은 선형성이 있다.

그렇다면 미시적 세계, 즉 보이지 않는 작은 세상에서는 어떨까? 물론 적용이 되지만 우리 인체 내에 존재하는 유체 안에서는 좀 다르다. 우리가 마시는 물이나 해수욕하는 바닷물은 뉴턴의 법칙이 적용되는 뉴턴 유체들이라고 할 수 있다. 그러나 뉴턴의 법칙이 적용되지 않는 비뉴턴 유체들도 세상에 존재하는데, 예상외로 많고 일상에서 항상 접하는 것들이다. 예를 들면 토마토케첩, 치약, 샴푸, 페인트, 우유 등이 모두 비뉴턴 유체들이다. 이런 비뉴턴 유체에서는 유체의 점도가 가해진 힘이나 스트레스 혹은 온도에 따라 변한다.

앞에서 설명했듯이 마이크로·나노로봇은 관성력을 만들어 헤엄치는 것이 아니라 점성력을 이용하여 추진력을 만든다. 바로 이 물리학적 개념을 이해하는 것이 마이크로·나노로봇공학에서 굉장히 중요하다. 우리 인체의 70%는 물이고 그 대부분은 비뉴턴 유체들이다. 콧물, 침, 가래, 다양한 점액 등이 그것이다. 이러한 비뉴턴 유체를 유체공학에서 점탄성 유체라고 하는데, 여기 포함된 무친Mucin 같은 점액 단백질이나 DNA가 마이크로·나노 크기의 다공성(그물망) 조직을 만들어 점성력뿐만 아니라 탄성력을 동시에 가진다. 이런 환경에 나노로봇을 투입하여 운동 방향, 운동 속도, 운동 궤도 등을 제어하려고 할 때는 F=ma라는 가속도의 법칙이 적용되지 않기 때문에 힘에 따라 로봇의 속도와 가속도를 통제할 수 없다.

마이크로·나노로봇공학의 연구는 대부분 아주 이상적인 유체 환경인 뉴턴 유체에서 이루어져왔다. 비뉴턴 유체에서 마이크로·나노로봇을 제어하는 것은 로봇공학자들에게 우주의 블랙홀 같은 학문적 영역이다. 심지어 유체공학자들조차도 비뉴턴 유체 역학을 이해하는 데 많은 어려움을 호소한다. 어렵더라도 인체 내에서 다양한 생물·화학적, 의공학적 임무를 수행하려면, 비뉴턴 유체 내에서 로봇을 적절히 제어할 수 있어야 한다. 마이크로·나노로봇은 어떻게 비뉴턴 유체에서 추진력을 만들어 헤엄칠까? 비뉴턴 유체에서의 마이크로·나노로봇 제어는 지금까지 연구해온 뉴턴 유체에서의 마이크로·나노로봇 제어와 무엇이, 얼마나, 어떻게 다를까? 뉴턴 유체에서 마이크로·나노로봇에 적용했던 제어 알고리즘들이 비뉴턴 유체에서도 여전히 유용할까?

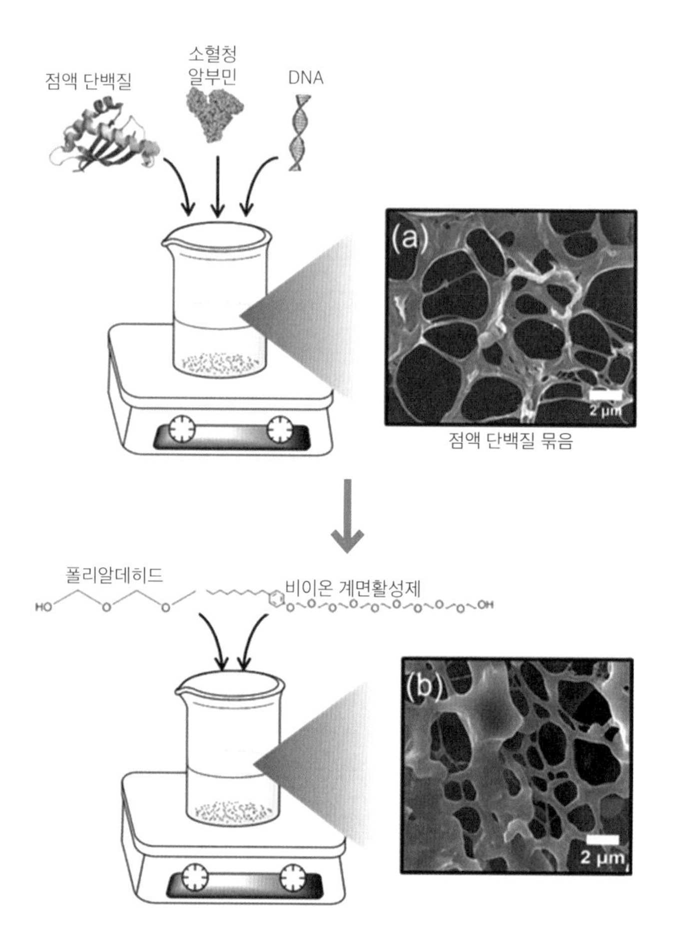

그림 31 점탄성 유체의 특성을 가진 반합성 점액의 제조 과정

(a) 비교적 큰 다공질 구조의 복합 매체는 우선 정상적인 점액의 주요 성분들, 즉 무친, 소혈청 알부민(BSA), 인지질, DNA를 완충용액과 혼합하여 만든다.

(b) 인간 점액질과 같은 생리학적 특성을 가진 점액을 만들기 위해서 폴리알데히드나 비이온계면활성제와 같은 특정 화학물질을 원래 형성된 복합 매체에 첨가한다.

많은 질문을 가지고 비뉴턴 유체에서 마이크로·나노로봇을 제어하는 도전을 시작했다. 이 연구는 우리 인체 안에 존재하는 비뉴턴 유체를 만드는 것에서부터 제어까지 모든 것이 낯설고 새로웠다.

실험용 비뉴턴 유체를 만들 때는 우선 점액에 초점을 맞추었다. 콧물, 질액, 타액 등 다양한 점액이 우리 인체 내외에 존재한다. 다양한 관찰·제어 실험을 하기 위해서는 점액의 정성적·정량적 특성을 실험 목적이나 필요에 따라 자유자재로 바꾸어줄 수 있어야 하기 때문에 연구실에서 인공 점액을 직접 합성했다.

인체 내의 점액은 당질 단백질, 무기염, 지방질, DNA 등으로 구성되어 생화학적으로 매우 복잡한 젤 타입의 유체다. 점액의 5%의 무게에 해당하는 세포 외 기질 당단백질 무친들이 공유결합 혹은 비공유결합으로 얼기설기 얽힌 다공성 구조를 형성하고 있다. 여성의 질액은 배란기에는 유체의 섬유질 다공 형태의 공간이 25㎛로 넓어지고, 생리 중에는 5㎛ 이하로 좁아진다. 이처럼 주기적으로 생성되는 호르몬들은 서로 다르게 작용하여 다양한 생화학성분, 특히 당질 단백질을 생산하여 화학적·물리적·생물학적으로 인체 내 유체 환경을 바꾼다.

나는 인공 점액을 만들기 위해 쉽게 구입할 수 있는 돼지의 무친을 무기염이 든 버퍼에 재구성하여 소혈청 알부민, 인지질, DNA를 각각 다른 농도로 섞어주었다. 각각의 생물·화학적 요소들을 알맞게 조절하면, 인공 점액의 밀도, 점탄성, 단단함, 전하Charge, 점착성을 각각 원하는 만큼 변화시키며 다양한 실험을 할 수 있다. 먼저 박테리아를 다양한 인공 점액에 넣어 어떻게 헤엄치는지 관찰 실험을 하고, 위에 언급한 각각의 요소가 박테리아의 운동역학에 미치는 영향의 정도를 분석했다. 그리고 마침내 마이크로·나노로봇을 인공 점액에 직접 투입하여 여러 가지 동작, 방향, 경로 제어 실험을 해나갔다.

뉴턴 유체와 비뉴턴 유체 내에서 나노로봇의 운동과 제어가 얼마나 다른지는 아주 간단한 실험을 통해서도 알 수 있었다. 인공 점액은 물과 달리 다양한 마이크로·나노미터 크기의 섬유 조직과 그물망 형태의 구조를 가지고 있다. 그 안에서 회전하는 단일 자성 입자들은 주위의 구조물과 끊임없는 충돌을 반복하며, 유체 동역학적 상호작용에 의해 헤엄칠 수 있는 것이다. 하지만 비뉴턴 유체에서는 뉴턴의 제2법칙의 적용에 많은 한계가 있으므로 회전 자기장에 의한 제어 오차가 뉴턴 유체에 비해 상당히 크다.

그래서 현재 제어 오차를 최대한 줄일 수 있는 새로운 개념의 나노로봇 제어 알고리즘을 개발하고 있다. 딥러닝 기술의 하나인 컨벌루션 신경망Convolutional neural network, CNN을 이용하여 해결의 실마리를 찾아가는 중이다. 딥러닝은 컴퓨터가 인간의 뇌와

유사한 인공신경망을 통해 스스로 학습할 수 있도록 만든 인공지능 학습 기술로서, 머신 러닝과 달리 가공되지 않은 영상 데이터를 바로 입력받아서 스스로 분석한 후 답을 내는 방식을 사용한다. 앞으로 다양한 비뉴턴 유체에서 얻어진 방대한 영상 실험 데이터를 토대로 학습한 인공지능이 나노로봇 제어 알고리즘에 현실화되어 '이너스페이스'의 꿈이 한 발짝 더 앞당겨지지 않을까 기대한다.

09
자유자재로 형태가 변하는 인공세포
소프트-마이크로로봇

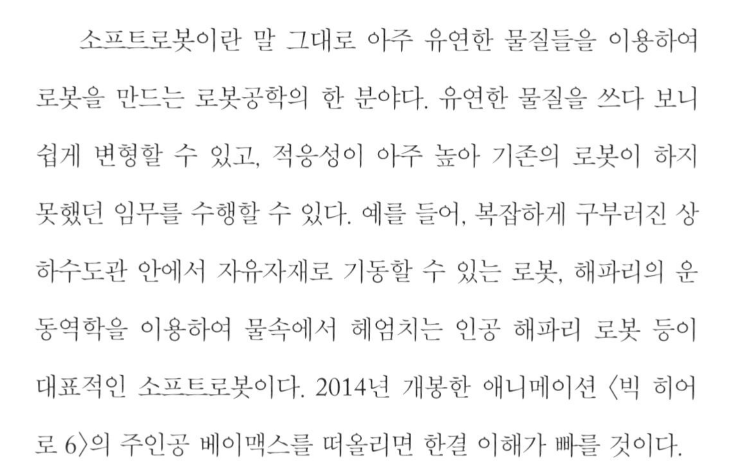

소프트로봇이란 말 그대로 아주 유연한 물질들을 이용하여 로봇을 만드는 로봇공학의 한 분야다. 유연한 물질을 쓰다 보니 쉽게 변형할 수 있고, 적응성이 아주 높아 기존의 로봇이 하지 못했던 임무를 수행할 수 있다. 예를 들어, 복잡하게 구부러진 상하수도관 안에서 자유자재로 기동할 수 있는 로봇, 해파리의 운동역학을 이용하여 물속에서 헤엄치는 인공 해파리 로봇 등이 대표적인 소프트로봇이다. 2014년 개봉한 애니메이션 〈빅 히어로 6〉의 주인공 베이맥스를 떠올리면 한결 이해가 빠를 것이다.

연구실에서 개발한 소프트-마이크로로봇은 알지네이트라는 젤라틴 모양의 물질을 이용하여 만든다. 말랑말랑하고 둥근 알

사탕같이 생긴 소프트-마이크로로봇에 외부 회전 자기장을 가해주면 빙글빙글 돌면서 마이크로·나노미터 스케일의 보이지 않는 작은 세상의 표면 위를 이리저리 굴러다닌다. 그림 32에 보이는 것처럼 〈스타워즈〉의 귀염둥이 로봇 BB-8 드로이드와 닮은 모습이다.

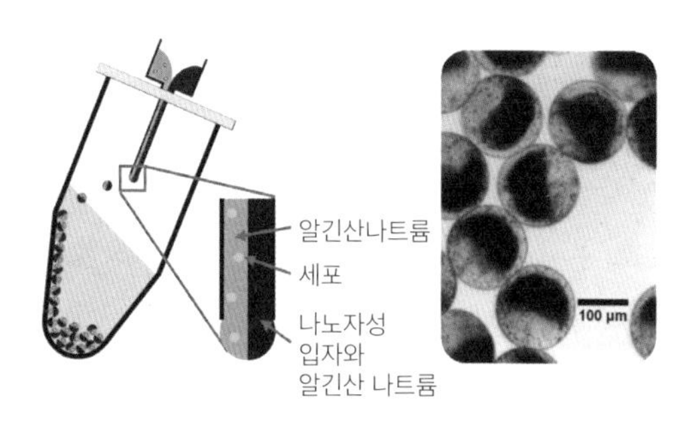

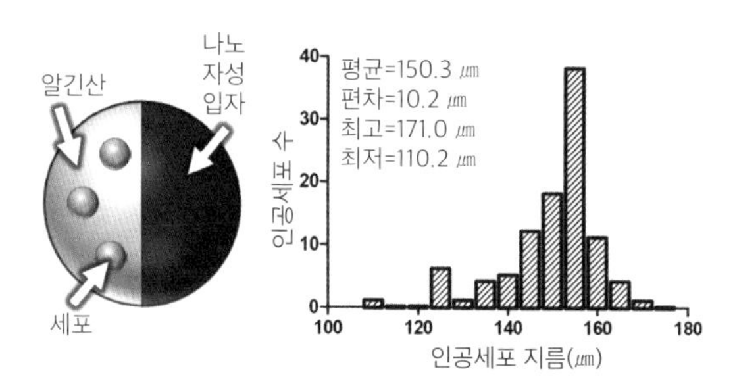

그림 32 원심분리 기반 소프트-마이크로로봇(인공세포) 제작을 묘사한 개략도
자성 나노입자(산화철)와 내피 세포(녹색)를 포함하는 알긴산염 용액을 주사기를 통해 주입하여 알긴산 방울을 형성한다. 이 방울들은 염화칼슘 용액과 접촉할 때 빠르게 이온 교차연결을 거치며 소프트-마이크로로봇을 형성한다. 주사기 노즐 크기에 따라 인공세포의 크기를 조절할 수 있다.

알지네이트를 사용하여 만든 소프트-마이크로로봇을 우리 연구실에서는 인공세포라고 부른다. 복잡한 제작 공정을 피하고 생산 비용의 경쟁력을 확보하기 위해 3차원 바이오 프린팅 기술을 활용하여 제조 과정을 단순화했다. 나트륨과 알지네이트 등을 섞은 혼합물을 주사기 안에 넣고 피스톤을 천천히 밀어주면, 혼합물이 이슬방울처럼 주사기 노즐 밖으로 방출된다. 이 혼합물을 염화칼슘 용액에 조심스럽게 떨어뜨리면 둥근 공 모양의 마이크로입자가 된다. 외부 회전 자기장에 의해 마이크로입자의 동작 제어가 가능하도록 혼합물에 산화철 자성 나노입자를 섞어준다. 마이크로입자가 인체 내 특정 부위에 약물을 전달할 수 있도록 혼합물에 적정량의 약물을 섞어줄 수도 있다. 만약 줄기세포군 어느 한 부위에 특정 세포를 전달하고 싶다면, 그 세포를 혼합물에 넣는다. 입자의 크기는 주사기 노즐의 크기에 따라 지름 50~500㎛로 다양하게 조절할 수 있다. 마이크로·나노로봇공학을 통해 개발한 여러 제어 알고리즘을 가지고 인공세포들을 외부 회전 자기장으로 조작하면, 다양한 유체 환경에서 자동 제어, 군집 제어, 경로 제어 등이 가능하다. 보이지 않는 작은 세상에서 다양한 의학적·공학적·생물학적 임무를 수행하기에 손색이 없다.

소프트로봇의 핵심은 로봇의 형체가 아주 유연하고, 변형이

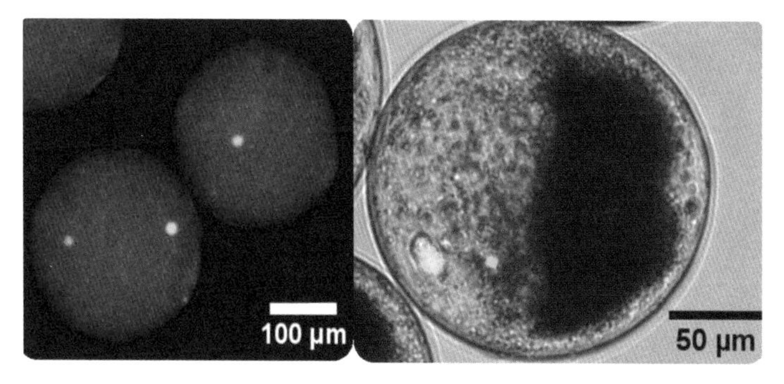

그림 33 인공세포 내의 내피 세포 생존 능력
내피 세포(녹색)를 캡슐화한 인공세포는 내피 세포를 원하는 위치까지 안전하게 운반할 수 있다. 인공세포 내의 내피 세포는 하루 이상 지나도 생존률이 80% 이상이다. 내피 세포가 살아 있을 때는 형광 녹색, 죽었을 때는 형광 빨간색을 나타낸다.

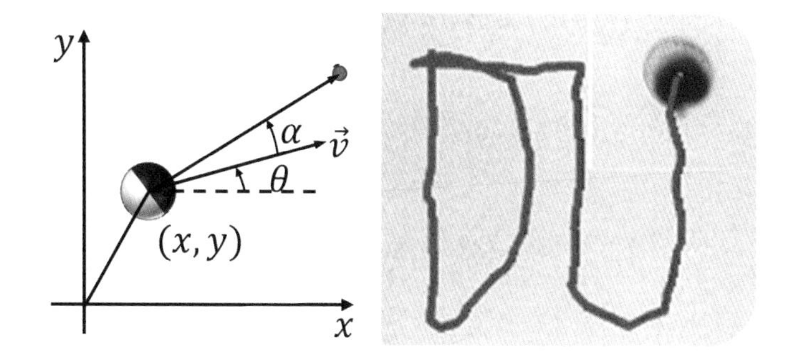

그림 34 피드백 제어
'DU'(Drexel University) 패턴으로 이동하도록 자기장을 이용하여 자동 제어할 수 있다.

쉽고, 변형 후 다시 원래 형체로 돌아갈 수 있는 복원력을 가지며, 변형을 임무에 따라 잘 조절하는 것이다. 유연한 물질을 이용해 만든 소프트로봇은 형체 변화가 없는 단단한 로봇에 비해 운동 자유도가 높아서 다양한 운동역학 모드를 이용하여 제한된 공간을 극복하며 이동할 수 있다. 초합금으로 만들어진 〈터미네이터 1〉의 사이보그 T-800과, 신형 유동합금으로 만들어져 자유자재로 변형하는 〈터미네이터 2〉의 T-1000을 비교하면 그 차이를 쉽게 이해할 수 있을 것이다.

자연 모사를 기반으로 한 대부분의 소프트로봇은 센티미터 스케일이다. 마이크로미터 스케일에서 소프트로봇을 연구하는 연구실은 아직 드물다. 거시적 세계의 소프트로봇인 베이맥스나 T-1000과 달리, 마이크로 세계에서 소프트로봇의 형체를 바꾸고 복원하는 일은 커다란 도전일 수밖에 없다.

나는 기능성 나노 물질을 사용하여 광에너지를 열에너지로 바꾸는 광열 변환에 주목했다. 인공세포의 형체 변형을 위해 금 나노입자를 연구실에서 직접 합성하여 젤라틴 형태의 세포 안에 넣고, 외부에서 특정한 파장의 빛을 인공세포에 비추어주는 아이디어를 생각해냈다. 이렇게 하면 세포 내부의 온도 변화에 따라 물컹물컹한 젤라틴 형태의 알지네이트의 탄성력을 달라지게 하여 인공세포가 팽창하고 수축하도록 조작할 수 있다. 어떻게 이런 현상이 일어날 수 있을까? 전자레인지로 음식을 가열하는 원리와 비슷한 표면 양자 공명 현상을 먼저 이해해야 한다. 전자레인지의 고주파는 분자가 심하게 진동하도록 만들어서 열을 발생시켜 음식물을 빠른 시간에 고르게 가열한다. 마찬가지로 물 속에 금 나노입자가 특정한 빛의 파장을 흡수하면, 표면 양자들이 들뜬 상태가 되면서 어느 한곳에 전기장이 증가하여 짧은 시간에 물의 온도가 가파르게 올라간다. 이 표면 양자 공명에 따르면, 박테리아를 배양한 용액에 아주 소량의 금 나노입자를 넣고 외부에서 근적외선을 비추어주면, 불과 몇십 초 만에 박테리아를 박멸할 수 있다. 열 충격을 받은 박테리아의 세포벽이 찢어지기 때문이다.

인공세포를 구성하는 알지네이트는 그 물질 고유의 열팽창 계수를 가지고 있다. 근적외선이 세포를 투과하면, 세포 내의 금 나노입자가 반응하면서 온도가 증가하고 알지네이트가 팽창한다. 근적외선의 양과 세기를 실험을 통해 최적화한 후, 주기적으로 켰다 껐다 하면 인공세포의 팽창과 수축을 제어할 수 있다. 열팽창 계수는 물질의 고유한 특징적 성질이기 때문에 알지네이트 외에 하이드로젤이나 콜라겐 같은 생적합성 물질도 온도 변화에 따라 그 형태를 조작할 수 있다.

현재 연구실에서는 인공세포들끼리 의사소통을 통해 유체

환경의 변화를 인식하고 다양한 유해 물질을 감지할 수 있는 센서 기능을 추가적으로 개발하고 있다. 열변형 계수에 따라 온도 변화에 의한 물질의 형태 변화가 다른 것처럼, 물질 고유의 특성을 공학적으로 이용하면 다양한 환경 인식 센서를 만들 수 있다.

2012년 독일 막스플랑크연구소에서 1년 안식년을 가졌을 때, 하버드대학교 로울랜드연구소에서 함께 연구했던 프랭크 폴머 교수 연구실에서 나노광자학을 공부했다. 그때 주목한 것이 위스퍼링 갤러리 모드라는 광학 현상이었다. 곡면 내부에 음파가 생기면, 음파가 곡면의 반사에 의해 마치 빛의 초점이 맺히는 것처럼 어느 한 점에 모이는 현상이 발생한다. 이 초점에서 소리를 들으면 왜곡 없이 속삭이는 소리를 들을 수 있다. 이러한 원리를 군집 인공세포에 적용하면 소프트-마이크로로봇이 주변의 상호작용 대상을 인식하고 유체 환경을 탐색하는 인지능력을 향상시킬 수 있다.

10
우리 몸속의 스마트 나노로봇 제조 공장
마에스트로 프로젝트

1세대 바이오팩토리온어칩: 마이크로로봇을 자동조립하다

어느 날 문득 '자동차 생산라인 같은 제조 공정을 미시적 세계에 재현해보는 것은 어떨까' 하는 아이디어가 떠올랐다. 자동차 생산 공정을 생각해보자. 프레스 작업으로 만들어진 차량 구조물들이 차체 조립 공장으로 운반되면 공정별로 분류되어 용접 작업을 통해 차량 형태로 조립된다. 예전에는 사람이 직접 용접하여 차체를 조립했지만 요즘은 로봇을 이용한 논스톱 자동 용접이 이루어진다. 예를 들어 각 단계별로 용접할 위치 좌푯값을 입력하고 용접할 구조물들을 자동화된 컨베이어시스템으로 공급해주면, 용접 로봇이 용접 이음매를 정확히 인식하여 오차 없는 자동 용접이 가능하다. 용접 작업이 완료되고 차체의 기본적인 형태가 이루어지면 컨베이어시스템이 도장 공정으로 운반한다. 도장 공정이 완료되면 의장 공정으로 이어지고, 사람이나 로봇이 각각의 실내외 부품을 장착하고 기계 부품, 엔진 등을 조립하며 전장 부품과 배선, 배관 작업을 거쳐서 차량이 완성된다.

나는 이러한 자동차 생산 공정을 내 자동화 연구에 접목했다. 먼저 프레스 작업으로 차체를 만드는 것처럼 3D 바이오 프린팅 기술을 이용해서 인공세포를 만든다. 컨베이어시스템처럼 미세유체 유동 마이크로채널 네트워크를 사용하여 인공세포를 옮긴다. 용접 공정과 마찬가지로 인공세포 내의 자성 입자에 포함된 자기적 성질에 의해 서로 결합하도록 외부 자기장을 제어한다. 바로 전 공간에서 조립된 인공세포가 다음 공간에서 새로운 인공세포나 다른 공간에서 조립된 인공세포를 만나 조립되는 과정이 연속적으로 이루어지면, 새로운 형태의 2차원, 3차원 구조로 재배열되어 다양한 형태의 마이크로미터 스케일의 구조물을 생산할 수 있다. 그리고 랩온어칩Lab-on-a-Chip 기술을 바탕으로 한 공학적 설계로 4cm×6cm의 사각형 공간 안에 모든 생산 공정과 미세유체 유동 마이크로채널 네트워크를 집적하여 바이오팩토리온어칩Biofactory-on-a-Chip이라고 이름 붙였다.

1세대 바이오팩토리온어칩은 박테리아 동력 마이크로로봇을

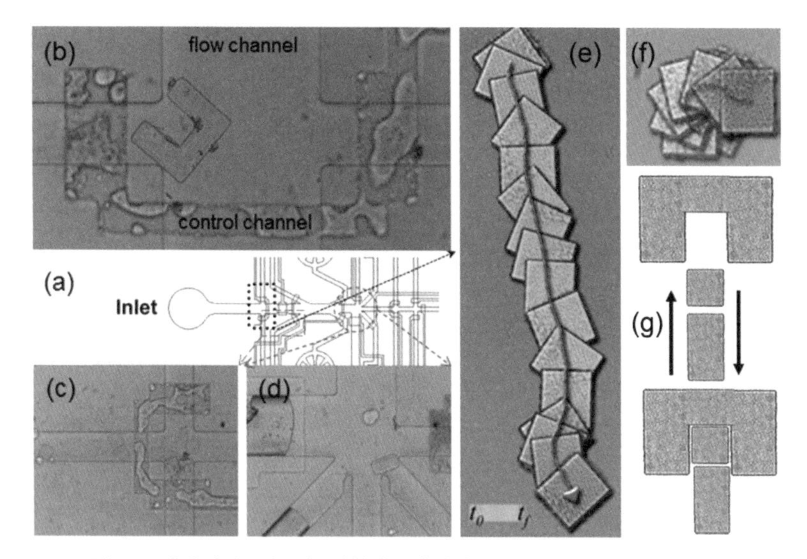

그림 35 1세대 바이오팩토리온어칩의 동작 개념도

(a) 유체 유동 조립 바이오팩토리온어칩 도식의 섹션. 물이 흐르는 유체 채널은 파란색, 공기압에 의한 제어 채널은 빨간색이다.

(b) 유체 채널을 통해 흡입 채널 중 하나에 ㄷ 모양의 박테리아 동력 마이크로로봇을 도입한다.

(c)(d) 정사각형 박테리아 동력 마이크로로봇과 직사각형 박테리아 동력 마이크로로봇 서로 조립하기 위해 각각 유체 채널을 통해 조립 스테이션으로 이동시킨다.

(e)(f) 정사각형 박테리아 동력 마이크로로봇을 바이오팩토리온어칩 내에서 전기장으로 제어하여 직선운동과 회전운동을 만들어낸다.

(g) ㄷ 모양, 정사각형, 직사각형 박테리아 동력 마이크로로봇을 순차적으로 조립 스테이션에 도입한 뒤 전기장을 사용하여 조립한 2차원 마이크로미터 스케일 구조물이다.

조립하는 마이크로 스마트 공장이었다. 그림 35에서 보듯이 ㄷ 모양, 정사가형 모양, 직사각형 모양의 박테리아 동력 로봇을 각각의 조립 공간에 투입하고, 전기장을 이용하여 ㄷ과 정사각형을 합체하고 ㄷ과 직사각형을 합체하여 최종적으로 2차원 평면 구조를 만들었다. 그러나 박테리아 동력 마이크로로봇이 2차원 평면 구조를 가지고 있기 때문에, 협소한 미세유로 공간 안에서 이동하다가 박테리아 카펫 표면과 유체 간 점성 마찰로 인해 생기는 항력을 극복하지 못하고 바닥이나 벽면에 들러붙는 불상사가 빈번히 일어났다. 미국 국립과학재단에서 3년 동안 연구 지원을 받았지만, 뚜렷한 결과물 없이 연구 프로젝트를 마칠 수밖에 없었다. 하지만 많은 실패들을 통해 다음 단계 바이오팩토리온어칩의 아이디어와 노하우를 축적할 수 있었던 소중한 경험이다.

2세대 바이오팩토리온어칩: 생산 자동화 마이크로 스마트 공장

2세대 바이오팩토리온어칩은 박테리아 동력 마이크로로봇 대신 인공세포(소프트-마이크로로봇)를 사용하고, 전기장 대신 자기장을 이용하여 인공세포를 2차원, 3차원적으로 조립하는 마이크로 스마트 공장이다. 휴스턴대학교 전기·컴퓨터공학과 애런 베커 교수 연구실과 공동연구를 통해 입자 계산을 응용하여 다양한 형태의 인공세포 구조를 만들 수 있었다.

2세대 바이오팩토리온어칩은 조립 및 조작 프로세스에 인공세포의 군집 제어를 활용하여 다양한 형태의 폴리오미노를 만든다. 폴리오미노란 크기가 전부 동일한 정사각형을 여러 개 이어

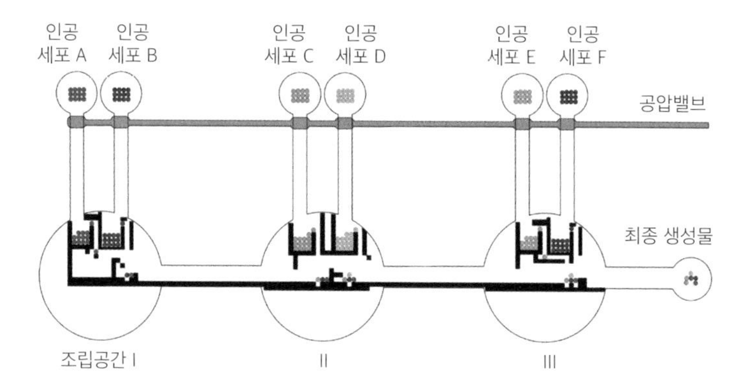

그림 36 바이오팩토리온어칩을 위한 미세유체 마이크로채널 네크워크의 개략도
조립 라인과 유사한 연결 스테이션으로 구성된 바이오팩토리온어칩은 개별 인공세포로 이루어진 2차원, 3차원 구조를 만드는 데 사용된다. 이 시스템은 다양한 부품 세트(인공세포)가 공급되는 도입부, 도입부의 다중 주입구를 통해 운반된 인공세포가 외부 자기장에 의해 패턴 장애물로 조작되는 조립 공간, 그리고 조립된 인공세포 구조물이 다음 조립 공간으로 운반되는 이동 공간, 그리고 최종 산출물의 배출구로 구성되어 있다.

붙여서 만든 도형이다. 먼저 2차원 작업 공간에서 글로벌 입력 신호(예: 중력 또는 자기장)를 사용하여 많은 이동식 입자(마이크로로봇, 또는 인공세포)들의 위치를 재배열하는 제어 알고리즘을 연구했다. 조립 공간 내에 고정된 장애물을 이용하여 이동식 입자를 동서남북으로 움직여 위치를 재배열했다. 이를 통해 그림 36에서 보듯이 미세유체로 채워진 마이크로채널 네트워크 내의 주입구, 조립 공간, 이동 공간, 배출구를 통해서 인공세포들을 다양한 조립 공정 단계로 이동시켜가며 2차원 폴리오미노 구조를 만드는 시뮬레이션을 시작했다.

2세대 바이오팩토리온어칩은 패턴 장애물을 사용하여 인공세포들의 단계별 조립을 위해 각각의 인공세포(빨간색, 파란색, 녹색, 노란색, 하늘색, 보라색)를 관리하고 순차적으로 이동시킬 수 있는 별개의 공정 스테이션으로 구성되어 있다. 각 조립실은 인공세포와 조립품을 운반하고, 조립 후 이동시키기 위한 주입구와 배출구, 그리고 입자 조작을 위한 패턴 장애물(굵은 검정 실선)로 구성된다. 입자 계산은 외부 자기장 제어 알고리즘과 입자 조작으로 이루어진다. 외부 자기장 제어 알고리즘은 인공세포를 더하고, 빼고, 나누는 연산 입력을 위한 것이다. 미세유체 마이크로채널 네트워크 내부의 패턴 장애물을 설계하고 배열하여 입자를 조작하면 조립할 인공세포들의 입자 구성이 가능하다.

예를 들어 그림 36에 보이는 것처럼 입자 연산과 입자 조작을 통해 서로 다른 6가지 색의 2차원 인공세포 구조물을 만들 수 있다. 입자 조작을 위한 패턴 장애물과 작업 공간의 최적 설계는 이론적 시뮬레이션을 기반으로 했다. 조립실과 주입구 사이의 게이트들에서 공압 밸브를 통해 서로 다른 색의 인공세포가 하나씩 각 조립실 안으로 들여보내진다. 그런 후, 인공세포는 자기장 제어에 의해 조립실 내부의 단일 평면에서 패턴 장애물들에 의해 조작되어 각각의 조립 구조를 형성한다. 이 과정은 단일 조립실에서 2차원 패턴을 구성하는 것으로 시작된다.

원하는 조립 구조를 형성한 후에는 다음 단계 조립실로 이동하여 새로운 조립 구조와 합체된다. 인공세포 A의 빨간 공과 인공세포 B의 파란 공을 주입구 입구에 위치시키고 글로벌 입력 신호(자기장)를 먼저 오른쪽으로 향하게 하면 공들이 각각 검정색 장애물에 붙는다. 다음 자기장을 아래 방향으로 향하게 하면 빨간 공과 파란 공은 검정색 장애물을 따라 아래로 이동하다가 빨간 공은 정사각형 장애물에 걸리고 파란 공은 맨 아래 검정색 장애물에 도달한다. 이제 자기장을 다시 오른쪽으로 향하게 하면 빨간 공은 오른쪽 검정색 장애물 끝까지 이동한 후 멈추지만 장애물 안에 갇혀 가만히 있는다. 이번에는 자기장을 다시 아래 방향으로 향하게 한다. 그 결과 빨간 공이 파란 공과 만나서 아래는 파란 공, 위는 빨간 공의 조합을 이룬다. 자기장을 아래에서 위로 향한 후 왼쪽 방향으로 바꾸면 파란 공 위에 빨간 공 조합이 왼쪽 검정색 패턴에 붙는다. 이제 자기장을 위로 향한 후 오른쪽 방향으로 바꾸면 빨간 공은 장애물 안에 갇히지만 파란 공은 인공세포 C 밑의 다른 장애물 패턴까지 이동할 수 있다. 다시 자기장을 약간 아래로 향하게 했다가 오른쪽으로 바꾸면 장애물 안에 갇혀 있던 빨간 공도 파란 공이 있는 장애물 패턴 쪽으로 이동하게 되고 인공세포 C와 인공세포 D 주입구에서 장애물 패턴으로 이동해 온 녹색 공과 노란 공을 만나 다시 입자 연산과 입자 조작을 통해 새로운 형태의 폴리오미노 조합을 만들어간다. 이 프로세스는 최종 산출물이 만들어질 때까지 반복된다. 완성된 최종 구조물은 자기장 또는 유체의 힘을 사용하여 바이오팩토리온어칩에서 완충액이 채워진 저장 용기로 유도된다. 이 새로운 자동화 조립 공정으로 2차원, 3차원 구조물을 만드는 연구가 바로 '마에스트로'라는 내 프로젝트다.

미시적 세계에서 로봇을 이용한 생산 자동화 시스템 연구는 거의 이루어진 적이 없다. 마이크로미터 스케일에서 로봇을 이용한 부품 조립이 이루어지려면, 극초소형 액추에이터로 구성된 다양한 제어 장비가 필요하다. 하지만 현재 극초소형 제어 장비를 구동시킬 수 있는 나노미터 스케일의 모터 시스템과 배터리 동력원이 존재하지 않는다. 이런 현실적인 기술 문제로 인해 미시적 세계의 생산 자동화 공정은 바이오팩토리온어칩이라는 개념이 소개되기 전까지 전혀 발전하지 못했다.

바이오팩토리온어칩은 무에서 유로 창조된 기술이 아니다. 지난 10여 년 동안의 마이크로·나노로봇 연구를 통해 얻은 다양한 노하우와 결과물이 융합과 융합을 통해 변형되고 발전된 새로운 형태의 기술이다. 소프트-마이크로로봇공학과 자동화 기술이 미세유체역학을 만나 패턴 장애물을 이용한 입자 조작·연산 방식의 군집 제어 알고리즘으로 현실화되면서, 마이크로미터 스케일에서 생산 자동화 스마트 공장이라는 새로운 개념의 공학 시스템으로 태어난 것이다.

마에스트로 프로젝트의 최종 목표는 로봇공학과 컴퓨터공학을 융합하여 마이크로·나노미터 크기의 세포들, DNA나 단백질 같은 단생분자 물질들, 마이크로·나노미터 자성 입자들을 2차원 혹은 3차원적으로 조립하는 완전히 새로운 형태의 극초소형 디지털 스마트 제조 공장을 미시적 세계에 구현하는 것이다. 이 프로젝트가 성공하면, 새로운 개념의 신약 제조 공정이나 모듈식 마이크로·나노로봇 제조 공정을 그림 36에서처럼 마이크로채널 네트워크를 이용하여 만들 수 있을 것이다.

바이오팩토리온어칩은 반도체 공정에서 사용하는 포토-리소그라피 등의 미세가공기술을 이용하여 제작할 수 있다. 정제된 실리콘 기판 위에 감광제를 도포하고, 패턴을 새겨 넣은 마스크를 통해 자외선을 쬐어주어 2차원 패턴을 형성한다. 자외선에 의해 현상된 감광제 외의 부분을 화학적으로 제거하여 바이오팩토리온어칩의 정교한 패턴을 얻은 후, 소프트-리소그라피를 이용하여 마이크로채널 네트워크를 얻는다. 그 결과, 그림 37에서 보는 것같이 칩 내부에 머리카락 두께의 좁은 마이크로채널 네트워크를 만들어 각각의 인공세포가 조립되고, 조립된 인공세포

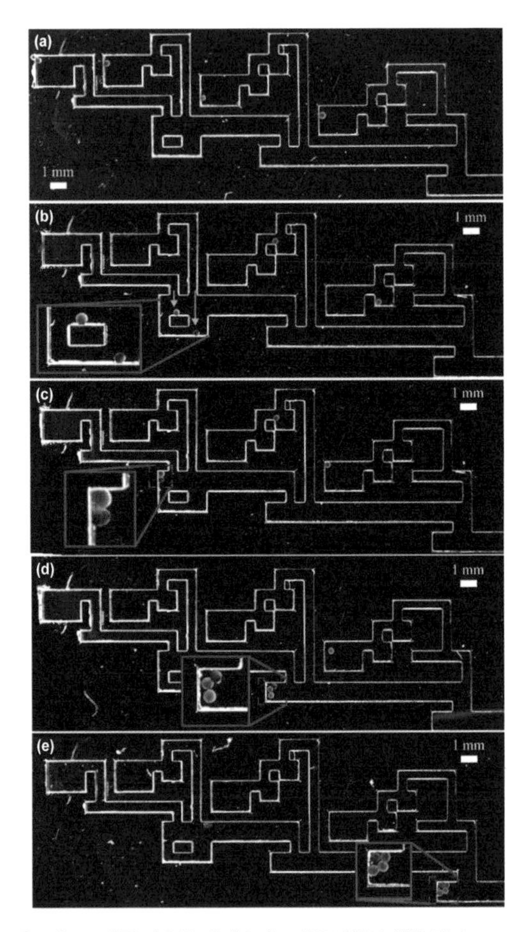

그림 37 **인공세포 4개를 이용한 바이오팩토리온어칩의 실험 결과**

(a) 초기 위치에 있는 각각의 인공세포를 보여준다.
(b) 각각의 인공세포가 초기 이동 후 표시된 위치로 이동한다.
(c) 2개의 인공세포가 초기 입력 프로그램에 의해 최초의 다극성 폴리오미노를 생성한다.
(d) 다중 시퀀스 입력에 의해 3개의 인공세포가 폴리오미노를 형성한다.
(e) 바이오팩토리온어칩의 미세유체 경로를 통과한 후, 4개의 인공세포가 정사각형 모양의 폴리오미노 최종 구조물을 형성한다.

의 구조물이 또 다음 단계의 조립 공정을 위해 이동하도록 자기장을 제어한다. 자동차 조립 라인의 컨베이어벨트처럼 극소량의 유체가 바이오팩토리온어칩의 마이크로채널을 통해 흘러다니면서 조립된 인공세포를 운반하면, 외부 자기장에 의해 조립된 인공세포 구조가 새로운 인공세포와 조립된다. 각각의 조립 공간에는 다양한 장애물이 공학적으로 설계되어 있다. 인공세포가 상하좌우로 움직일 때, 장애물은 특정한 위치에 있는 인공세포의 움직임을 제한한다. 이런 조립 과정을 반복하면 최종적으로 원하는 구조물의 형태를 만들어내게 된다. 이 2차원 폴리오미노를 다시 하나하나 수직으로 쌓아 올리면 3차원 구조의 폴리오미노가 만들어진다.

바이오팩토리온어칩에서 군집 제어의 핵심은 여러 인공세포를 각각의 조립 공정 후 다음 조립 공정의 위치에 정확하게 옮겨놓는 데 있다. 적게는 1개에서 많게는 100개 이상의 인공세포를 옮겨야 하기 때문에 통계적 추상화 방식을 써서 수많은 인공세포의 분산과 평균 위치를 계산하여 순간순간 자기장을 입력하여 제어하는 방식으로 만들었다.

그림 37은 4개의 인공세포를 이용한 2차원 폴리오미노를 만드는 과정을 실험적으로 보여준다. 4개의 인공세포가 각기 다른 위치에서 출발하고, 자기장을 움직이면 함께 상하좌우로 움직인

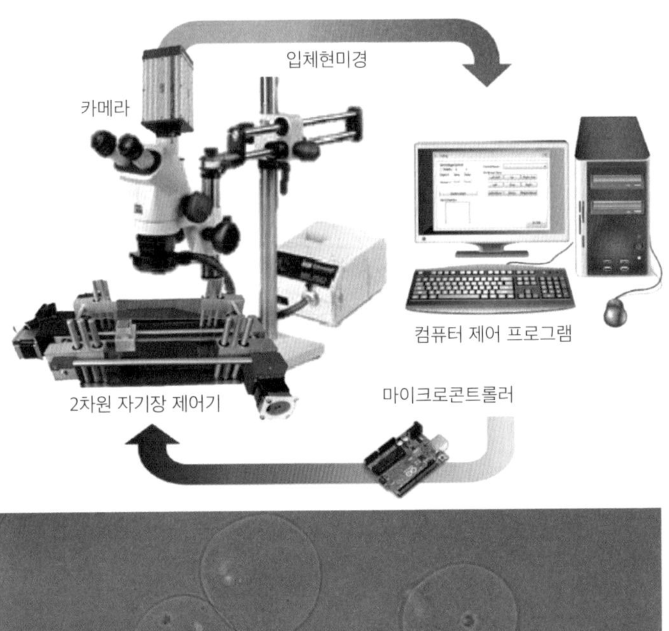

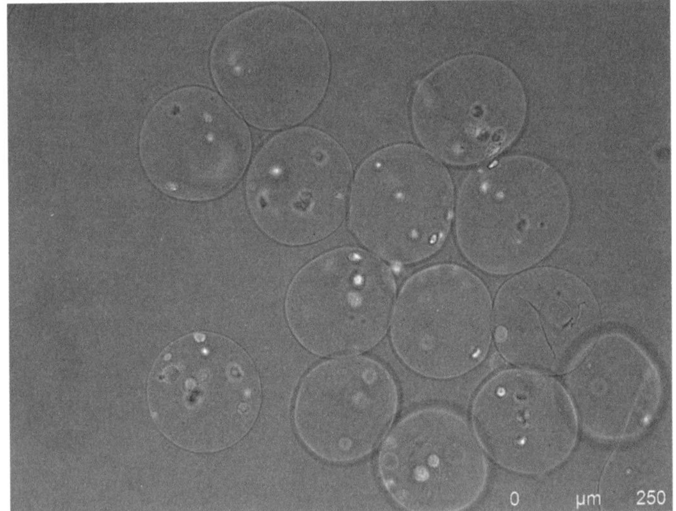

그림 38 2차원 자기장 제어 시스템 도식도
영구자석은 *x*축과 *y*축으로 이동할 수 있으며, 스테퍼 모터에 의해 작동되고 선형 레일을 따라 움직인다. 네오디뮴 영구자석장 강도는 1.32T(Tesla)이고 크기는 50.8mm×50.8mm다.

다. 어느 특정한 인공세포는 이동 공간 내의 장애물에 의해 다른 인공세포들이 '좌'로 움직일 때 못 움직이고 정지해 있다가 다음에 '우'로 움직일 때 움직이게 된다. 상하좌우에 장애물이 있는 공간에서 함께 움직이다 보면, 최종적으로 4개의 인공세포가 사각형의 패턴을 만들게 된다. 각각의 인공세포 안에는 각각 다른 내용물을 담을 수 있고, 서로 다른 물리적·전기적·화학적 특성을 가질 수 있다. 이 다양성을 십분 활용하여 바이오팩토리온어칩 내에서 디지털 자동화 방식으로 다양한 구조의 인공세포를 만드는 연구를 지금도 계속 이어나가고 있다.

3장

소우주를 만든 대우주

한 명의 나노로봇공학자를 빚어낸 수많은 스승

우리는 사람을 통해 사람을 만난다. 좋은 사람은 좋은 사람을, 유능한 사람은 유능한 사람을, 정직한 사람은 정직한 사람을 만나게 해준다. 그러한 만남을 통해 우리는 진보한다.

학문 계보도(스승편)

마이크로·나노로봇공학의 우아한 계보

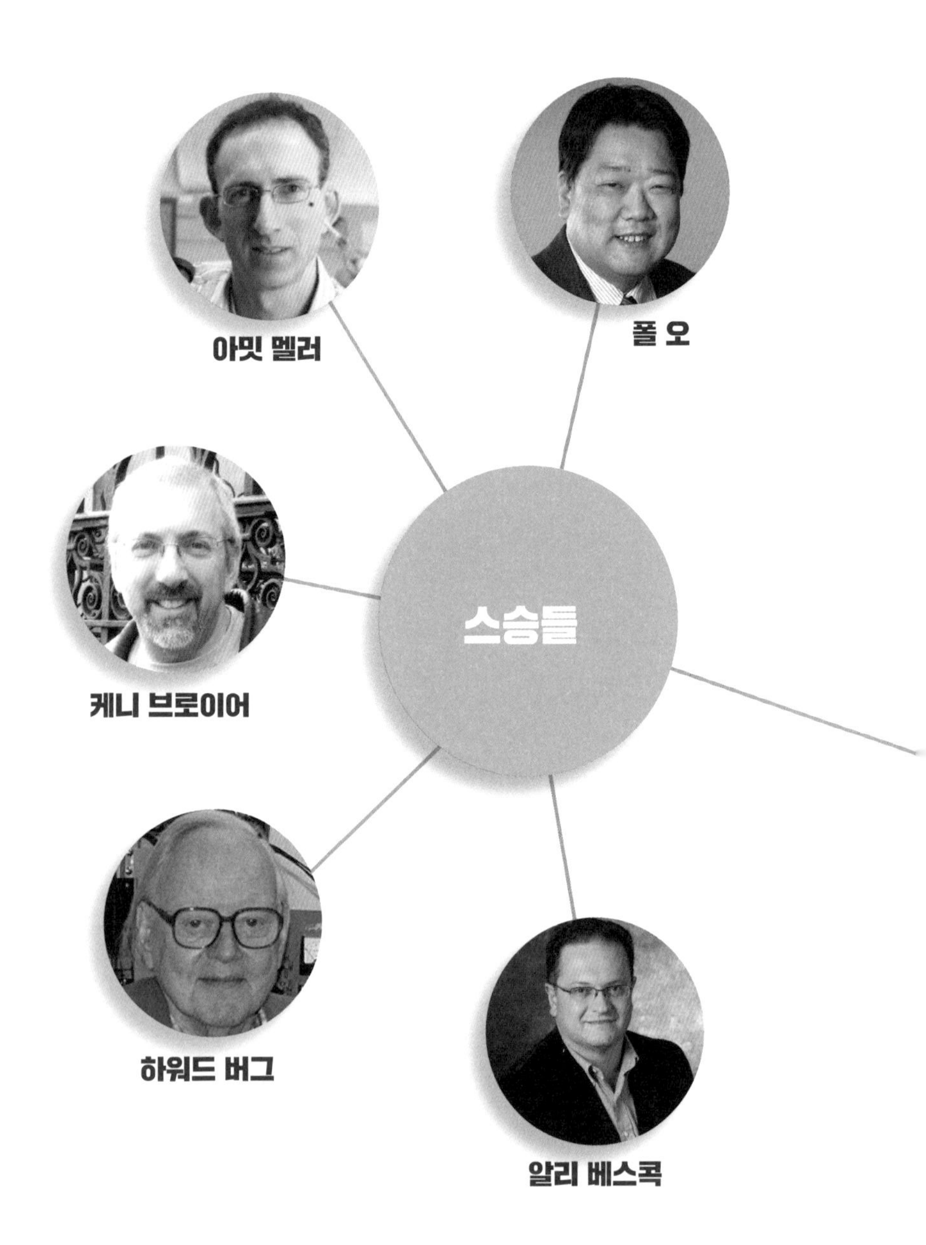

레온 쿠퍼

스승들
(노벨상 수상자)

마이클 코스털리츠

헨리 푸

동료들

아궁 줄리어스

에런 베커

01
이너스페이스
우리 몸속의 우주를 상상하다

유년의 공상을 현실의 공학으로… 〈은하철도 999〉

“기차가 어둠을 헤치고 은하수를 건너면 우주 정거장엔 햇빛이 쏟아지네…”

텔레비전에서 애니메이션 〈은하철도 999〉의 주제가가 흘러나오면, 초등학생이던 나는 홀린 듯 TV 앞으로 다가앉았다. 다른 만화들이 거의 지구를 무대로 했던 것에 비해 〈은하철도 999〉의 무대는 무한한 우주였다. 우주를 여행한다는 설정이 굉장히 새롭게 느껴졌다. 기다란 기차가 우주 공간을 달리며 낯선 별들을 찾아가는 모습은 나를 끝없는 상상의 세계로 이끌었다.

어린 나는 지구와 같은 또 다른 세계가 우주에 존재하는지 궁금해서 그림 과학백과를 찾아봤다. 은하계에 별이 몇 개나 있을까? 2,000억 개가 있다. 그런데 지구에서 비교적 가까운 항성인 시리우스와의 거리만 해도 8.6광년이다. 빛의 속도로 9년 가까이 날아가야 한다. 나는 그 수치를 보고 현실의 벽을 깨닫게 되었다. 디스커버리 우주왕복선도 아직 없었던 때였다. 당시 미국항공우주국이 가지고 있던 우주선은 1986년 연료 추진기 이상으로 폭발하여 비행사 7명 전원이 사망한 챌린저호 정도였다. 아무리 머리를 굴려도 챌린저호로는 도저히 도달할 수 없는 거리였다. 가려면 동력원 없이 우주를 끝없이 유랑하는 보이저호 정도, 그게 현실이었다. 이상은 〈은하철도 999〉처럼 우주 저 멀리까지 여행을 가는 것인데, 현실은 현재의 우주 비행선으로도 태양계조차 벗어날 수 없다는 것… 나는 처음으로 현실과 이상의 커다란 차이를 느꼈다.

우리는 상상을 통해 많은 것을 생각한다. 그 생각을 종종 마음속이나 하얀 도화지에 그린다. 우리가 그린 그림이 현실에서 실현되기 어려운 경우가 그 반대 경우보다 훨씬 많다. 더군다나 이상이 현실에 부딪혔을 때 깎여 없어지는 경우도 있다. 하지만 상상을 현실로 만드는 경우도 종종 본다. 이상이 상상이라면, 과학과 공학은 현실이다. 어른이 된 나는 상상이 과학이나 공학을 통해서 현실화되는 것이 혁신이라고 믿게 되었다. 〈은하철도

999〉에서 주인공 철이와 메텔이 찾아 헤매는 것은 영원한 생명이었고, 영원한 생명이란 기계의 몸으로 사는 것이었다. 공교롭게도 1977년 제작된 〈은하철도 999〉에서 항공우주기술의 발달로 지구에서 은하계 끝까지 철도를 개통한 해가 바로 서기 2021년이다. 그리고 영원한 생명이라는 이상을 현실화한다는 것은 2020년의 관점으로 보면 결국 '로봇'이다.

어린 시절 〈은하철도 999〉에 이어 나는 〈우주해적 캡틴 하록〉이라는 TV 애니메이션에도 푹 빠져 살았다. 부패하고 게으른 지구인들과 달리, 우주인의 침략에 홀로 맞서 싸우는 아르카디아호의 선원들과 캡틴 하록의 모습은 나에게 가장 정의로운 인간의 모습으로 비쳤다. 여러 행성들이 제각각 태양 주위의 궤도를 돌고 있는 태양계, 무한하게 뻗어나가는 태양계 밖의 모습, 태양을 닮은 항성과 지구를 닮은 행성, 그리고 생명체가 존재할지도 모르는 어느 항성 안의 행성들… 나는 하록 선장과 함께 매주 무한한 우주를 여행했다. 그러면서 아르카디아 우주 전함의 설계도를 그리곤 했다. 함장실, 기관실, 엔진실, 주방, 승무원 선실까지 혼자 상상하여 그렸다. 하록 선장의 우주 전함은 우주를 빛의 속도 이상으로 항해해야 하기 때문에 엔진 추진체의 에너지가 가장 중요하다. 만화에서는 니벨룽족의 영구 에너지 기관인 '다크 매터'에 의해 거대한 우주 전함을 움직인다. 나는 늘 그 에너지를 어떻게 만들었을까 궁금했다. 애니메이션에서 하록 선장의 가장 친한 친구는 천재적인 과학자 토치로였는데, 그는 죽으면서 전함과 일체가 되었다. 자신의 의식을 아르카디아호의 메인 컴퓨터에 심은 것이다. 지금으로 따지면 인공지능이나 하이브리드로봇이 되어 전함과 일심동체가 된 셈이다. 그에 따라 아르카디아호는 하나의 생명체같이 스스로 사고하고 독립적으로 움직일 수 있었다.

"힘차게 달려라 은하철도 999, 힘차게 달려라 은하철도 999…"

"저 우주는 우리의 희망의 바다, 파란 꿈이 끝없이 펼쳐져 있다…"

나의 은하철도 999와 아르카디아호는 지금도 상상의 세계를 현실에서 이뤄내기 위해 우주 어딘가를 힘차게 날고 있다.

우리의 몸이 작은 우주라면… 〈이너스페이스〉

중학교에 들어가면서 태양계와 비슷한 원자의 구조를 접하게 됐다. 이것이 나를 또 다른 상상의 세계로 이끌었다. 태양을 중심으로 행성이 공전하듯이, 원자핵을 중심으로 전자가 각 궤도를 돈다. 첫 번째 궤도에 2개의 전자와 두 번째 궤도에 8개의 전자가 꽉 찼을 때 안정된 상태가 된다. 각 궤도에 정해진 전자의 수가 채워지지 않은 경우 원자는 불안정한 상태가 되고 전자는 궤도를 들락날락한다. 그러면서 발산하거나 흡수하는 에너지에 따라 다양한 현상이 일어나는데, 이 현상을 이용하여 레이저를 만들고 그들의 결합을 인위적으로 분리하게 되면 원자폭탄도 만들 수 있다. 이 사실은 나에게 과학적 충격을 안겨줬다. 그때부터 나는 눈에 보이지 않는 작은 세상에 훅 빠져들기 시작했다.

TV에서 노벨상 수상자들의 업적을 소개하는 다큐멘터리 프로그램을 시청한 적이 있다. 여러 노벨상 수상자들 가운데 요하네스 반데르발스가 유독 내 눈에 들어왔다. 그는 1910년 분자의 크기와 분자들 사이의 상호작용을 고려한 기체 상태방정식을 발견해서 네덜란드인 가운데 세 번째로 노벨물리학상을 받았다. 전자현미경조차 세상에 없던 약 100년 전, 상상으로 분자 간의 인력과 척력을 예측하고 계산한 그는 나에게 신과 같은 존재로 여겨졌다. 나는 매 학기 기초 열역학이나 중급 열역학을 가르칠 때, 한 번도 빼놓지 않고 그의 과학적 업적을 학생들에게 소개한다. 중학교 시절 나는 그를 보면서 물리학은 눈으로 볼 수 없는 세계의 현상조차도 예측하고 수학적으로 설명할 수 있는 학문이구나 감탄했고, 나도 눈에 보이지 않는 세계에서 무언가를 발견하고 연구해봐야겠다는 어렴풋한 생각을 갖게 되었기 때문이다.

보이지 않는 작은 세상에 대한 나의 상상력은 1987년 스티브 스필버그가 제작하고 맥 라이언이 출연한 영화 〈이너스페이스〉를 보면서 폭발했다. 실리콘밸리에서 진행되는 극비 실험에

참가한 비행선 조종사가 초소형으로 작아진 채 다른 사람의 몸 속에 들어가면서 벌어지는 모험을 본 나는 완전히 새로운 세상을 만난 충격에 빠졌다. 혈관 속에 로봇이 들어가 약물을 전달하고 수술도 하게 되면, 미래에는 의사가 필요 없겠구나 하는 생각을 했다. 과학자가 되어 근사한 공상과학소설에 나올 법한 획기적인 기술을 개발하면 어떨까 하는 꿈이 싹트기 시작했다.

나중에 알게 된 사실이지만 〈이너스페이스〉는 1966년 상영된 〈판타스틱 보야지Fantastic Voyage〉라는 영화를 모티브로 삼은 것이었다. 국내에는 〈바디 캡슐〉로 알려진 이 영화는 뇌사 상태에 빠진 사람을 구하기 위해 미생물 크기로 축소한 우주선을 뇌사자의 혈관에 투입하여, 뇌의 응혈을 제거하는 프로젝트를 보여준다. 지금으로부터 50여 년 전에 만들어진 공상과학영화에 우리가 지금 꿈꾸는 GNR를 바탕으로 한 마이크로·나노로봇공학 개념이 소개된 것이다. 1966년에 벌써 지구인은 우리 몸 안에 로봇을 주입하여 암세포와 싸우는 모습을 상상을 통해 영화로 그려낸 셈이다.

영화는 상상이다. 그 자체로는 과학이 아니다. 영화 속의 상상을 과학이나 공학을 통해 현실화하는 것은 과학자나 공학자의 몫이며 그들의 꿈이다. 내가 중학생일 때 코엑스에서 세계박람회가 열렸다. 그 박람회의 미래관에서 나는 화상 전화를 체험할 수 있는 부스를 보았다. 지금 우리는 일상으로 하고 있지만 그때는 '과연 이런 것이 미래에 나올까?' 하는 의구심에 고개를 갸우뚱했다. 그런데 10년 후 내가 대학에 다닐 때 휴대폰이 나왔고, 15년 후에는 화상 채팅이 실현되었다. 마찬가지로 내가 중학교 1학년이던 1984년에 본 영화 〈터미네이터 1〉에 나오는 T-800이라는 휴머노이드는 약 30년 후인 2013년에 미국 국방부 산하 방위고등연구계획국DARPA에서 주최한 재난로봇 대회인 로보틱스챌린지를 통해 현실화의 첫발을 내딛었다. 〈이너스페이스〉 이후에도 많은 공상과학영화가 나왔다. 예를 들어 2015년 상영된 〈빅 히어로 6〉라는 만화영화에는 마이크로로봇, 소프트로봇, 모듈식 로봇 등 현재 내가 연구실에서 실험하고 개발하고 있는 모든 로봇들이 다 나온다.

이렇듯 나는 사람들이 상상으로 그렸던 이상이 과학과 공학을 통해 현실화되는 것을 눈으로 목격하며 자랐다. 그리고 지금 나는 50년 전 공상과학영화가 스크린을 통해 보여주었던 초소형 마이크로·나노로봇을 현실 세계에 실현시키기 위해 연구하고 있다.

네가 좋아하는 것을 하는 것이 자유다.
네가 하는 것을 좋아하는 것이 행복이다.

《타임스Times》지의 유명한 만화 칼럼니스트 프랭크 타이거의 말이다. 이 말처럼 내가 좋아하는 마이크로·나노로봇을 연구하는 것이 나의 자유이고, 연구를 통해 만나는 소중한 학생들은 나의 행복이다. 상상을 현실로 만들어가는 과정이 곧 과학자·공학자로서 나의 꿈을 이루어가는 과정이라 늘 즐겁고 유쾌하다.

02
가족의 유산
소통의 방법을 체득하다

장애와 비장애, 정상과 비정상의 경계를 허물다

외할아버지는 장애인이었다. 내가 태어나기 훨씬 전에 사고를 당해 오른팔 절단 수술을 받았다고 했다. 원래 오른손잡이였는데 오른팔을 잃은 후 어쩔 수 없이 왼손잡이로 바꿔야 했다. 어릴 적 외갓집에서 식사를 할 때면, 젓가락질을 못하는 나에게 당신은 한 손으로도 이렇게 잘 집는다며 놀리던 모습이 생생하다. 나는 아직도 젓가락질을 외할아버지만큼 잘하지 못한다. 장애를 가진 할아버지를 가까이서 보며 아주 어렸을 때부터 나는 사람들이 장애/비장애, 정상/비정상이라고 말하는 것에 대해 남들과 좀 다른 생각을 가지게 되었다. 정상(비장애)과 비정상(장애)이 절대적인 것이 아니고 어느 하나가 옳고 그른 문제가 아니라는 생각을 하면서 컸다.

외가는 한학을 공부하는 분위기여서 나도 어렸을 때 한문을 배웠다. 초등학교 2학년까지 천자문과 명심보감을 배웠다. 천자문은 일주일에 1페이지 16자를, 명심보감은 일주일에 1페이지 2문장을 쓰고 외우는 것이라 그렇게 어렵지 않았다. 다른 친구들은 안 배우는 과목이지만 나는 한문 배우는 것을 그냥 자연스럽게 받아들였다. 남들이 어떤 일을 하니 나도 해야 하고, 남이 안 한다고 나도 하지 말아야 한다는 생각은 하지 않았다.

난독증으로 친구들에게 놀림을 받던 고등학교 2학년 때 내 별명은 '아다다'였다. 그때 막 나온 〈아다다〉라는 한국 영화에서 언어 장애를 가진 주인공의 이름이 아다다였다. 하지만 나는 그렇게 불리는 게 부끄럽지 않았다. 장애/비장애, 정상/비정상에 대해 별로 심각하게 생각하지 않았기 때문이다. 이렇다 보니 친구를 사귈 때도 공부 잘하는 애/못하는 애 구분 없이 이 친구 저 친구 다 사귀었다. 그래서 지금 친구들도 직업이나 경제 수준이 다양하다. 길에서 지내는 노숙인과도 아무 거리낌 없이 어울릴 수 있다.

어머니는 2남 4녀 중 다섯째였다. 공부하고 싶은 마음이 컸는데 대학에 진학하지 못했다. 옛날에는 대부분 그랬듯이 우리

외가도 아들만 위하는 분위기였다. 큰외삼촌은 그 당시 지역에서 제일 좋다는 진주고등학교를 나와서 서울에 있는 대학에 진학했다. 큰외삼촌을 공부시키기 위해 손위의 큰이모가 희생하여 공부를 포기했다. 우리 어머니도 바로 밑의 막내 남동생을 뒷바라지하느라 직장을 다니다가, 가난한 홀어머니 밑에서 외아들로 자란 아버지를 만나 결혼했다. 나는 어릴 때, '숟가락 2개로 시작해서 너희 키웠다'라는 말을 귀에 딱지가 앉도록 듣고 자랐다. 그렇게 어려운 살림인데도 어머니는 아버지하고 신혼 때부터 다짐을 했다고 한다. 다른 건 몰라도 나중에 자식들이 공부하고 싶다면 빚을 짊어지더라도 하고 싶은 만큼 실컷 시켜주자고. 어머니와 아버지의 다짐과 응원 덕분에 우리 삼 형제는 모두 사대문 안에 있는 대학을 나왔다.

누구나 간절히 꿈을 꾸고 그 꿈을 이루기 위해 노력하면 언젠가는 꼭 이루어지는 것 같다. 언제 이루어지느냐는 나중 문제다. 공부에 대한 어머니의 꿈은 막내가 대학에 들어간 후에 이루어졌다. 막내가 대학생이 되자 가족을 불러 모은 어머니는 "이제부터 엄마는 내 자신의 인생을 살 거야. 그동안 너희 키우느라 못 했던 하고 싶은 공부를 할 거야!"라고 선언했다. 어머니는 정말로 열심히 공부해서 검정고시로 대입 자격을 딴 후 방송통신대학교 교육학과에 들어가서 환갑이 다 된 나이에 졸업했다. 대학원에도 가겠다는 걸 막내가 말렸다. 대학원 리포트 쓰는 건 자기 가방끈이 짧아 더 이상 도와드릴 수 없고, 본인 직장 생활도 해야 한다고 말이다.

나는 연구가 힘들어도 힘들다는 말을 하지 않는다. 연구는 내가 꽂혀서 하는 '덕질'이고, 내 연구가 아무리 힘들다 한들 쉰 살 훌쩍 넘은 어머니의 대학 공부보다 어렵지는 않을 것이기 때문이다. 어머니는 사람은 나이에 상관없이 평생 공부할 수 있고, 평생 공부해야 한다는 사실을 몸소 보여줬다.

친할아버지는 아버지가 첫돌을 갓 지났을 때 돌아가셨다. 할머니는 평생 살림만 해온 경남 합천의 양반집 규수였다. 할아버지가 돌아가신 이후, 집에 돈벌이할 사람이 없었기 때문에 재산은 계속 줄어들었다. 그래서 아버지는 동아대학교 토목공학과를 졸업하자마자 장교로 입대했고 공병 통역장교로 월남전에 나갔다. 할머니는 경제적으로 곤궁하다 보니 하나밖에 없는 외아들을 월남전에 보낼 수밖에 없었던 것이다. 만약 전쟁에서 아버지가 돌아오지 못했다면 나는 유복자로 태어났을 것이다. 어머니가 나를 임신했을 때, 아버지는 월남에 있었기 때문이다.

나를 낳을 때 어머니는 고생이 엄청났다고 한다. 집이 가난해서 병원에 가서 애를 낳을 생각조차 못 하고, 서울 옥수동 산동네 산파를 불러 집에서 낳아보려고 했단다. 그런데 내가 어머니 배 속에 거꾸로 들어서 있어서 산통은 계속되는데 애가 나오지 않아 거의 죽음 직전까지 갔었단다. 아버지는 곁에 없고, 동네 산파와 할머니는 어찌해야 할지 모르고…. 결국 나이 든 시어머니와 만삭의 며느리가 이 병원 저 병원 옮겨 다니다가 서울대학교 병원 응급실에 가서야 제왕절개로 나를 낳았다. 2월 29일 낮 2시였다. 그래서 나는 생일이 올림픽처럼 4년에 한 번씩 오고, 나이도 남들보다 덜 먹는다. 음력으로는 1월 15일이라 별다른 이벤트 없이 정월대보름 음식으로 생일상을 대신했다. 병원을 전전하며 건강하지 못하게 태어났기 때문에 할머니와 어머니는 내 출생신고를 바로 하지 않았다. 아버지가 월남에서 돌아오신 후 출생신고를 해서 내 호적 생일은 4월 19일이다.

어머니는 결혼하는 순간부터 할머니가 돌아가실 때까지 시어머니를 모시고 살았다. 부모님은 연애결혼을 했는데, 결혼 후에도 한참 아이가 안 생겨서 많이 기다렸다고 한다. 그러다 내가 생겼으니 얼마나 기뻤을까 짐작이 간다. 그렇게 어렵게 생긴 아이가 천신만고 끝에 응급실에서 태어났으니 잘못될까 봐 노심초사에 늘 애지중지하며 키웠다. 오죽하면 내가 태어나고 3년 동안은 잘 때도 할머니와 어머니가 번갈아가며 보듬고 재워서 방바닥에 나를 한 번도 내려놓지 않을 정도였다. 특히 할머니는 16세에 시집와서 22세에 남편을 잃고 외아들 하나 외롭게 키웠는데

손주가 태어났으니, 내가 세상에서 가장 귀한 존재일 수밖에 없었다.

어머니는 여러 형제자매들 사이에서 서로 의지하며 부대끼며 자랐는데, 아버지는 외아들로 혼자 자랐다. 아버지는 우리 삼형제가 난리법석을 부리며 싸우는 모습이나 외가댁 경조사 때 어머니 형제자매들 간의 희로애락을 보면서 낯설어하거나 부러워하는 적이 많았고, 사랑을 표현하는 것도 익숙지 않았다. 내 딸이 첫돌을 맞아 한국에 왔을 때였다. 아버지는 공항에서 집까지 차를 타고 가는 내내 '멍멍' 하고 강아지 소리를 내면서 손녀를 웃게 만드느라 애썼다. 얼마나 기쁘면 그랬을까? 그 모습을 보는 순간 어릴 때의 기억이 소환되었다. 아버지는 말씀이 거의 없는 분이었다. "밥 묵었나?" "아(아이)는?" "자자!" 하루에 이 세 마디면 충분하다는 전형적인 경상도 남자였다. 그런데 가끔 멍멍이 소리를 흉내 내서 어린 우리 형제들을 웃기곤 했다.

아버지의 책장을 보면 시집이 정말 많았다. 젊었을 때는 끼도 많았던 것 같다. 대학 다닐 때, 부산 동성고등학교 동문 선배였던 가수 현철이 만든 록밴드에서 드럼을 쳤다고 했다. 음주가무에서 술 빼고는 다 잘했다. 술을 못 마시는 건 우리 집안 내력이다. 재능이 많은 만큼 하고 싶은 일이 참 많았을 텐데…. 집안 형편 때문에 다 접고 월남전에 나갈 때 아버지 마음이 어땠을까?

그때 아버지 나이는 내가 유학 나올 때 나이보다 어렸다.

부모님이 보여준 '체험 삶의 현장'

나는 전라북도 여산, 경상남도 김해, 경기도 의정부에 살다가 서울로 전학을 갔다. 서울에서도 제일 경쟁이 심하다는 강남 8학군으로 전학을 하니 새로운 환경에 적응하는 것이 여간 힘든 게 아니었다. 개포중학교로 전학한 뒤 한동안 내 별명이 달건이었다. '건달'을 거꾸로 '달건'이라 불렀다. 원래 껄렁껄렁하게 다니는 데다, 친구들도 껄렁한 녀석들이 많았다. 물론 말썽도 많이 피우고 이런저런 사고도 많이 치고 다녔다.

시골 소년이 전학 와서 지하 방 한 칸에 세 들어 살며 받은 문화적 충격과 점점 심해지는 난독증으로, 내 성적은 급격히 곤두박질쳤다. 2학년 마칠 때 학급의 70명 가운데 중간 정도였다. 마음 다잡고 3학년 새학기가 시작된 지 한 달도 되지 않아 설상가상 학교를 떠들썩하게 만든 큰 사고를 쳤다. 사고 친 다음 날, 어머니의 다급한 전화에 아버지가 휴가를 내고 와서 나에게 같이 갈 곳이 있다고 했다. 늦은 저녁이었는데 내일은 학교에 안 가도 된다고 말했다. 의아해하며 따라나서 도착한 곳은 강남 성모병원 장례식장이었다. 장례식장에서 사람들이 곡을 하고 우는 모습을 처음 봤다. 밤 10시부터 새벽 4시까지 장례식장에 있으면서 '사람은 언제든 죽을 수 있구나' 하는 생각을 했다.

장례식장에서 나온 뒤에는 노량진 수산시장으로 향했다. 검은 옷을 입고 곡하는 사람들을 보다가 수산시장에 가니, 상인들이 그 캄캄한 새벽에 대낮처럼 활기차게 움직이고 있었다. 내가 그 나이 때까지 보지 못했던 풍경이었다. 꽃샘추위로 정말 추운 날씨였는데, 생선을 담는 나무상자를 땔감으로 커다란 드럼통 난로에 불을 때던 아저씨가 지나가던 나에게 여기 와서 불을 쬐라고 권했다. 어린 학생이 아버지를 따라 새벽 수산시장에 나온 게 기특해 보였던 모양이다. 난로에 다가가 손을 뻗으니 뜨거운 열기가 온몸으로 들어와 가슴속까지 훈훈해지는 느낌이 들었다.

수산시장에서 나와 아침을 먹은 뒤 아버지가 마지막으로 데리고 간 곳은 대기업 본사의 임원실이었다. 당시 아버지 친구 중에 사회적으로 제일 성공한 분이 대기업 임원이었는데, 그분에게 데리고 간 것이다. 임원실은 어마어마하게 컸다. 고층 빌딩이라 창문 아래 전망도 멋졌다. 비서 누나가 달콤한 유자차도 타다 주었다. 아버지 친구분은 아주 고급스러운 레스토랑에서 비싼 점심을 사줬다. 이런 사무실에서 일하고 맛있는 레스토랑에서 식사하려면 공부를 좀 해야겠다는 생각이 들었다. 그 하루 사이에 '사람은 죽으면 이렇게 되는구나, 열심히 사는구나, 성공하면 이렇구나'를 다 보았다. 그날을 계기로 늦은 사춘기를 맞았다.

어떻게 살아야 하는지, 삶과 죽음은 무엇인지 하는 생각을 심각하게 하기 시작했다.

아버지는 말이 없고 애정표현이 굉장히 서툴렀지만 자식들에게는 푸근한 큰 산 같았다. 아들 삼 형제를 키우면서도 매를 든 적이 없다. 대신 몸으로 보여주고 우리 형제들에게 경험을 많이 하게 해주었다. 자식들이 필요로 할 때 항상 옆에 있었다.

어머니는 엄하고 교육열이 굉장히 높았다. 당신이 하고 싶었는데 못 했기 때문이다. 하지만 억지로 시키지는 않았고 자식들이 하고 싶다는 것을 존중해줬다. 자식들을 100퍼센트 믿어줬다. 내가 고등학교 때 동물을 좋아해서 수의사가 되고 싶다고 한 적이 있다. 지금이야 수의사가 인기 있는 직업이고 수의대 진학 경쟁률도 세지만 그때만 해도 수의사가 되겠다고 하면 하지 말라는 부모가 대부분이었다. 그런데 어머니는 그 결정을 나 스스로 할 수 있도록 도와줬다. 그래서 고등학교 3학년 때 매월 모의학력고사에서 서울대학교 수의학과에 예비 지원했다. 그리고 점수와 합격 여부가 적힌 성적표를 보여드리곤 했다.

여름방학 시작 즈음, 어머니는 친구분들에게 수소문해서 내가 수의사를 직접 만나게 해줬다. 어머니와 함께 포천2동에 있는 목장에 수의사를 만나러 갔는데, 타이밍이 절묘하게도 하필 내 눈앞에서 수의사가 예방접종을 하다가 젖소 뒷다리에 차이는 사고가 있었다. 수의사는 소 뒷발에 차여서 만화처럼 슝 하고 2미터쯤 날아갔다. 다행히 크게 다치지는 않았지만 정말 아파 보였다. 그걸 보고는 '아, 수의사 하면 안 되겠다' 하고 마음을 바꿨다. 물론 그만큼 간절하게 하고 싶었던 게 아니었을 것이다.

대학 시절에는 미용사가 되어 미용실을 여는 것을 꿈꾸기도 했다. 당시 미국에 살던 지금의 처형이 한국에 왔을 때, 동생이 사귀는 남자가 궁금해서 나를 만나러 온 적이 있다. 내게 꿈이 뭐냐고 묻기에 미장원을 하고 싶다고 했더니 아직 결혼할 준비가 안 되어 있다고 처가에 알렸다. 그래서 결혼은 둘째치고 강제로 헤어질 뻔하기도 했다. 하지만 그때마저도 어머니는 나에게 미용사를 하지 말라는 소리는 안 했다.

대신 어릴 때부터 귀에 못이 박히도록 들었던 얘기는 있다. 군인, 경찰, 마도로스, 이 세 가지 직업은 위험하고 가족과 떨어져 지내야 하는 직업이니 안 했으면 한다고. 우리 삼 형제는 가족끼리 즐겁게 지낼 방법으로 고스톱을 아주 어릴 때 배웠다. 아버지가 외아들이고 할아버지도 안 계시니 명절에도 모이는 친척이 없고 우리 가족뿐이었다. 삼촌이 없으니 사촌도 없었고, 친가 쪽 가장 가까운 친척이 오촌이었다. 그렇다 보니 가족은 항상 어딜 가나 손잡고 같이 다니는 거라고 배웠고 그게 은연중에 몸에 배었다. 우리 형제들은 어딜 가든 가족과 같이, 좋은 것이든 나쁜 것이든 무조건 가족은 함께, 이런 마음으로 산다.

그리고 어머니는 어렸을 때부터 남에게 밥 사는 것에 대해서 인색하지 말라고 우리 삼 형제를 가르쳤다. "친구 만나서 밥 먹을래" 하면 이유를 묻지 않고 용돈을 줬을 정도다. 그래서 그런지 지금도 내 주위에는 날 좋아하고 따르는 친구와 후배들이 많다. 모두 어머니 덕분에 쌓은 밥정情 때문인 것 같다. 어머니는 나눔의 기쁨과 이어지는 행복을 아는 분이다. 항상 사람들을 긍정적으로 대하고 잘 챙기기 때문에 인간관계가 굉장히 좋다. 그래서 우리 형제들 모두 사람을 대하는 태도에 대해서는 어머니의 영향을 많이 받았다.

03
비전공 분야에 도전
다학제 연구 역량을 키워내다

기계공학에서 전기화학, 나아가 미세유체역학까지

고등학교 1학년 때부터 항상 뇌리를 떠나지 않던 〈이너스페이스〉에 대한 환상은 나를 기계공학 전공으로 이끌었다. 학부 전공 중 가장 재미있었던 과목은 동역학, 기구학 그리고 자동 제어였다. 학부 4학년 때는 졸업작품으로 동기 4명과 팀을 이루어 몬로MonRo(Monkey+Robot)라는 원숭이 모양의 외줄타기 로봇을 만들기도 했다. 그래서 유학을 가면 당연히 석사 때부터 자동 제어와 동역학에 기초한 로봇공학을 전공하려 했다. 하지만 뜻대로 되지 않았다. 학생이 지도교수를 택하는 게 아니라, 지도교수가 학생을 택했기 때문이다.

한국에서 학부만 마치고 텍사스A&M대학교 기계공학과로 유학 온 나에게 석사 지도교수를 정하고 경제적 도움을 받는다는 것은 여간 힘든 일이 아니었다. 연구 경험이 전무했기 때문이다. 함께 석·박사과정을 시작한 동기들이 80명가량 있었는데 제어·로봇 쪽은 인기가 많은 데다 대학원 전공지도교수는 6명 정도밖에 없어서 경쟁이 치열했다. 다행히 석사 첫 학기를 끝내고 나서 지도교수를 만날 수 있었는데, 그의 연구 분야가 초미세 유동 제어 연구였다. 내가 하려던 자동 제어나 로봇공학은 아니었지만 경제적 지원 없이 유학을 계속하기 힘든 형편인 데다가, 1990년대 새로운 학문으로 각광받던 미세유체공학이라 쉽게 마음이 움직였다. 더군다나 미세정밀가공을 이용하여 머리카락 두께의 마이크로채널을 만들고 밸브 같은 기계적 조작 없이 전기장만을 사용하여 미세유체의 유동을 제어한다는 것이 무척 흥미로웠다.

석사과정 연구의 핵심은 마이크로펌프를 만드는 것이었다. 전기화학의 기본적 두 현상인 전기침투와 전기이동을 유도하여 비전해질 용액 속 이온의 움직임을 조절하고 이를 통해 초순수[•]의 유동을 제어함으로써 가능한 작업이었다. 연구의 기본이 전기화

• 전기 전도율이나 살아 있는 균의 수, 유기물 등을 낮게 억제한 순수한 물. 반도체의 제조에 쓰인다.

학이다 보니 석사과정 내내 수업은 기계공학과에서, 연구는 화학과에서 했다.

보통 한국에서 기계공학 전공을 선택하는 사람은, 고등학교 때 생물, 화학, 물리, 지구과학 중 생물·화학보다 물리·지구과학을 선호하여 대입학력고사 시험을 치른 경우가 많다. 나도 다르지 않았다. 대학교 1학년 때 수강한 일반화학 수업 이후 화학에 대해 생각해보지도 들어보지도 못했다. 그래서 석사과정 내내 화학과에서 화학과 학생들과 전기화학을 바탕으로 연구하는 것이 정말 힘들었다. 그렇게 2년을 고군분투한 결과 「전기침투를 이용한 초미세유체 유동 제어Microfluidic Flow Control Using Electroosmosis」라는 논문을 제출하고 석사학위를 받았다.

그런데 석사학위를 받은 후에 박사과정 연구 주제가 갑자기 바뀌었다. 미소중력Microgravity 상태에서 어떻게 미세유체 내 열전달이 이루어지는지 연구하는 미국항공우주국NASA 프로젝트였다. 유학 오기 전 내가 생각했던 연구와 점점 더 멀어지는 느낌이었다. 당시 한국은 우주 산업에 대한 투자나 인프라가 상당히 미흡한 데다 연구 환경도 굉장히 열악했다. 더욱이 미소중력 상태에서 진행된 기존 연구 자체가 존재하지 않았다. 당시만 해도 졸업 후 한국으로 돌아갈 생각뿐이었던 나에게 우주에서 일어나는 현상을 연구한다는 것은 현실과 동떨어진 느낌이 들었다. 과연 박사후에도 지속 가능한 연구가 될 수 있을까? 연구에 대한 열정과 흥미를 급격히 잃었다. 그러던 차에 설상가상으로 박사 자격시험에서 예기치 않게 떨어졌다. 그러나 이것이 새옹지마가 되어 브라운대학교에서 박사과정 연구를 시작하게 되었다.

자연이 만든 마이크로로봇 '대장균', 첫눈에 반하다

박테리아와의 운명적 만남은 내가 브라운대학교 케니 브로이어 교수의 연구 지도하에 미국 국방부 산하 방위고등연구계획국 생체분자 모터 프로젝트를 수행하면서 시작되었다. 세균학 분야에서 박테리아의 아버지라고 일컬어지는 하버드대학교의 하워드 버그 교수 연구실에서 유전적으로 조작된 다양한 박테리아를 보내주면, 나는 그 박테리아를 가지고 미세유체 유동 제어를 위한 기초 연구를 수행했다. 또 외부 에너지 의존 없이 오롯이 박테리아의 운동성만을 이용한 마이크로펌프와 마이크로혼합기를 설계하고 제작했다. 세계 최초로 박테리아를 공학 시스템의 액추에이터 및 센서로 이용한 만큼, 논문이 발표될 때마다 기대 이상의 많은 주목을 받았다.

하워드 버그 교수 연구실에서 형광 현미경을 통해 자유자재로 물속을 헤엄치는 박테리아(그림 1)를 보았던 그 짜릿한 첫만남의 순간이 아직도 기억에 생생하다. 하워드 버그 교수가 박테리아를 보여주면서 "처음 보니 어때?"라고 물었을 때 나는 "놀라워요!"라고 대답했다. 우리는 외계인을 인간과 비슷한 형태로 상상하곤 한다. 하지만 막상 만나본 외계인이 인간과 완전히 다른 형태일 때 느낄 법한 놀라움이, 내가 박테리아를 처음 만났을 때 느낌이었다. 이런 녀석들이 내 몸속을 자유자재로 돌아다니고 있다는 사실이 신기하기도 했고 한편으로 당혹스럽기도 했다.

박테리아의 몸통(1㎛×2㎛)은 럭비공 모양이었고, 몸통 길이보다 4~5배 긴 나선형의 편모 5~6개가 몸통에 이리저리 붙어

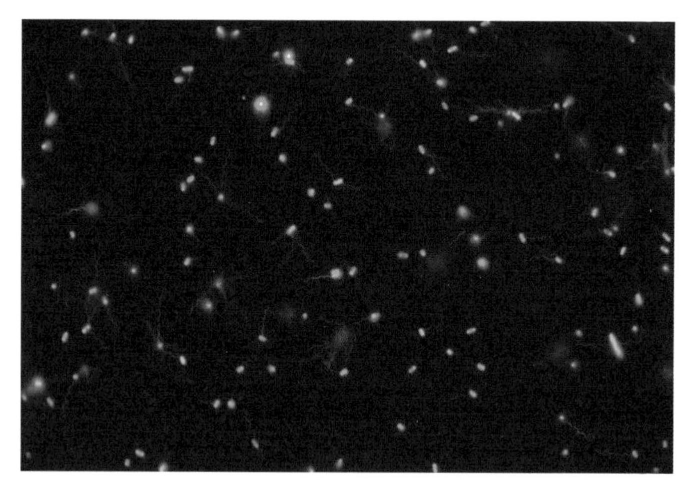

그림 1 **플라젤라 박테리아(대장균)**
몸통과 편모를 모두 갈색 형광물질로 염색하고 다시 몸통만 연두색 형광물질로 덧칠한 대장균들이 물속에서 자유자재로 헤엄치는 모습. 형광 현미경을 통하여 초고속 카메라로 촬영했다.

있었다. 편모들이 꼬인 채 말렸다 풀렸다를 반복하면서 헤엄치는 모습은 내가 상상했던 모습이 전혀 아니었다. 가장 인상적이었던 것은 일직선으로 똑바로 헤엄쳐 나가다가 방향을 바꾸는 것이 아니라, 술 취한 사람의 걸음걸이 같은 난보 형식으로 헤엄치는 것이었다. 초당 자기 몸길이의 평균 15~25배 멀리 헤엄칠 수 있는 강력한 생체분자 모터를 편모 끝에 가지고 있다는 점도 놀라웠다. 그 강력한 모터의 지름이 50nm밖에 되지 않고, 모터는 물의 양성자(H^+: 수소이온)에 의해 구동된다는 사실은 나를 분자생물학에 매료시키기에 충분했다. 전염성이 강한 박테리아일수록 운동성이 크다는 것 또한 흥미로웠다. 미생물학자들은 박테리아를 살아 있는 작은 화학공장이라고 말한다. 박테리아가 가지고 있는 수많은 감각기관들을 활용하면 박테리아 자체를 감지기 센서로 이용할 수 있다. 따라서 박테리아는 로봇공학의 관점에서 볼 때, 강력한 액추에이터와 민감한 센서를 완벽하게 한 몸에 갖춘 일체형 마이크로로봇인 것이다. 로봇의 정의가 무엇인가? 외부환경을 인식하고 스스로 판단하여 자율적으로 동작하는 기계 아닌가! 그날 나와 처음 만난 마이크로로봇은 대장균이었다.

박테리아를 어떻게 공학적 시스템에 이용할 수 있을까? 고민하던 끝에 '미세정밀가공한 구조물에 붙여보면 어떨까?' 하는 아이디어가 생겼다. 점심 먹고 벤치에 앉아 친구들과 수다를 떨다가 개미굴 앞에 놓인 작은 과자 조각을 운반하는 개미들을 보면서 착안한 아이디어였다. 개미의 협업처럼 박테리아도 협업의 방향성을 어떻게 제어하느냐에 따라 마이크로펌프를 만들 수 있고, 박테리아의 난보를 어떻게 극대화하느냐에 따라 마이크로혼합기를 만들 수 있을 것 같았다. 나는 먼저 박테리아의 운동성을 관찰하는 실험을 시작했다.

박테리아는 보이지 않는 작은 세상에서 인간과 완전히 다른 힘과 운동역학을 이용하여 헤엄치며 살아가는 법을 알고 있다. 박테리아 몸통의 편모들이 일제히 반시계 방향으로 돌면 편모들이 꼬이며 말린다. 그 편모들이 몸통을 평행한 방향으로 밀어내며 강력한 추진력을 만들어 헤엄친다. 과학자들은 이 운동성을 'Run', 즉 '달린다'라고 표현한다. 그러다 편모 하나 혹은 여러 개가 시계 방향으로 돌면서 순간적으로 방향을 바꾼다. 이 운동성은 'Tumble', 즉 '구른다'라고 표현한다. 놀라운 점은 이런 박테리아의 운동성을 전기장, 특정한 빛의 파장, 화학물질, 산소(O_2) 등의 외부 자극제로 제어할 수 있다는 것이다. 더욱 놀라운 점은 박테리아의 운동성과 환경·화학 감지 능력을 공학적으로 설계하고, 유전공학으로 유전자를 조작하여 새로운 박테리아를 배양·생산할 수 있다는 것이다. 예를 들어 자연 상태의 대장균은 달리기와 구르기를 불규칙적으로 반복하면서 헤엄치지만, 유전적으로 조작된 대장균은 독성이 없을 뿐 아니라 태어나서 죽을 때까지 달리기만 하거나 구르기만 할 수도 있다. 그뿐만 아니라 일반 대장균과 달리, 달리기와 구르기의 주기를 규칙적으로 반복하면서 헤엄치게 만들 수도 있다.

박테리아는 살아가는 환경에 따라 자기분화와 역분화를 통해 자유자재로 몸을 변형한다. 그런 면에서 박테리아는 자연이 만들어낸 트랜스포머 로봇이다. 그들은 우리 인간처럼 다양한 운동 방식을 가지고 있다. 즉, 인간이 걷고, 뛰고, 기고, 점프하듯이 박테리아도 그들만의 운동 방식을 통해 주어진 유체 환경 안에서 생존해나간다. 헤엄치기Swimming, 우글우글 떼 지어 다니기Swarming, 미끄러지는 듯한 움직임Gliding, 잡아당기기Twitching, 미끄러짐Sliding, 브라운 운동Brownian Motion, 이 6가지가 박테리아의 운동 방식이다.

브라운 운동은 액체나 기체 안에 떠 있는 작은 입자의 불규칙한 운동을 말한다. 편모가 없는 박테리아의 경우 브라운 운동으로 물속에서 이동한다. 헤엄치기와 브라운 운동을 제외하고 나머지 4가지 운동 방식은 모두 미끄러지듯 움직이는 표면 운동이다. 각각의 박테리아의 특징적인 운동성을 잘 파악하면 마이크로·나노공학 시스템에 적용하여 공학적 능률을 극대화할 수도 있다.

2개의 주입구와 하나의 배출구를 가진 Y 모양의 마이크로채널을 만들어 서로 다른 유체를 주입구에 주입하면서 한쪽에 대장균을 섞어 흘려보내면 대장균의 난보로 인해 유체가 잘 혼합된다. 몸통 표면에 분홍색 점액질을 분비하는 적변 세균은 아무곳에나 달라붙는 특성이 있다. 적변 세균을 마이크로채널을 통해 흘려보내면 채널 안쪽 표면에 박테리아 몸통이 달라붙게 되고 수많은 편모들은 자유롭게 회전하면서 유체를 한 방향으로 펌핑하게 된다. 이런 원리들을 이용하여 다양한 미세유체 유동을 제어하는 기술을 박사과정 동안 연구했다.

박사과정이 끝날 무렵 하버드대학교 연구팀은 적변 세균을 폴리스티렌 입자에 붙이는 실험을 했고, 브라운대학교 연구팀은 미세정밀가공으로 만든 마이크로미터 크기의 직사각형 구조물에 붙여서 입자와 구조물을 운반하는 박테리아 동력 마이크로로봇의 기초가 되는 실험을 했다. 하버드팀은 10~20㎛ 지름의 입자에 10~50개 정도의 적변 세균을 붙여서 물속에서 박테리아 동력 마이크로로봇이 불규칙적으로 헤엄칠 수 있도록 만드는 데 성공했다. 2년 후인 2007년에 똑같은 박테리아 동력 마이크로로봇 사용하여 카네기멜론대학교의 메틴 시티 교수팀이 화학약품을 투입하여 운동을 제어하는 데 성공한다. 우리 브라운팀은 100㎛(가로)×100㎛(세로)×5㎛ (두께) 이상의 3차원 구조물에 1,000개 이상의 박테리아를 붙여서 박테리아 동력 마이크로로봇을 만들어 표면 운동을 통해 제어하는 실험을 했지만 실패했다. 표면 마찰을 극복하지 못한 결과였다. 비록 실패했지만 어렴풋이 해결책을 알아냈고, 드렉셀대학교에 교수로 임용되자마자 그 해결책을 실험으로 증명하기 시작했다. 그 후 메틴 시티 교수팀이 박테리아 동력 마이크로로봇의 운동 제어에 성공한 2007년에 다른 개념의 박테리아 동력 마이크로로봇을 만들어 빛과 전기장으로 로봇의 운동성과 방향성을 제어하는 데 성공한다.

박사논문 심사를 마친 2005년 봄, 세 군데 대학교에서 박사후 연구원 오퍼를 받았다. 첫 번째 오퍼는 캘리포니아공과대학교 전기·전자공학과에서 광학과 미세유체역학을 융합한 광유체역학을 연구하는 자리였고, 두 번째 오퍼는 코넬대학교 기계공학과에서 미세유체역학을 이용해 화학 센서를 개발하는 자리였다. 세 번째 오퍼는 하버드대학교에서 극초미세초정밀가공을 이용하여 아주 얇은 박막* 에 구멍을 뚫어 DNA를 전기적으로 통과시키면서 DNA 염기서열 결정법을 연구하는 자리였다.

나는 그중에서 하버드대학교 로울랜드연구소에서 새로운

* 기계 가공으로 만들 수 없는 1,000분의 1mm 이하 두께의 막.

DNA 염기서열 결정법을 개발하기 위한 단일분자생물물리학이 라는 생소한 학문 영역에 도전하기로 결심했다. 석사 때 전기화학을, 박사 때는 박테리아를 이용한 다양한 마이크로공학 시스템을 연구하면서 점점 눈에 보이지 않는 작은 세상에 대한 과학적 호기심이 커져왔고, 기계공학 너머 화학, 물리학, 생물학 등을 경험해본 덕분에 학제적 학문의 영역을 넘나드는 다학제 간의 연구에 두려움이 없었기 때문이다.

다학제 연구 경험, 세계 최초 나노포어 배열을 만들다

하버드대학교 로울랜드연구소에서 박사후 연구원으로 있는 동안 하고 싶은 연구를 마음껏 할 수 있었다. 모든 연구 인프라가 완벽하게 갖추어진 곳이라 장비나 실험 기자재가 없어서 못하는 연구는 없었다. 바로 옆에 매사추세츠공과대학교MIT도 자리하고 있어서 하버드대학교 내에서 해결할 수 없는 실험까지 할 수 있었다.

박사후 연구과정 중 난생처음 만난 실험 장비가 바로 투과형 전자현미경이었다. 이 장비를 통해 0.1nm, 즉 1Å(옹스트롬)의 원자까지 눈으로 관찰할 수 있었다. 실리콘 웨이퍼 위의 실리콘 원자들의 질서정연한 배열을 보는 순간 나도 모르게 경건해졌다. 그 배열 안에서 조금씩 떨고 있는 실리콘 원자들을 하나

하나 관찰할 때는 짜릿한 경이로움이 온몸으로 퍼져나갔다. 마이크로미터의 세계와 나노미터의 세계는 엄청나게 달랐다. 예를 들어, 1~10nm 스케일에서는 우리가 생각하는 고체 물질이라도 에너지를 받으면 액체처럼 움직일 수 있다. 우리가 생활하는 미터 스케일의 세계에서는 얇은 종이에 구멍을 뚫고 에너지를 아무리 가해주더라도 뚫린 구멍이 다시 메워지지 않는다. 거시적 세계에서 일어나는 대부분의 자연현상은 비가역적●이기 때문이다. 하지만 나노미터 세계에서는 다르다. 아주 얇은 질화규소 박막에 전자Electron로 구멍을 뚫고 전자의 양으로 에너지를 조절하면, 뚫린 구멍을 메울 수도 있고 구멍의 크기를 더 크거나 작게 만들 수 있다.

박사후 연구의 핵심은 기존의 생화학적·광학적 방법을 배제하고 오롯이 전기적으로 DNA의 염기서열 AAdenine, TThymine, CCytosine, GGuanine를 읽어내는 방법을 개발하는 것이었다. 먼저 DNA에 대한 공부가 필요했다. 외가닥DNA의 두께는 약 1.4nm, 단일염기의 크기는 약 0.33nm다. 인간이 가진 가장 큰 염색체는 1번 염색체Chromosome 1인데 2억 2,000개의 단일염기로 구성되어 있다. 1번 염색체는 실타래처럼 꼬여 있는데 이것을 한 가닥으로

● 어떠한 조건의 변화하는 방향을 거꾸로 하여도 현상의 변화가 원상태로 돌아오지 않는 성질.

쭉 뽑아내면 그 길이가 88m에 달한다.

내 연구는 약 100~1,000개의 단일염기를 가진 외가닥DNA를 이용하여 진행되었다. 전기적으로 DNA의 길이와 염기서열을 측정하기 위해서는 나노포어[●]를 만들어야 했다. DNA는 100년 가까이 연구해온 단일생물분자이므로 방대한 참고문헌들이 있었지만, 그 당시 극초미세초정밀가공을 이용하여 나노포어를 제작하는 기술은 전 세계에 하버드대학교의 대니얼 브랜튼 교수 연구실과 네덜란드 델프트대학교의 시스 데커 교수 연구실, 이렇게 두 군데밖에 없었다. DNA를 읽기 위해서는 20~50nm 두께의 질화규소 박막 위에 2~5nm 지름의 구멍을 만들어야 했다. 질화규소 박막은 미세초정밀가공을 통해 나름 쉽게 만들 수 있었는데, 문제는 2~5nm 지름의 구멍인 나노포어를 어떻게 뚫느냐 하는 것이었다. 남이 간 길을 뒤따라가기는 쉽다. 하지만 아무도 안 가본 길을 혼자 나아가기는 결코 쉽지 않았다.

우물 안 개구리에게는 바다를 이야기할 수 없다.
한곳에 매여 살기 때문이다.
메뚜기에게는 얼음을 이야기할 수 없다.

● 나노미터(1nm=10억 분의 1m) 크기의 미세한 구멍.

한 철에 매여 살기 때문이다.

장자 외편 「추수秋水」에 나오는 우물 안 개구리 이야기처럼 우리는 살아온 경험과 환경을 벗어나서 생각하기 어렵고, 자신의 환경 안에서 습득한 식견의 한계를 뛰어넘기 힘들다. 다학제간 연구가 활성화되어야 하는 이유가 바로 이것이다. 우물 안 개구리가 되지 않기 위해서는 과감하게 내 우물 밖으로 나가서 다양한 환경과 사람을 경험해야 하는 것이다.

거의 석 달 동안 투과형 전자현미경 실험실에서 살다시피 했다. 전자현미경 기술자를 하루에도 서너 번 찾아가 이렇게 하면 어떠냐 저렇게 하면 어떠냐 묻고 답을 받아 고민하고 실험하는 과정을 무한반복했다. 좀처럼 실마리가 보이지 않았다. 고민이 깊어가고 있을 때, 학회에서 만난 네덜란드 델프트대학교의 박사후 연구원이 연구실의 한 친구를 소개시켜줬다. 바로 1년 전 투과형 전자현미경으로 나노포어를 만들어 《네이처 머트리얼스Nature Materials》에 논문을 발표했던 친구였다. 그 친구는 답을 가르쳐주진 않았지만 답을 찾는 데 아주 중요한 조언을 주었다. 마치 수수께끼를 푸는 것 같았다. 결국 전자를 이용하여 어떻게 에너지의 크기와 양을 조절하느냐의 문제였다. 전자빔을 조절하여 전자에너지를 한 점에 수렴시키는 초점조정 기술과 전자에너지를 한 점에서 방사시키는 초점이탈 기술을 터득하는 것이 핵심이었다. 이 문제에 대한 답은 결국 내가 석 달 내내 찾아가서 귀찮게 했던 전자현미경 기술자 데이비드 벨과 함께 찾아냈다. 그는 지금 하버드대학교 물리학과 교수로 재직 중이다.

이렇게 어렵게 나노포어를 만들고 나니 나노포어의 내부 구조에 대한 궁금증이 일었다. 나노포어의 내부는 지구상의 그 누구도 본 적 없는 미지의 3차원 나노미터 구조체였다. 그 베일을 벗기고 싶었다. 수소문 끝에 투과형 전자현미경을 제일 잘 다룬다는 MIT 화이트헤드연구소 무라타 가즈요시 박사를 소개받을 수 있었다. 그의 도움으로 내가 만든 나노포어의 내부 구조를 3차원 영상으로 얻어내는 데는 단 6시간밖에 걸리지 않았다. 그게 다가 아니었다. 주사형 투과 전자현미경을 이용하여 세계 최초로 다량의 DNA을 분석할 수 있는 나노포어 배열까지 만들 수 있었다.

기존의 나노포어 제작 방법은 투과형 전자현미경으로 전자빔을 수동 조작하여 하나하나 만드는 것이었다. 그러다 보니 보통 나노포어 하나를 제작하는 데만 20~30분이 소요됐다. 그런데 주사형 투과 전자현미경은 전자빔의 위치와 초점 맞추기를 컴퓨터 프로그램을 통해 자동화할 수 있었다. 자동화 공정을 통해 원하는 위치에 나노포어를 뚫고 난 후 다음 위치로 이동하여 뚫는 과정을 반복함으로써 10×10, 즉 100개의 나노포어 배열을 20분 안에 만들 수 있었다.

이렇게 만들어진 나노포어와 나노포어 배열을 가지고 본격적으로 DNA 실험을 시작할 즈음, 나는 드렉셀대학교 기계공학과 조교수로 임용되어 보스턴을 떠나 필라델피아로 가게 되었다. 미국에 유학 와서 석사, 박사, 박사후 연구과정을 거치는 동안 내 연구에는 항상 함께하는 동료와 스승이 있었는데, 이제 내가 학생들을 동료로 만나 스승이 되어야 하는 새로운 출발점에 서게 된 것이다. 지금 서던메소디스트대학교 연구실에서는 마이크로·나노로봇공학 연구와 함께 나노포어를 이용하여 DNA나 단백질을 분석할 뿐만 아니라 다양한 소프트 나노입자를 분석한다. 내가 요즘 가장 관심을 가지는 소프트 나노입자 중 하나가 바로 바이러스다. 바이러스는 침투의 귀재로서 미래의 약물전달 시스템으로 전혀 손색이 없다.

04
유배지에서의 경험
운명처럼 만난 '다산'과 연구자의 길

'군대'라는 유배지, 미국 유학이라는 기회를 만들다

'군대'는 대한민국 남자들에게 매우 특별한 단어다. 자의로 군대에 가는 경우도 있지만, 대부분 대한민국 국민 남성의 의무로서 본인의 의사와 관계없이 군대에 간다. 누구는 군대가 청춘의 무덤이라 말하지만, 일생 동안 가장 강렬한 기억 가운데 하나로 남아 있는 군대 이야기는 대한민국 남자들에게 평생의 술안주이기도 하다. 나에게도 군대에서의 28개월은 옴짝달싹할 수 없었던 무덤 안의 시간이었지만, 거기서 만난 인연과 얻은 경험이 인생을 살아가는 데 많은 도움이 되었다. 그래서 나는 군대를 또 다른 학교라고 부른다.

학군사관ROTC 장교로 임관하고 육군 보병학교 입교를 위해 떠나던 날, 당시 여자 친구이던 아내가 나에게 책 한 권을 선물로 줬다. 다산 정약용의 삶과 시대를 다룬 『소설 목민심서』였다. 이 책은 강원도 산골에 유배된 것만 같았던 나의 군 생활을 미래를 준비하는 시간으로 만들 수 있도록 도와주었다. 휴전선 철책 안 제한된 공간에 갇혀 많은 날을 지내야 했던 나에게 다산 정약용 선생의 유배살이는 많은 것을 일깨워주었다. 나에게 다산은 실학을 집대성한 조선시대 최고의 학자라기보다는 과거와 현재를 읽고 시대가 나아가야 할 방향을 제시한 미래학자였다.

나는 고작 3평 남짓한 골방인 사의재四宜齋에 갇혀 상상으로 세상을 읽고, 주어진 사명과 시대의 길을 찾던 정약용의 18년 유배살이를 타산지석 삼아 알차고 의미 있게 군 생활을 보내려고 노력했다. 1년 반 동안 최전방 휴전선 철책과 민간인 출입통제선 안에서 소총 소대장으로 근무했다. 그리고 전역을 8개월 정도 남겨두었을 때 사단 사령부 작전참모부 연락장교로 발령받아 3개월 근무하고 나머지 5개월은 지휘통제장교 보직을 수행하다가 전역했다. 휴전선 철책에 위치한 산봉우리에 자리 잡고 있던 소대 막사에서 사계절을 보냈다. 이른 아침이면 발 아래 깔리는 운해, 해 질 녘 서쪽 하늘 금빛 노을, 어둠이 짙어지면 휴전선 3중 철책을 따라 어김없이 피어나던 투광등의 불빛, 항상 웃음을 잊지 않고 묵묵히 임무를 수행하던 살가운 소대원들…. 정말 아름다운 추억이 많은 군 생활이었다.

나는 그 시간을 헛되이 보내지 않으려고 군에서 유학을 준비했다. 틈틈이 시간이 날 때마다 토플과 GRE 공부를 해서 휴가 중에 시험을 봤고, 전역하기 전에 미국에 있는 12개 대학교 공과대학 대학원에 지원했다. 내가 근무하던 사단의 사단장님이 추천서를 써준 것도 있었다. 미국 유학을 다녀온 작전참모부 작전장교의 도움까지 받아서 나의 가능성에 대해 진심 어린 추천서를 써준 것이었다. 지원한 12개 대학 중에서 텍사스A&M대학교와 렌셀레어폴리테크닉대학교에서 입학 허가를 받았다. 사단장의 추천서가 텍사스A&M대학교에서 입학 허가를 받는 데 결정적 역할을 했다. 나중에 안 사실이지만 텍사스A&M대학교는 미국 6대 상급 군사대학 중 최대 규모의 ROTC 후보생 양성기관으로, 미국 내 가장 많은 현역 ROTC 장교를 배출한 학교였다.

내 유학 생활은 좌충우돌의 연속이었다. 공부하는 내내 경제적·정신적·육체적으로 힘들었다. 영어는 영어대로, 학업은 학업대로, 연구는 연구대로 힘들었다. 그러나 힘든 영어나 학업은 시간이 해결해주었다. 시간이 지나니 귀와 입에 영어가 친숙해졌고, 학업은 학위를 받아 마칠 때가 찾아왔기 때문이다. 하지만 연구는 달랐다. 물음에 대한 답을 찾기 전에는 끝나지 않았다. 연구하면서 수없이 많은 실패를 경험했지만, 실험 중간중간 아주 드물게 내게 찾아왔던 한두 개의 성공이 다음의 도전으로 나아갈 수 있는 힘을 주었다. 흔한 실패들에 비하면 복권 당첨처럼 아주 드물었던 그 성공에 중독되었고, 그 중독은 나를 연구자의 길로 이끌었다. 하지만 연구자의 길을 한국이 아닌 미국에서 걷겠다는 생각은 유학 생활 중에 단 한 번도 해본 적이 없었다. 그래서 김포공항 출국장에서 어머니 손을 잡고, 박사학위를 받자마자 꼭 돌아오겠다고 약속까지 했다. 그러나 운명은 나의 의지와 상관없이 유학의 결말을 유배의 시작으로 바꾸어놓았다.

'미국'이라는 유배지, '다산'의 운명을 받아들이다

내 박사학위 논문 심사일은 4월 19일이었다. 내 주민등록상의 생일이라 확실히 기억이 난다. 논문 심사를 5개월 정도 남겨놓고 지도교수의 호출을 받았다. 아내가 음악대학 박사과정으로 공부하고 있는 코네티컷대학교 기계공학과에 교수 채용 공고가 났으니 지원해보라는 것이었다. 코네티컷대학교 기계공학과 학과장이 유체공학 분야에 교수를 임용하려고 하는데 마땅한 사람이 있으면 추천하라고 해서 나를 추천했다고 했다. 졸업하고 한국에 돌아가더라도 미국의 교수 채용 과정을 체험하는 것 자체가 좋은 경험이 될 것이라는 조언이었다. 마침 한국에 있는 모교의 기계공학과에서도 유체공학 분야에 교수 채용 공고가 나서 지원한 상태였다. 모교에 자리가 날 것이라는 희망이 있었기 때문에 코네티컷대학교에 부담 없이 지원했다. 몇 달 후, 기대치 않게 교수 인터뷰 초청을 받았다. 학과장과 먼저 인터뷰 날짜를 정했다. 인터뷰는 2박 3일에 걸쳐서 진행한다며, 인터뷰 동안 개인적으로 만나고 싶은 학과 내외의 교수들과 방문하고 싶은 교내 연구 시설을 알려달라고 했다.

아내를 만나러 가곤 하던 대학에 채용 인터뷰를 하러 가려니 좀 묘한 기분이 들었다. 도착 첫날, 호텔에 짐을 풀자마자 인터뷰가 시작됐다. 호텔 로비에서 교수 임용 심사위원장을 만나서 학교 안의 연구 시설들을 방문하고, 연구 시설 관계자를 만나 어떤 장비가 있고 어떤 연구가 진행되고 있는지 등 상세한 설명을 들었다. 시설 방문을 마친 뒤에는 화학공학과와 의공학과 교수 각각 1명과 30분씩 개인 인터뷰를 했다. 호텔로 돌아와서도 인터뷰 일정은 계속되었다. 기계공학과 학과장, 교수 임용 심사위원장과 저녁식사 자리가 기다리고 있었던 것이다. 저녁을 먹으며 학교와 학과에 대한 자세한 소개는 물론 연구와 교육에 대한 비전 등 전반적인 이야기를 들을 수 있었다. 다음 날 일정을 알려주는 것도 잊지 않았다.

인터뷰 둘째 날 일정은 부학과장과의 아침식사로 시작되었다. 식사가 끝나자마자 학과장, 공과대학장을 차례로 만나고, 오전에는 학과 교수 4명과 각각 30분씩 개인 인터뷰를 했다. 점심 식사를 학과 다른 교수 두 분과 함께한 후 학과 세미나를 했다. 학과 내외 교수들과 학부·대학원 학생들이 참여한 세미나에서 내 석사·박사과정 연구 결과들을 프레젠테이션 형식으로 자세하게 설명했다. 세미나 후에는 또다시 30분씩 학과 교수 4명, 타 과 교수 2명과 개인 인터뷰를 가졌다. 교수들이 인터뷰 시작부터 끝까지 학과의 장단점에 대해 솔직하게 설명해주는 모습이 인상적이었고, 매우 정중하게 대우하는 태도 또한 아주 감명 깊었다. 빡빡한 오후 일정이 끝난 뒤에는 교수 임용 심사위원들과 저녁식사를 함께했다.

셋째 날에도 개인 인터뷰가 이어졌다. 학과 내외 교수들 6명과 개인 인터뷰 시간을 30분씩 가졌다. 마지막으로 교수 임용 심사위원들과 만나 나의 연구에 필요한 장비, 실험실 크기, 실험실 시설물, 필요한 학생 수 등에 대한 설명을 끝으로 인터뷰를 마쳤다. 한 달 후, 학과장에게서 임용 결과를 알려주는 편지가 왔다. 애석하게도 내가 임용되지 않았다는 내용이었다. 인터뷰 약속을 잡은 시작부터 결과를 알리는 끝까지 인재 유치를 위한 그들의 세심한 배려와 존중을 느낄 수 있어서 임용에 탈락했지만 전혀 기분이 나쁘지 않았다. 모든 과정을 마치고 미국 대학교의 교수 임용이 어떻게 이루어지는지 알 수 있었던 것도 내겐 큰 공부가 되었다.

박사학위 논문 심사가 끝나고 일주일 후, 모교 기계공학과 학과장에게서 전화를 받았다. 교수 채용 최종 후보자 3명 중 1명으로 선택되었으니 학교로 인터뷰하러 오라는 내용이었다. 처음에는 보이스 피싱이라고 생각했다. 월요일 오전 10시에 한국에 있는 모교 기계공학과 학과장 사무실에서 인터뷰한다는 통보를, 인터뷰 4일 전인 목요일 저녁 미국 집에서 전화로 받았기 때문이다. 이미 한국은 금요일 오전이었다. 내가 가능한 날짜를 묻고 조정하는 과정은 아예 없었다. 아쉬운 쪽은 나였기에 부랴부랴 항공편을 구입해서 보스턴에서 뉴욕을 거쳐 서울에 도착했다.

인터뷰 당일 아침, 학과장과 간단한 인사를 마치고 세미나를 했다. 세미나에는 학생들은 없었고 학과 교수들뿐이었다. 나는 영어로 석사·박사과정 연구 결과들을 세미나에서 소개했고 질문과 대답은 모두 한국어로 주고받았다. 세미나 1시간, 질문과 답변 1시간으로 인터뷰가 끝났다. 나는 어리둥절했다. 두 달 전 코네티컷대학교 기계공학과에서 경험했던 2박 3일 인터뷰와는 너무 달랐기 때문이다. 고작 2시간의 형식적인 인터뷰를 위해 주말의 일정을 모두 취소하고 비행기표를 어렵게 구해서 여기까지 와야 했나 하는 생각에 허탈한 마음을 감출 수 없었다. 그 시절,

한국 교수 임용 과정에서 회자되던 '들러리'가 아니었나 하는 생각이 들기도 했다. 서울에서 인터뷰가 끝나고 석 달이 다 되도록 모교에서는 임용 결과에 대한 아무런 답이 없었다. 그리고 인터뷰 이후 넉 달쯤 지나서 항공료 50만 원을 입금했다는 이메일을 학과 사무실 직원에게 받았다. 돈을 떠나서 모교에 대한 마음을 잃은 것이 슬펐다. 임용 적격자가 없어 누구도 임용하지 않았다는 이야기를 나중에 들을 수 있었다.

모교에서 똑같은 교수 채용 공고가 1년 후에 또 나왔다. 나는 1년 전의 쓰라린 기억을 애써 지우고 다시 지원했다. 당시에는 하버드대학교에서 박사후 연구원으로 있었기 때문에 1년 전보다 더 나은 연구 실적과 추천서를 지원서와 함께 제출할 수 있었다. 그러나… 두 번째에는 인터뷰 요청조차 오지 않았다. 상심한 상태로 며칠을 지내고 있는데 케니 브로이어 지도교수가 인터뷰가 어떻게 됐냐고 전화를 했다. 자초지종을 말했더니 주말에 집에 들러서 저녁을 같이하자고 했다.

이런저런 근황을 나누며 맛있게 저녁을 먹고 난 후 지도교수는 메모지에 미국 대학교 9개의 이름을 적어주면서 지원해보라고 했다. 자리를 못 잡고 노심초사하고 있는 제자를 위해 직접 여러 곳의 채용 정보를 소사해서 알려준 것이다. 나는 감동과 감사의 마음으로 9곳 모두 지원했다. 그중 4곳에서 교내 인터뷰 요청을 받아 인터뷰를 했고 전부 오퍼를 받았다. 그중에서 다학제간 공동연구를 위한 환경이 다른 학교에 비해 좋다는 드렉셀대학교에 가기로 최종 결정했다.

드렉셀대학교에 부임해서 조교수 생활을 한 지 1년이 막 지났을 때였다. 모교 기계공학과에서 다시 연락이 왔다. 교육과학부와 한국연구재단이 국내 이공계 대학에 해외 석학을 유치해 새로운 학과를 개설하거나 공동연구 및 강의를 하는 월드클래스 유니버시티 프로그램을 시작하는데 모교로 돌아오는 것이 어떻겠냐는 것이었다. 자리 잡은 지 불과 1년밖에 안 되었는데…. 2년 전에는 인터뷰 초청조차 없었고, 3년 전에는 2시간 인터뷰한 뒤 물 한 잔 안 주고 등 떠밀어 보내더니 이제 와서 나한테 왜 이러시나 하는 생각이 들었다. 기분이 많이 안 좋았다. 모교 외에 몇몇 한국 대학에서도 해당 프로그램을 통한 오퍼가 왔다. 하지만 나는 귀국할 수 없었다. 이미 드렉셀대학교 나의 연구실에는 나를 보고 나와 함께 박사과정 연구를 시작한 학생들이 있었기 때문이다.

살아가면서 우리는 때때로 이성적으로는 전혀 설명할 수 없는 상황을 만난다. 엄청난 노력을 기울였는데 안 되는 일이 있고 이어지지 않는 인연도 있다. 나는 유학은 유학으로 끝내고 귀국하여 연구자로서 내가 꿈꾸던 것들을 한국에서 이룰 수 있을 것이라고 생각했다. 그렇게 하기 위해 노력도 했다. 하지만 뜻대로 되지 않았다. 그렇게 나는 미국에 남겨졌다. 언제부터인가 나는 과학적 근거와 이성적 논리로 아무리 생각해도 답이 나오지 않는 것을 '운명'이라고 여기며 감내하는 태도를 가지게 되었다.

미국이라는 유배지에 갇혀 한국을 바라본다. 한국을 떠난 지 20년이 흘렀고, 미국 대학의 교수가 된 지 14년 가까운 시간이 지났다. 내 청춘의 유배 생활이라고 정의했던 군대 시절과는 다르게 미국에서의 유배 생활은 유유자적하게 즐기려고 노력하고 있다. 할머니가 좋아하시던 봉숭아와 어머니가 좋아하시는 제라늄을 집 한쪽에 심고 가꾼다. 꽃을 통해 그리운 사람들과 만나고 대화한다. 다산이 48권의 목민심서를 한 권 한 권 완성해갔듯이 나는 마이크로·나노로봇을 하나하나 만들어나간다. 나는 다산처럼 오늘을 산다.

하지만 미국에서의 귀양살이가 끝나도 다산처럼 고향으로 돌아가지 않을 것 같다. 나는 나의 손길이 필요한 꽃 같은 아이들을 만나러 땅끝으로 가려 한다. 운명 같은 그날을 꿈꾸면 타향에서 보내는 오늘 하루도 설렌다.

05
한 명의 나노로봇공학자를 빚어낸 수많은 스승

학교, 스승을 만날 수 있는 모든 공간

어느 날 구글 검색창에 "공부란 무엇인가?" 하고 쳐봤다. 수만 가지의 검색 결과 중에 마음에 와닿았던 몇 가지를 소개해본다. 첫째, 공부는 학문이나 기술 등을 배우고 익히는 것이다. 둘째, 몸과 그 인격을 닦는 것이다. 셋째, 몸의 단련을 통해 달성되는 모든 달인의 경지를 의미하는 것이다. 공부에 대한 정의는 사람에 따라, 시대나 장소에 따라 유동적일 수 있다. 그렇다면 "교육이란 무엇인가?"라고 쳐보자. 공부에 대한 다양한 정의와는 다르게 비교적 명확한 정의가 있다. 교육이란 "사회생활에 필요한 지식과 기술을 가르치고, 인간의 잠재 능력을 일깨워 훌륭한 자

그림 2 **서던메소디스트대학교의 상징인 댈러스홀 앞에서 김민준 교수와 연구팀 학생들의 모습**

질, 원만한 인격을 갖도록 이끌어주는 일"이라고 한다.

공부에 대한 나의 정의는 앞에 언급한 세 가지와 다소 다르다. 나에게 공부란 무엇보다 '문제 해결 능력을 배우는 것'이다. 인생을 살아가면서 만나게 될 여러 가지 문제를 해결할 수 있는 기술을 배우는 것이라고 생각한다. 따라서 공부는 끝이 없다고 말할 수 있다. 우리는 공부해야 한다. 하지만 살아가는 데 필요한 문제 해결 능력은 사람마다 다를 수 있다. 더욱이 그 문제 해결 능력을 배우는 데 필요한 시간이나 양 또한 다를 수밖에 없다. 이것을 어떻게 보느냐에 따라 교육 시스템이 달라진다. 각 나라, 각 시대의 현실과 구성원에 따라 교육은 다르게 적용되고 시행된다. 예를 들어 과거에는 동서양을 막론하고 문제 해결 능력을 익히는 데 그다지 많은 시간이 필요하지 않았다. 계급과 신분에 따라 배워야 할 것과 익혀야 할 것이 달랐으며, 지금처럼 하루가 멀다 하고 새로운 것들이 쏟아져 나오는 시대도 아니었다. 지금의 교육은 과거의 교육과 완전히 다르다.

교육이 이루어지는 곳은 학교다. 우리는 학교를 매우 중요하게 생각한다. '학교는 무엇을 하는 곳인가?'라는 질문에 대부분 공부하는 곳이라고 대답한다. 맞다. 학교는 공부하는 곳이다. 그것이 학교의 첫 번째 기능이다. 학년이 올라가면서 우리는 나이에 맞게 더 심도 있는 교과과정을 소화해나간다. 그러나 나는 학교에는 공부하는 기능보다 중요한 두 가지 기능이 더 있다고 생각한다.

학교는 경쟁하는 곳이다. 경쟁을 통해 자신의 능력과 한계를 경험하고 도전하는 공간이다. 신분제가 사라진 현대사회에서 성적이라는 합법적인 수단을 통해 우리의 등급을 정하는 유일무이한 곳이 학교일 것이다. 고등학교를 졸업한 지 30년 가까이 지났지만 동기들을 만나면 너는 2등급이었네, 4등급이었네 하는 유치한 소리를 지금도 한다. 우리는 학교에서 경쟁을 통해 성장하고 좌절한다. 그 과정에서 성공과 실패를 맛보며 단단해진다. 경쟁을 두려워하면 결코 문제 해결 능력을 배울 수 없다.

학교는 무엇보다 인적 자산을 만드는 공간이다. 우리는 학교에서 친구를 만난다. 그 친구로 인해 우리 삶은 풍성해지고 다채로워지며 흥미진진해진다. 우리는 살아가는 동안 많은 문제와 만난다. 그 문제 중에는 학교에서 배운 국어, 영어, 수학으로 해결할 수 없는 것들이 너무 많다. 때로는 친구들에 의해 문제가 해결되기도 한다. 학교에서 만난 선생님을 통해 한 사람의 인생이 바뀔 수도 있다. 난독증 때문에 책을 읽을 때마다 말을 더듬던 나에게 30cm 자를 주면서 책을 읽어나가는 방법을 알려준 국어 선생님을 평생 잊지 못한다. 학교라는 공간에서 만나는 수많은 사람들로 인해 우리는 교과과목 이외의 수많은 문제 해결 능력을 배우고 익힌다.

학교가 가지고 있는 세 가지 기능을 우리 자신과 잘 엮어나가야 시너지 효과가 있다. 만약 내가 지금까지 배우지 못한 문제 해결 능력이 있다면 그것을 배우기 위한 다른 학교를 찾아야 한다. 흔히 말하는 좋은 학교에 가고자 하는 바람은 더 좋은 친구와 더 좋은 선생님을 만날 수 있는 확률을 높이려는 소망이 반영된 것이다. 더 좋은 경험을 통해 더 나은, 더 많은 문제 해결 능력을 배우려는 것이다. 하지만 슬프게도 현실에서 학교는 그냥 입시 공부만 하는 곳이 되었다. 학교만으로는 충분하지 않아서

방과 후 학원에 가서 또 학교 놀이를 한다. 생각해보자. 문제 해결 능력을 배운다는 공부의 정의를 생각하면 미술관이 학교가 될 수 있고, 박물관도 학교가 될 수 있다. 어디 그뿐인가? 치열한 삶의 적나라한 모습을 보여주는 새벽 시장, 삶과 죽음의 의미를 생각할 수 있는 영안실 한구석, 아버지 친구의 사무실도 학교가 될 수 있다.

황복동 선생님, 문학을 통해 삶의 가치를 생각하다

학교는 자신의 인적 자원을 풍성하게 만드는 사교의 공간이다. 그 안에서 우리는 많은 사람들을 만나고 그 만남을 통해 많은 것을 배운다. 종종 나의 삶 속에서 큰 가르침을 줬던 스승을 생각하며, '그때 그분을 만나지 않았다면 나는 어떻게 달라졌을까?' 하는 상상을 해본다.

고등학교 재학 시절 은사로는 현대문학을 가르쳤던 황복동(황명) 선생님이 기억에 남는다. 후에 한국문인협회 이사장을 역임하기도 한 시인이다. 고등학교 1학년 첫 사생 대회가 끝났을 때, 내가 써낸 시를 읽고 선생님이 나를 교무실로 불렀다. 정지용, 김영랑, 김유정, 이태준, 박종화, 홍사용, 김훈 등 동문 선배 문인들을 알려주며 앞으로 글을 써보라고 했다. 칭찬에 고무되기도 했지만, 선생님의 높은 학식과 고매한 인품을 닮고 싶어서 고등학교 도서반에 들어갔고 시를 썼다. 현대문학은 당시 대입학력고사와 무관했던 과목이었기에 일주일에 한 번 있는 수업 시간에 선생님은 인생에 대해 많은 이야기를 해줬다. "꽃은 꺾지 말고, 꺾은 꽃은 버리지 말며, 버린 꽃은 밟지 말아라"라는 비유를 들며 해주신 말씀이 아직도 가슴에 남아 있다.

어릴 적 매주 〈은하철도 999〉를 기다렸듯, 당시 나는 매주 현대문학 수업을 기다렸다. 시험 점수를 따기 위해 암기하는 지식을 주입하는 대신, 살아가는 데 무엇이 가치 있는 것인지 생각해볼 수 있는 물음을 던져줬기 때문이다. 그분은 진정한 스승이었다.

〈죽은 시인의 사회〉, 미래가 아닌 현실에 충실하다

교육은 학생의 다양성을 키워주는 것에서 시작하고, 우리의 창의적 삶은 다양성을 존중하는 것에서 시작해야 한다. 고등학교를 졸업한 해 5월의 어느 날, 〈죽은 시인의 사회〉라는 영화를 봤다. 영화의 주인공인 키딩 선생님은 3명의 학생에게 걸어보라고 시킨다. 학생들은 처음에 서로 다른 걸음으로 우왕좌왕하면서 걷지만 곧 서로의 걸음을 맞추어 걷는다. 3명이 걸음을 맞추어 걷기 시작하자 주위의 학생들이 걸음에 맞춰 박수를 쳐준다. 세 학생은 그 박수에 맞춰 똑같은 보폭과 똑같은 박자로 걷는다. 어떻게 보면 똑같은 보폭과 박자에 맞춰 정해진 한 방향으로 걸어나가는 것을 우리는 교육이라고 착각한다. 바로 그 장면에서 키딩 선생님은 학생들에게 이렇게 말한다.

여러분 중에 나라면 다르게 걸었을 것이라고 생각하는 사람이 있다면 스스로에게 대답해라. 왜 나도 손뼉을 쳤지? 타인의 인정을 받는 것도 중요하지만, 자기 신념의 독특함을 믿어야 한다. 다른 사람이 이상하다고 보든, 나쁘다고 생각하든 이제부터 여러분은 마음대로 걷도록 해라. 방향과 방법은 여러분이 마음대로 선택해라!

이 장면은 내 마음 깊숙이 커다란 울림으로 남았다. 나는 창의적인 삶을 주도하며 미래를 살아갈 아이들에게 키딩 선생님의 말을 상기시켜주며 다양성 속에서 스스로 생각하고 자기 신념의 독특함을 믿고 잘 활용하라고 말해주고 싶다.

아이들이 희망인 것은 그들은 미래를 살기 때문이다. 미래를 위해 현재의 행복을 반납하는 아이들과 현재의 행복을 통해 미래를 준비하는 아이들은 삶의 질이 다르다. 내가 고등학교에 들어갈 때는 '고등학교 3년이 앞으로 30년을 좌우한다'라는 말을 듣곤 했다. 나에게 고등학교 3년은 학업에 대한 압박과 스트레스로 인해 정신적·육체적으로 매우 힘든 시기였다. 그로부터 거의 30여 년이 흐른 지난여름, 교보문고에서 『중학교 성적이 대학을 좌우한다! 중학생 공부법의 모든 것』이라는 책을 봤다. 중학생 3년, 향후 30년을 만드는 시간이라는 소개 글이 달려 있는 책이었다. 그 책 한 권만 봐도 중·고등학생들이 겪는 학업 스트레스와 피로도를 짐작할 수 있었다. 그 부담은 나 때와 별반 다르지 않은 것 같고 오히려 상황이 더 나빠진 것처럼 보인다. 무엇보다도 자신의 몸뚱어리만 한 책가방을 짊어지고 아침부터 밤늦게까지 학교와 학원을 오가는 초등학생들을 보면 마음이 아프다. 암기 위주의 주입식 교육은 사실상 입시를 위한 교육이다. 그 교육은 아이들을 획일화하고 삶의 행복과 학업에 대한 열정을 빼앗아 간다. 아이의 창의성뿐 아니라 인성까지 해치는 비참한 결과를 낳을 수 있다.

언제부터인가 미국에 유학 온 한국 유학생들이 미국 교육 시스템 적응에 실패하고 돌아가는 사례가 많아지고 있다. 한국식 교육 시스템에 길들여진 학생은 스스로 공부하는 것을 힘들어한다. 특히 미국 대학원의 경우 학생 스스로 연구 방향을 결정해야 할 뿐만 아니라 스스로 연구계획을 세우고 하나하나 실험을 해나가야 하기 때문에 학생의 창의성은 학업에 필수적이다. 학교와 학원의 요약식 공부법에 익숙해져 자기주도학습을 해본 경험이 부족한 한국의 대학생에게 미국 대학원의 석·박사과정 교육 환경은 점점 적응하기 어려운 곳이 되어가고 있다.

미국의 학생들은 수업시간에 “What is it(그게 뭐예요)?”, “What made it?(뭐가 그렇게 만들어요)?”처럼 ‘무엇(What)’으로 시작하는 질문을 많이 한다. 유럽 학생들은 ‘왜(Why)’로 시작하는 질문을 많이 한다. 호기심에 이유를 알아보고 싶은 것이다. 중국이나 일본 학생들은 ‘어떻게(How)’ 형식의 질문을 많이 한다. 방법론적으로 어떻게 할 수 있는지를 알고 싶어 한다. 한국 학생들은 질문을 아예 하지 않는다. 질문을 할 줄 모른다는 게 더 정확한 표현일 것이다. 질문을 해본 적이 별로 없기 때문이다. 공부의 시작은 호기심에 기반한 자기주도적 학습에 있다. 하지만 한국 학생들은 주체적으로 공부를 한 적이 없다.

내가 고등학교 3학년 때 담임선생님은 매일같이 ‘4당 5락’을 강조했다. 4시간 자면 대학에 붙고 5시간 자면 떨어진다는 뜻이었다. 〈죽은 시인의 사회〉의 한 장면에서 학생이 시를 읽는다. “시간이 있을 때 장미 봉오리를 거두라… 시간은 흘러 오늘 핀 꽃이 내일이면 질 것이다.” 그때 키딩 선생님은 “이걸 라틴어로 표현하자면 카르페 디엠Carpe Diem이지”라고 말한다. 카르페 디엠은 현재를 즐기라는 말이다. 공부는 스스로 문제 해결 능력을 익히고 기르는 과정이라고 생각한다. 공부를 위해서 먼저 본인이 무엇을 할 때 가장 행복한지를 알아야 한다. 그 행복을 추구하기 위한 공부를 할 때 아이들은 현재를 마음껏 즐길 수 있다. 아이들이 행복해지려면 먼저 부모가 변해야 한다. 우리는 행복과 상관없는 입시라는 늪에서 빠져나오게 할 키딩 선생님 같은 용기와 뚜렷한 가치관을 가져야 한다. 미래에 우리의 아이들은 우물 안이 아닌 우물 밖 드넓은 세상에서 보다 가치 있는 창의적인 삶을 의미 있게 살아가야 하기 때문이다.

군 생활, 다양한 사람들과 편견 없이 소통하다

대학교 때 나는 학군사관 후보생이 되어 장교 훈련을 받았다. 오랫동안 군에 헌신한 아버지의 길을 조금이라도 따르겠다는 마음에서 지원한 것이다. 대학을 졸업하고 소위로 임관과 동시에 육군 보병학교에 입교해서 초급 장교 교육을 받았다. 교육을 마치고 사단 사령부에 도착했을 때는 6월 중순이었다. 사단장 신고를 마치고 학군 동기들과 육공트럭(군용 차량)을 타고 이동을 시작했다. 한참 푸르게 우거진 강원도 시골길은 풍성한 풀내음으로 가득했다. 민간인 통제선 검문소를 지난 후에도 한참 동안 털털거리며 달린 트럭은 10분 간격으로 이동과 정차를 반복하며 동기들을 하나둘 내리게 했다. 그렇게 북으로 북으로 달려서 도착한 휴전선 깊숙이 외진 격오지에서 나의 소대장 생활이 시작되었다.

회상해보면 군대 생활은 너무나 덧없는 시간이었지만 한편으로는 아주 소중한 시간이었던 것 같다. 세상을 조금 더 알 수 있었고, 그 안에 사는 사람들의 진솔한 냄새를 맡을 수 있었다. 근무지를 떠난 지 20년 되던 해에 다시 그곳에 가보았다. 흐르는 시간은 내 기억 안에 살아 있던 그곳의 모든 것을 바꾸어놓았다. 기억의 끝자락을 잡고 찾아간 작은 식당, 주인집 할머니의 20년 전 막국수의 손맛은 온데간데없었다. 세월에 부대껴 내려앉은 화장실 처마처럼 그 시절에 대한 내 마음속 그리움도 내려앉았다. 주억은 추억일 때 아름다운 것이란 걸 깨달았다.

군대는 나에게 학교이자 스승이었다. 소대장, 선임소대장, 사단사령부 작전참모부 연락장교와 지휘통제장교 보직을 거치며 사회에서 결코 배울 수 없는 문제 해결 능력을 배웠다. 군대는 전에 한 번도 경험해보지 못한 환경과 사람에 적응해나가며 나를 스스로 발전시킬 수 있는 특수한 학교였다. 계급이라는 권위와 엄격한 상명하복의 질서를 통해 인내하는 법을 가르쳐준 훌륭한 스승이기도 했다. 특히 병사와 간부들의 다양성을 인정하고 수용해야 했던 집단생활은 편견 없이 소통하는 법을 나에게 일깨워주었다.

6개월 동안의 휴전선 철책 근무를 마치고 상대적으로 후방인 FEBA(Forward Edge of Battle Area)로 철수하면서, 이제 다시는 휴전선 근처에 갈 일이 없을 것이라는 막연한 기대를 했다. 하지만 그 기대는 무참히 무너졌고, 철수한 지 겨우 한 달 만에 철책 보수 작업을 위해 다시 휴전선에 투입되었다. 유난히 긴 장마가 이어지고 집중호우가 잦았던 6월부터 8월까지, 통신병과 함께 꼼짝없이 텐트 생활을 해야 했다. 그 여름에 그렇게 싫어하던 비와 친구가 되었다. 식사 시간이면 하염없이 내리던 굵은 빗줄기를 바라보며 먹어도 먹어도 줄어들지 않던 반합 속 배추 된장국도 웃으며 즐기는 여유를 배웠다. 언어와 문화가 다른 이역만리로 유학 와서 많은 어려움을 극복하며 석사학위와 박사학위를 마치고 미국 사회에 정착하여, 대학교수로서 다양한 학생, 교수들과 소통하고 연구할 수 있는 밑거름을 나는 군대에서 얻었다.

케니 브로이어 교수, 질문으로 제자의 연구 방향을 바로잡다

미국에 유학 와서 만난 박사과정 지도교수인 케니 브로이어와 박사후 연구과정 지도교수인 아밋 멜러 두 분은 모두 유태인이었다. 나는 일종의 문하생으로서 연구의 모든 것을 그분들에게 배웠다. 하버드대학교에서 박사후 연구를 할 때는 연구실에서 히브리어를 못 알아듣는 사람이 나 하나뿐일 정도로 연구실 구성원 모두 유태인이었다. 우리는 비록 인종과 언어는 달랐지만 학문적으로는 한 뿌리였다.

브라운대학교에서 지도교수를 처음 만나던 날, 케니 브로이어 교수는 나에게 학문의 뿌리 교육을 해줬다. 그는 코페르니쿠스까지 거슬러 올라가는 나의 '학문적 할아버지들'을 열거하며 학문적 자부심과 책임감을 가지고 연구할 것을 주문했다.

연구실 미팅은 항상 토론 위주였다. 무엇보다도 질문을 우선시했다. 연구 미팅을 할 때 케니 브로이어 교수는 학생과 주고받는 질문을 통해 학생의 연구 수준을 파악하고 연구 방향을 제시하고 지적 호기심을 자극했다. 교수에게서 다양한 연구 주제에 대한 질문을 받고, 나도 질문을 하면서 논리력을 키울 수 있었다.

무엇보다도 브로이어 교수는 내가 연구하는 내내 나를 인내하고 기다려줬다. 대신 내가 박사과정을 하는 동안 단 한 번도 논문을 쓰는 데 도움을 주지 않았다. 그는 학생이 영어가 짧아 망신을 당하더라도 연구 결과는 학생 본인이 직접 학회에서 발표해야 한다는 원칙을 가지고 있었다. 학생 스스로 모든 것을 깨닫고 터득하면서 자신만의 노하우를 발견해나가도록 격려했다. 사실 아직 학문적으로 미숙했던 박사과정 1년 차 때 지도교수의 도움 없이 논문을 쓰고 학회에 나가서 발표하는 것은 여간 고역이 아니었다. 그러나 교수가 된 후 돌아보니, 스스로 모든 것을 하나하나 해결해나가고 깨우치게 해준 케니 브로이어 교수가 진심으로 고마웠다.

교수에게 가장 중요한 것은 창의적 연구일 것이다. 창의적 연구는 어느 학문 하나만으로 이루어지는 것이 아니라 학문 간의 만남과 융합에서 나온다. 케니 브로이어 교수는 창의적 연구를 위해 항상 공동연구를 강조했다. 자신은 유체공학자이지만 지금도 진화생물학자와 함께 박쥐의 항공역학과 진화적 형태학을 연구한다. 미생물학자와 함께 박테리아의 운동역학을 이용한 다양한 미세유체 유동 제어 시스템을 개발하기도 한다. 그는 창의적 연구는 항상 상상에서 온다며 아일랜드의 극작가 버나드 쇼의 말을 자주 인용했다.

상상한다는 것은 창조의 시작이다.
당신은 바라는 것을 상상하고
상상한 것을 의도하고
마침내 의도한 것을 창조한다.

'그 스승에 그 제자'가 되기 위해 나는 항상 과학적 호기심을 가지고 상상을 하고, 상상을 통해 창의적 연구를 의도한다. 그리고 여러 공동연구자들과 함께 일하며 의도한 것을 만들어내고자 노력한다. 유태인 율법학자의 구전과 해설을 집대성한 탈무드에는 "고기를 잡아주기보다는 고기 잡는 방법을 가르쳐줘라"라는 내용이 나온다. 내가 유태인 스승에게 배운 것이 바로 고기 잡는 방법, 즉 연구하는 방법이었다.

폴 오 교수, 삶의 우선순위에 대해 묻다

드렉셀대학교에 재직할 때 동료 교수 중에서도 스승 한 분을 만났다. 지금은 네바다주립대학교에서 휴머노이드로봇과 드론을 연구하는 폴 오 교수다. 그가 드렉셀대학교를 떠난 후, 나도 미련 없이 그가 없는 드렉셀대학교를 떠났다. 나는 미국 국립과학재단의 로봇공학 프로그램 디렉터를 하면서 대한민국 로봇공학의 발전을 위해 끊임없이 애썼던 그의 열정을 존경했다. 도움이 필요한 재미 한인 로봇공학자 후배들의 후견인이 되길 주저하지 않았던 그의 인간미와 리더십 또한 존경했다. 함께했던 8년 동안 폴 오 교수는 나에게 학과에서는 선배 교수였고 한때는 학과장이었으며, 학과 밖에서는 국립과학재단 로봇공학 프로그램 디렉터이자 큰형님이었다.

2006년 여름, 드렉셀대학교 기계공학과 조교수로 임용된 이후 내게는 계절이 어떻게 바뀌는지도 모른 채 매일 앞만 보고 달려나가는 날들이 이어졌다. 그러던 어느 날 폴 오 교수가 내게 책 한 권을 건네줬다. 밥 버포드의 『하프 타임』이라는 책이었다. 성공을 위해 가쁘게 뛰어온 인생의 전반기를 지난 이들에게 성공보다 값진 의미 있는 삶을 만들어갈 수 있는 방법을 제시한 책이었다. 이 책을 읽은 후, 난 삶의 우선순위를 다시 설정했다.

지금 여러분이 읽고 있는 이 책을 쓰도록 이끈 사람도 바로 폴 오 교수다. 그는 "남들이 안 가본 길을 너는 가봤잖아. 네가 가본 그 길을 글로 써봐. 앞으로 남들이 안 가본 길을 가게 될 친구들에게 많은 도움이 될 거야"라고 나를 격려했다. 그의 말이 가슴에 와닿아 책을 쓸 용기를 내게 되었다.

우리는 삶을 살아가며 이미 나 있는 길을 따라 걷기를 강요받는다. 철없던 어린 시절 좌측(또는 우측)통행부터, 사춘기에는 부모님이 정해준 길, 그리고 머리가 큰 후에는 사회가 요구하는 길… 우리가 정해진 길, 남들이 이미 무수히 가본 길을 따라 걷는 이유는 시행착오를 겪지 않고 편안하고 순탄하게 목적지까지 가기 위해서다. 그 편안함이 가끔 버겁다고 느껴질 때, 우리는 가던 길에서 벗어나고자 한다. 실타래처럼 얽히고설킨 타인들과 함께 같은 길을 걷다 보면 나만의 길을 걷고 싶다는 생각도 하게 된다. 종종 정해진 길을 벗어날 때 우리는 해방감을 느낀다. 길 아닌 곳에서 길을 잃고, 헤매던 곳에서 길을 찾고, 운 좋게 지름길을 발견하기도 한다. 힘들지만 보람된, 작지만 행복한 길… 내가 만든 그 작은 길을 누군가와 함께 나눌 수 있다면 그 작은 길은 큰 길이 되고 마침내 우리의 길이 될 수도 있을 것이다. 이 책에서 그런 길을 보여주고 싶다.

내가 박사과정으로 있던 시기에 브라운대학교 공대는 공학부에 속해 있었다. 공학부는 학과가 없기 때문에 교육과정이 정해져 있는 것이 아니라 박사 전공에 따라 필요한 과목을 학생이 알아서 찾아 듣는 시스템이었다. 박사과정에 입학했을 때 지도교수가 나에게 "부전공으로 영문학을 하는 건 어때?"라고 권유했을 때 깜짝 놀랐지만 나중에 브라운대학교만의 자유분방한 학풍을 알게 되었다.

브라운대학교가 인기 많은 독보적인 이유는 '열린 교육과정' 때문이다. 다른 대학들처럼 이미 정해져 있는 교과과정을 따라가는 것이 아니라, 학생이 스스로 원하는 수업을 골라 들을 수 있는 교육 프로그램이다. 즉, 다학제 간의 교류와 융합연구를 위해 학부와 대학원 학생들이 정해진 교과과정과 학점에 구애받지 않고 자유롭게 본인이 흥미 있는 수업을 찾아 들을 수 있는 제도다. 이것이 가능한 이유는 브라운대학교에서 수업 성취도를 A, B, C와 같은 학점이 아니라, 수료와 비수료로 나누어 평가하기 때문이다. 도전적인 과목을 수강하고 싶으나 평균 평점이 낮아질까 노심초사하는 학생들이 학점 걱정 없이 과감하게 수업을 들을 수 있도록 배려한 학점제다.

쿠퍼 교수는 젊은 시절 초전도체 이론을 확립한 공로로

1972년에 노벨물리학상을 수상했다. 그런데 브라운대학교에서는 초전도체 이론과 전혀 연관성 없는 신경네트워크를 연구했다. 쿠퍼 교수에 대한 이야기는 브라운대학교 공대 박사과정에 입학하자마자 들었다. '노벨상 수상자가 직접 강의하는 수업은 어떨까?' 하는 막연한 호기심에 내 전공과 아무런 관계도 없는 그의 고급 양자역학 수업을 신청했다. 노벨물리학상 수상자의 강의를 들었다는 것은 학점을 떠나서 내게 평생 추억거리가 될 것 같았다. 수강 신청을 마치고 첫 수업에 들어가니 물리학과와 공대 학생 8명이 강의실에 앉아 있었다.

강의실 문이 열리고 키 작은 곱슬머리 노신사 한 분이 잔잔한 미소와 눈웃음을 머금고 강의실에 들어와 인사를 했다. 정확히 기억은 안 나지만, 첫마디로 한 학기 동안 양자역학을 통해 '한번 죽어봐라'라는 뉘앙스의 말을 유머러스하게 내던졌다. 제대로 못 알아들은 나만 빼고 모든 학생이 깔깔거리며 웃었다. 쿠퍼 교수는 그렇게 5분 동안이나 학생들을 웃겼다. 그러고는 우리에게 수업 시간 전에 의자를 재배열해서 자기 주위에 모여 앉으라고 했다. 교수를 중심으로 양옆에 2명씩, 그리고 앞에 4명이 앉았다. 쿠퍼 교수는 이런저런 방정식과 개념도를 A4용지에 만년필로 그려가며 종종 농담 섞인 말로 우리를 웃기며 한 학기 수업을 진행했다. 수업이 끝나면 A4용지에 강의한 내용을 옆에 앉은 학생에게 주었고 그 학생이 8장을 복사해서 나머지 학생들에게 나눠주고 원본은 교수에게 돌려주었다.

세상에는 보이는 것과 보이지 않는 것이 있다. 물리학에서 고전역학은 보이는 것을 물리적으로 해석하고, 양자역학은 보이지 않는 것을 물리적으로 해석하며 분자, 원자, 전자, 소립자가 나타내는 여러 현상들을 공부한다. 쿠퍼 교수는 일리노이대학의 존 바딘의 제자로 있을 때, 임계온도* 이하에서는 초전도체 내의 두 전자 간에 격자 진동을 통해 인력이 작용한다는 '쿠퍼 페어Cooper Pair' 개념을 지도교수와 함께 발견하고 그 공로로 노벨상을 받았다. 지도교수 존 바딘은 트랜지스터를 발명하여 1956년에 노벨물리학상을 수상하고, 제자들과 함께 BCS이론을 정립하여 1972년에 노벨물리학상을 두 번째 수상한 인물이다. BCS이론은 지도교수 존 바딘, 박사후 연구원 레온 쿠퍼, 박사과정 학생 존 슈리퍼의 성을 따서 이름 붙인 초전도체 이론이다. 이 이론의 결론은 초전도체의 임계온도는 절대온도 30도를 넘기 어렵다는 것이었다. 그런데 1980년대 이후 절대온도 35도에서 초전도 현상이 구현되면서 BCS이론은 힘을 잃었다.

쿠퍼 교수의 수업이 시작된 지 몇 주가 흐른 어느 날이었다.

---

* 더 이상 물질의 상태가 변화하지 않게 되는 시점의 온도.

수업 시간에 전자들 간의 상호 작용에 대한 설명을 듣던 중에 한 학생이 아주 날카로운 질문을 던졌다.

"교수님의 초전도체 이론은 임계온도가 절대온도 30도를 못 넘는다고 했는데, 요하네스 베드노르츠는 절대온도 35도를 넘길 수 있다는 것을 증명했잖아요. 교수님의 계산에서 무엇이 문제였나요?"

교실 안은 쥐 죽은 듯 고요해졌다. 노벨상을 받은 당신의 이론이 뭐가 잘못되었던 거냐고 면전에서 묻다니! 게다가 그동안 교수님은 수업 시간에 개인적인 이야기를 전혀 하지 않았다. 특히 본인이 노벨물리학상을 어떤 연구로 어떻게 수상하게 되었는지도 말한 적이 없었다. 우리의 눈길은 모두 쿠퍼 교수의 입으로 쏠렸다. 쿠퍼 교수는 특유의 부드러운 미소를 입가에 띠고 말했다.

"기술이 발전해서 세라믹 재료가 출현하게 된다는 것을 내가 연구하던 1950~1960년대에는 예측하기 힘들었지."

질문을 던졌던 학생은 물러나지 않고 물었다.

"재료와 상관없이 일반화된 이론을 만들 수는 없었나요?"

여전히 웃음을 띤 채 쿠퍼 교수가 학생 모두를 향해 되물었다.

"복잡계를 일반화할 수 있는 이론이 가능할까?"

우리는 아무 대답도 할 수 없었다. 잠시의 침묵이 흐른 뒤 다른 학생이 물었다.

"초전도체 이론을 더 발전시켜나가지 않고 왜 뇌신경학 쪽으로 연구 방향을 완전히 바꾸셨어요?"

"한 영역을 알고 나니 새로운 영역에 대한 호기심이 생겨났지. 나의 과학적 호기심에 따라 새롭고 더 신비로운 영역을 찾다 보니 이쪽으로 오게 되었어."

"초전도체 연구와 뇌신경 네트워크의 공통분모가 있나요?"

"있다고도 할 수 있고 없다고도 할 수 있지. 뉴턴의 법칙이 무생물에나 생물에나 모두 적용되니 있다고도 할 수 있고, 무생물이냐 생물이냐에 따라 시스템의 조직이나 체계 자체가 완전히 다르니 없다고도 할 수 있는 거야. 하지만 과학이란 자기 의문에 대한 답을 여러 방법론을 통해 찾아나가는 것이니 의문이 다를 뿐 과정은 같겠지?"

나는 이 멋진 노신사와 학생들의 대화에서 신선한 충격을 받았다. 과학에 대한 쿠퍼 교수의 열정과 도전에 저절로 고개가 숙여졌다. 내가 그와 같은 입장이었다면 초전도체 이론으로 노벨상까지 받았으니 그 이론의 학문적 영역을 확장하거나 그 이론 안에 안주했을 것이다. 연구하던 영역 밖의 새로운 분야에 과감하게 도전하며 본인이 가진 의문의 답을 찾아나가는 그의 모습은 나에게 엄청난 도전으로 다가왔다. 노벨상 수상자의 직강을 들었다는 것만으로도 영광스러운 일이었는데, 그것에 더하여 나에게는 연구자로서 연구에 대한 나만의 철학을 만들 수 있었던 엄청난 시간이고 기회였다.

마이클 코스털리츠 교수,
수학이라는 도구로 물리학적 상상력을 표현하다

영국에서 태어난 마이클 코스털리츠 교수는 물질의 '위상적 상전이'와 '위상학적 상태'를 발견한 공로로 2016년 데이비드 사울레스, 던컨 홀데인과 함께 노벨물리학상을 받았다. 나는 그가 노벨상을 받기 10여 년 전에 그의 통계역학 수업을 들었다. 통계역학은 통계학을 이용하여 역학의 문제를 풀어간다. 보통 입자가 무척 많거나, 대상의 운동이 무척 복잡하여 확률적 해석이 중요해지는 현상을 주로 다루며, 핵물리학, 생물학, 화학, 열역학 등 여러 분야에 적용된다. 통계역학은 고전역학과 양자역학에서 다루는 물리계를 확률적·통계적으로 해석한다. 내가 대학원에서 가르치는 고급 열역학의 한 꼭지가 통계역학에 기초하여 입자들의 내부 에너지를 확률적·통계적으로 해석하는 것이다.

영국식 영어를 쓰는 코스털리츠 교수의 수업은 처음부터 끝까지 고등 수학으로 일관되게 진행됐다. 그는 내가 만난 그 어떤 사람보다 수줍음이 심했다. 90분 수업이 이어지는 동안 거의 단 한 번도 교수님의 시선이 칠판을 떠나 학생에게 머문 적이 없을 정도였다. 항상 조용하고 친절했지만 그 극한의 수줍음은 아직도 내 입가에 미소를 짓게 만든다.

미국 대학교에는 수업 시간 외에 교수를 만나 강의에 대한 질문을 하거나 숙제를 푸는 데 도움을 받을 수 있는 오피스 아워가 있다. 한국 유학생들은 한국에서 학부를 다닐 때 경험 때문인지 오피스 아워에 교수를 찾아가 수업에서 이해하지 못한 것이나 모르는 것을 묻는다거나 숙제나 시험에 대한 도움을 받는 것을 주저한다. 나 또한 처음에는 오피스 아워에 찾아가는 것이 익숙하지 않았다. 하지만 어려운 통계역학 수업을 따라가기 위해 용기를 내서 코스털리츠 교수에게 찾아갔다. 나는 책을 펼치고 질문했다.

"교수님, 이게 궁금해서 왔는데요."

"뭐? 이거?"

"네. 이 부분이 잘 이해가 안 가서요."

"여기 읽어봤어?"

"아니요."

"읽어보고 와."

"네."

수줍음은 일대일 미팅에서도 계속됐다. 짧은 시간이었는데도 코스털리츠 교수는 내 눈은 보지 않고 책만 쳐다보고 말했다. 나는 그가 읽으라고 한 부분을 읽은 뒤 다시 찾아갔다.

"교수님, 읽으라는 부분 읽었는데도 아직 잘 이해가 안 가요."

"여긴 읽어봤어?"

"아니요."

"읽어보고 와."

처음부터 거기도 읽어보라고 하실 것이지… 나는 속으로 툴툴대며 다른 부분을 찾아 읽었다. 생각해보면 앞뒤를 더 살펴서 읽지 않은 내가 잘못한 것이었다. 그런데 왠지 수줍음이 많은 코스털리츠 교수는 내가 멍청한 질문을 해도 윽박지르거나 혼내지 않을 것 같았다. 그래서 부담 없이 더 자주 그의 연구실을 방문했다. 한번은 수업 시간에 이해하지 못한 고급 물리학에 쓰이는 텐서Tensor라는 개념에 대해 질문하러 오피스 아워에 찾아갔다. 코스털리츠 교수는 인내심을 가지고 40여 분이나 자세히 차근차근 설명해주었다. 설명하는 내내 나와 단 한 번도 눈을 마주치지 않고 노트에 박스를 그려가며 설명했는데, 노트만 보고 있는데도 느껴지던 그 자상함을 나는 아직도 잊지 못한다. 코스털리츠 교수는 마지막에 텐서에 수학적으로만 접근하지 말고 물리학적 상상력으로 접근해보라고 충고했다. 그는 수업 시간에 어마어마하게 많은 수학 방정식을 칠판에 빼곡히 적으면서 기승전결 명료하게 이론 하나하나를 수학적으로 접근해나갔다. 돌이켜보면 코스털리츠 교수는 수업 때마다 수학적 암기나 해석에 얽

매이기보다는, 수학이라는 도구를 이용해 물리학적 상상력을 마음껏 표현해나갔다는 생각이 든다.

학기가 끝날 때쯤 지도교수인 브로이어 교수가 대뜸 "코스털리츠 교수의 통계역학 수업 어때?" 하고 물었다. 나는 망설임 없이 "재미없어요" 하고 대답했다. 브로이어 교수와 코스털리츠 교수는 두 분 다 독일계 유태인으로서, 영국과 스코틀랜드에서 교육받고 미국으로 이민 와서 살고 있다는 비슷한 배경을 가지고 있었다. 그래서인지 두 사람은 아주 돈독한 사이였다. 브로이어 교수는 친구의 수업이 재미없다는 내 대답에 껄껄대며 웃었다. 그러더니 지나가는 말로 "마이클이 암벽 등반 얘기 안 해줘?"라고 물었다. 그렇게 수줍음이 많은 교수님이 암벽 등반을 즐긴다니! 그것도 그 어렵다는 알파인클라이밍을 한다는 말을 듣고 나는 깜짝 놀랐다.

졸업하고 10여 년이 지난 2016년 10월, 여느 때와 다름없이 올해는 노벨상 수상자가 누구일까 추측하며 하루하루 보내던 어느 날, 코스털리츠 교수가 노벨물리학상 수상자가 되었다는 소식을 들었다. 그 이름을 들었을 때 얼마나 기뻤는지 모른다. 상변이Phase Transition 연구에 기여한 공로로 노벨상을 받았으니 그 또한 아이러니였다. 그분의 대학원 과목은 항상 통계역학, 고급 통계역학, 양자 이론이었지, 상변이에 대한 수업은 전혀 하신 적이 없기 때문이다. 물리학적 상상력으로 자연현상을 이해하고 과학적·수학적 접근을 해보라는 그의 가르침은 내가 교수가 된 이후 제자들에게 알려주는 중요한 연구의 팁이 되었다.

미분을 깨우치지 못한 학생이 적분을 배우며 어려움을 겪고 있을 때 미분뿐만 아니라 선형대수부터 차근차근 설명해주면서 학생이 이해할 수 있도록 이끌어주는 선생이 세상에 몇 명이나 될까? 생각의 틀을 바꿀 수 있는 자신만의 경험과 노하우를 학생과 공유하는 선생은 또 몇이나 될까? 쿠퍼 교수와 코스털리츠 교수를 만나서 그분들에게 배울 수 있었던 것은 내 인생의 커다란 행운이었다.

06
한 명의 나노로봇공학자와 함께하는 수많은 동료

타인을 존중하는 연구 환경, 과학·공학기술 발전의 원동력

나는 여러 학교에서 공부하고 연구하면서 많은 천재들을 만났다. 브라운대학교에서 만난 박사과정 동료 하나는 전공책을 항상 페이지 맨 뒤에서부터 거꾸로 읽었다. 그는 그렇게 해야 책이 더 재밌고, 최대한 빨리 읽을 수 있다고 했다. 하버드대학교에서 연구할 때도 연구실 박사후 연구원 채용 인터뷰 중에 천재를 1명 만났다. 그는 MIT에서 의공학으로 학부를 졸업하고 프린스턴대학교 물리학과에서 생물물리학으로 박사과정을 마친 후, 박사후 연구 과제로 DNA 구조 변화를 연구하겠다고 하버드대학교 로울랜드연구소에 지원했다. 그는 바닷바람이 뼛속까지 스며

드는 추운 보스턴 겨울 날씨를 느끼지도 못하는지, 다리지 않아 구깃구깃한 하얀 와이셔츠 차림으로 나타났다. 더군다나 셔츠의 단추를 잘못 채워서 옷의 한쪽이 올라간 매무새였는데 본인은 알아채지도 못하는 것 같았다. 우스꽝스러운 첫인상과는 다르게 그는 인터뷰 세미나에서 단백질의 형태 변화를 통해 다양한 비선형 수학 방정식을 재미있게 설명했다. 설명이 끝난 후 지도교수 아밋 멜러가 그에게, 단백질 구조 변화를 설명할 때 왜 1번 방정식이 아닌 2번 방정식을 사용했냐고 물었다. 그는 2번 방정식이 1번 방정식에 비해 섹시하기 때문이라고 대답했다. 세미나 룸에 있던 모두가 웃었지만, 정작 발표를 했던 그 친구는 이해할 수 없다는 표정으로 우리를 바라봤다. 수학 방정식이 어떤 사람에게는 정떨어지는 복잡한 수식에 불과하지만, 어떤 사람에게는 이 세상 무엇보다 아름다운 무언가일 수 있구나 새삼 깨달았다.

천재와 바보는 종이 한 장 차이라는 말이 있다. 하지만 천재들은 절대 평범하지 않다. 생각도 행동도 범상한 사람들과는 많이 다르고 대부분 사회성이 결여되어 있다. 창의력을 기르기 위해 평범한 사람들은 모든 일에 열정을 가지고, 어떤 현상에 대한 원리나 이유, 근거를 이해하려 노력한다. 그리고 책을 통해 여러 시식을 습득하려고 부단히 노력한다. 하지만 천재들은 선천적인 창의력을 가지고 태어나며 일상적 사고의 틀을 벗어난 생각과 행동을 종종 한다. 그들의 사고방식은 우리와 많이 다르다. 몇 해 전 캐나다 국가대표 천재 중 하나인 에릭 디메이니 MIT 교수와 일주일간 독일 닥스툴학교에서 함께 지내며 프로그래밍 가능한 물질의 알고리즘 기반에 대해 논의하면서 천재의 독특한 사고방식에 대해 다시 한 번 느꼈다.

"한 사람의 천재가 1만 명, 10만 명을 먹여 살린다"라는 이건희 삼성 회장의 말처럼 최고급 인재 육성은 과학기술 발전에서 상당히 중요하다. 따라서 범상치 않은 그들이 성공할 수 있게 해주는 사회·문화적 환경은 과학기술 발전의 필수불가결한 요소임에 틀림없다. 평범하지 않은 사람을 배척하고 다수가 소수를 괴롭히는 '왕따 문화'는 천재의 성장을 가로막는다. 나는 요즘 한국에서 사회적인 문제로까지 번져가고 있는 왕따 문화가 다양성에 대한 포용 의식의 결여에서 오는 질투심에서부터 시작된다고 본다. 이는 올바른 경쟁을 저해하는 최고의 암초가 될 수도 있다. 나와 다른 남을 인정하고 배려하는 성숙한 사회·문화적 환경은 더불어 함께 사는 세상 만들기의 토대가 될 뿐만 아니라 과학·공학기술 발전에서도 아주 중요한 원동력이다.

헨리 푸 교수, 서로 보완하는 보색관계의 평생지기 공동연구자

내가 박테리아를 기초로 다양한 공학적 시도를 했을 때, 박테리아 나노로봇의 가능성을 수학적·이론적으로 일깨워준 친구가 헨리 푸 교수였다. 그는 교육열이 대단히 높은 대만 출신 부모님과 함께 두 살 때 오하이오주 클리블랜드로 이민을 왔다고 한다. 본인은 물론 부인과 여동생 그리고 매제가 모두 하버드대학교 학부 출신이다. 그는 대학교 2학년 때, 콜로라도주 덴버에서 열린 여름 화학캠프에서 부인을 만나 연애를 했다. 연애도 클럽이 아닌 화학 공부하는 여름캠프에서 했다니 영락없는 모범생 부부다.

푸 교수는 하버드대학교에서 물리학과 화학을 복수전공하고 부전공으로 수학을 공부했다. 석사는 영국 케임브리지대학교에서 수학을 전공했다. 박사는 미국 캘리포니아대학교 버클리캠퍼스에서 받았고, 박사후과정은 브라운대학교에서 응용물리학을 연구했다. 부인이 하버드 의대에서 인턴을 하는 동안 박테리아 편모의 운동역학을 수학적으로 규명하는 박사후과정 연구를 한 것이다. 박사후과정을 마치고는 네바다 주립대학교 리노캠퍼스에서 조교수로 연구하다가, 현재는 유타대학교 기계공학과에서 부교수로 재직하고 있다. 나와 헨리 푸 교수는 실과 바늘처럼 함께 공동연구하는 평생지기 동역자다.

헨리 푸는 완벽주의자에 꼼꼼한 천재다. 항상 짧게 자른 단정한 헤어스타일에 와이셔츠의 단추를 목 끝까지 채우고 말끔한

청바지를 입는다. 그의 단정한 자세와 옷차림은 늘 변함이 없다. 매년 미국물리학회에서 헨리 푸를 만나는데, 나는 웃으며 그의 셔츠 단추를 한두 개 풀어주는 것으로 그와의 미팅을 시작한다. 그런 나에게 그는 늘 미소로 화답한다. 학회에서 우리의 모습은 '껄렁껄렁한 건달과 바른 생활 순진남'의 좀 특이한 조합이다. 이렇게 이질적으로 보이는 우리가 함께 꾸준히 공동연구하는 것을 보며 의아해하는 동료 교수들이 많이 있다. 우리는 서로 다름에서 오는 상호보완적인 관계를 통해 연구의 전체적인 큰 그림을 녹색과 빨강 같은 보색을 써서 그려가고 있다. 자유분방한 나와 철두철미한 그의 조화는 서로를 새로운 것에 도전하고 함께 만들어나가게 한다.

아궁 줄리어스 교수, 연구자 간 교두보 역할을 해준 공동연구 파트너

흥미롭게도 유체공학으로 박사학위를 받은 내가 로봇공학으로 연구 방향을 완전히 바꾼 계기는 교수 채용을 위한 인터뷰였다. 드렉셀대학교 기계공학과에 부임한 다음 해, 우리 학과는 로봇공학 분야 교수 하나를 임용하기 위해 인터뷰를 진행했다. 모두 3명이 최종 후보자에 올라 있었는데 이 가운데 첫 번째가 아낙 아궁 줄리어스 교수였다. 그는 인도네시아 명문 반둥 공대를 졸업하고 국비 유학생으로 네덜란드의 트벤테대학교에서 석·박사과정을 마쳤다. 그리고 펜실베이니아대학교에서 로봇공학계의 구루Guru인 비제이 쿠마르와 조지 파파스를 동시에 지도교수로 모시며 박사후 연구를 하고 있었다.

그와의 인터뷰는 수학의, 수학에 의한, 수학을 위한 세미나였다. 불행하게도 그의 수학적 깊이와 연구 잠재력을 이해하는 교수가 우리 학과에는 몇 명 없었다. 나는 그와 30분 동안 일대일 면접을 했다. 우리는 30분 내내 박테리아에 대해 이야기했다. 내가 말하는 박테리아의 모든 것을 그는 수학적으로 이해하고 수학적으로 설명하며 '이런 거 하면 재미있겠다, 저런 거 하면 어떨까?' 하며 끊임없이 질문했다. 인터뷰가 끝나자 그는 박테리아가 너무 재미있다며 종종 만나자는 말을 남기고 떠났다. 나는 그냥 지나가는 말이려니 하고 별다른 기대를 하지 않았다. 하지만 그는 달랐다. 드렉셀대학교에서 길 하나만 건너면 펜실베이니아대학교가 있다. 아궁 줄리어스는 자신의 지도교수인 비제이 쿠마르와 조지 파파스를 나에게 소개해주었고, 우리가 다양한 공동연구를 할 수 있게 교두보 역할을 해주었다. 우리는 박테리아로봇 공동연구팀을 구성해서 매주 그룹 미팅을 하며 박테리아를 이용한 다양한 로봇을 함께 만들어나갔다.

인생은 새옹지마라고 아궁 줄리어스는 우리 학과 교수로 임용되지 못했지만, 이듬해 렌셀레어폴리테크닉대학교RPI의 전기·

컴퓨터시스템공학과 교수로 임용되었다. 이후 공동연구는 더욱 확대되었고 우리의 파트너십도 더욱 돈독해졌다. 특히 그가 소개해준 RPI의 화학·생물공학과 신시아 콜린스 교수와 함께 유전공학적으로 조작된 강력한 박테리아(대장균)를 이용해 박테리아로봇의 집단 운동성을 제어하는 한 단계 업그레이드된 연구를 진행할 수 있었다. 현재는 다양한 자율주행 알고리즘을 만들어서 박테리아뿐만 아니라 원생동물의 일종인 테트라하이메나 피리포르미스에 적용함으로써 세포 기반의 마이크로 사이보그를 함께 만들어가고 있다. 아궁 줄리어스는 그의 수학적 학문 배경을 바탕으로 하이브리드로봇 제어 이론 분야에서 국제적인 명성을 쌓아가고 있다.

에런 베커 교수, 연구 파트너가 소개해준 '마에스트로' 연구 파트너

어느 날, 아궁 줄리어스에게서 전화가 왔다. 로봇학회에서 에런 베커라는 친구를 만났는데 우리가 연구하는 마이크로·나노로봇의 군집 제어에 관심이 많다고 했다. 나는 바로 에런 베커와 화상회의 일정을 잡았다. 화상회의를 시작하자마자 천재 중의 천재를 만났구나 하는 촉이 왔다. 우리 세 사람은 함께 단일 자기장을 이용해서 테트라하이메나 피리포르미스를 군집 제어하는 공동연구를 했다. 아궁 줄리어스가 수학적 모델링을 하면 에런 베커가 제어 알고리즘을 만들었다. 그렇게 만들어진 제어 이론과 제어 알고리즘을 바탕으로 나는 학생들과 함께 자기장을 이용하여 세포들의 운동 계획과 경로 계획을 세워 세포 기반 마이크로로봇의 2차원, 3차원 군집 제어를 실험적으로 성공시켰다. 그 결과 2013년 일본 도쿄에서 열린 국제로봇학회 최고논문상의 최종 후보자로 선정되었다.

에런 베커는 아이오와주립대학교를 졸업하고 군집 제어의 대가 팀 브레틀 교수의 제자가 되어 일리노이대학교 어바나 샴페인 캠퍼스 전기·컴퓨터공학과에서 박사학위를 받았다. 그 후 라이스대학교에서 1차 박사후과정 연구를 마치고 마이크로·나노로봇공학 분야를 더 깊이 연구하기 위해 MIT-하버드 의과대학에서 2차 박사후과정을 했다. 그때 MRI를 공부한 그는 현재는 휴스턴대학교 전기·컴퓨터공학과 교수로 재직 중이다. 에런 베커가 교수로 부임하자마자 우리는 함께 '마에스트로' 연구제안서를 썼고, 국립과학재단으로부터 연구비를 지원받아 공동연구를 함께하고 있다. 입자 계산을 바탕으로 입자들이 붙었다 떨어졌다를 반복하게 하여 다양한 형태의 로봇으로 변신하는 마이크로미터 스케일의 모듈식 로봇을 개발하는 공동연구다. 이 연구를 통해 우리는 독일 닥스툴학교에 초대받아 일주일 동안 머물며 '프로그래밍 가능한 물질의 알고리즘 기반'에 대한 연구의 실태와 미래에 대해 세계적 석학들과 논의할 수 있는 기회를 가졌다. 그곳에서 에런 베커와 에릭 디메이니의 대화를 지켜보며 그의 천재성을 다시 한 번 실감할 수 있었다.

에런 베커, 이 꺽다리 친구는 나사가 하나 빠진 것처럼 항상 주의가 산만하고 집중하는 시간이 짧다. 이 점은 나와 상당히 비슷하다. 하지만 비상한 생각을 할 때 그는 늘 눈을 감는다. 그래서 화상통화 중에도 눈을 감고 생각하다가 잠이 들어버리는 일이 종종 발생한다. 그는 스티브 잡스가 검은 티셔츠만 입었던 것처럼, 항상 파란색 와이셔츠를 입고 빨간 운동화를 신는다. 몇 번을 만나도 파란 와이셔츠를 걸치고 빨간 운동화를 신은 그의 패션 조합이 신기해서 어느 날 태극기를 보여주었다. 그리고 가운데 빨간색과 파란색으로 칠해진 태극의 의미가 만물을 생성시키는 우주의 근원이라고 설명해주었다. 그는 박장대소하고 "나도 알고 있었어!" 하며 어린아이처럼 흥분했다. 그러더니 앞으로도 평생 동안 파란색 와이셔츠와 빨간 운동화만 쭉 고집할 거라고 말했다. 순간 나는 '아뿔사, 내가 무슨 말을 한 거지?' 싶어 난감해졌다. 다행스럽게도 요즘은 그 조합에 다소 변화를 줘서 빨간 와이셔츠에 파란 운동화를 신고 다닌다.

에런 베커는 사랑꾼이기도 하다. 아주 일찍 결혼해서 아이들을 다섯이나 낳아 키우는 다정다감한 젊은 아빠다. 아이들과 로봇을 만들어서 창의적인 놀이를 한다. '하늘에는 하나님, 땅에는 마나님'이라며 아내를 지극히 사랑한다. 함께 연구할 때마다 그의 맑은 영혼에 나 또한 맑아지는 기분을 느낀다. 에런 베커는 영원히 함께하고 싶은 친구이자 손이 많이 가는 동생이다.

앞에서 이미 말했듯이, 우리는 사람을 통해 사람을 만난다. 좋은 사람은 좋은 사람을, 유능한 사람은 유능한 사람을, 정직한 사람은 정직한 사람을 만나게 해준다. 그러한 만남을 통해 우리는 진보한다.

4장

소우주가 만든 대우주

한 명의 나노로봇공학자가 키워낸 수많은 제자

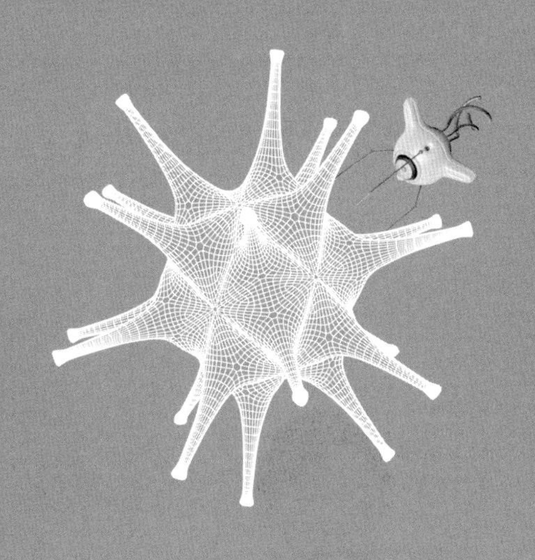

나는 연구하는 사람이다. 앞으로도 마이크로·나노로봇 연구를 위해 수많은 학생을 만날 것이다. 그들과 함께 부대끼며 생각을 나누고, 실험을 통해 상상을 현실로 만들어나갈 것이다.

학문 계보도(제자편)

마이크로·나노로봇공학의 우아한 계보

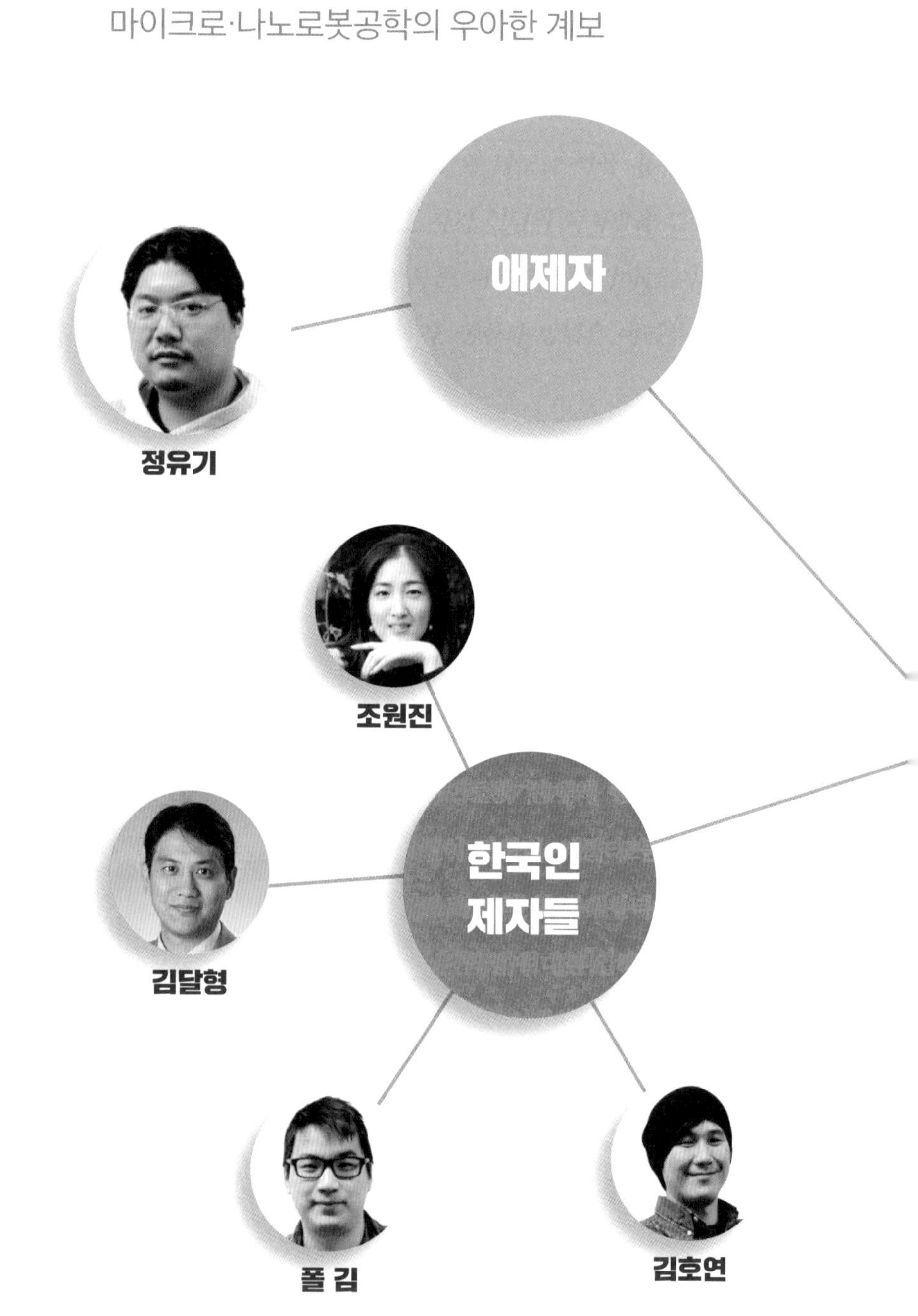

에드워드 스티거

'첫' 제자들

라파엘 물레로

데이비드 카세일

아쉬움이 남는 제자들

레이한 타스피나

01

The Good, The Bad, and The Ugly

'첫' 제자들

The Good, 박사학위를 받은 '첫' 제자 에드워드 스티거

연구실의 첫 박사과정 학생은 미국인 학생이었다. 드렉셀대학교 기계공학과에 부임하자마자 대학원 박사과정 학생 2명과 연구를 시작했다. 에드워드 스티거는 듀크대학교에서 기계공학과 학부를 마치고 필라델피아 중학교 과학 교사를 하다가 뒤늦게 박사과정에 들어온 나와 동갑내기인 학생이었다. 그는 박사과정 2년 동안 의료용 수술로봇 연구를 함께했던 지도교수가 메릴랜드대학교로 이직하는 바람에 새 지도교수가 필요했다. 나는 박테리아를 이용한 마이크로로봇 연구를 위해 로봇공학에 경험 있는 대학원생이 필요했다. 우리는 서로에게 필요충분조건이었다.

우리는 머리카락 두께보다 수십 배 작은 마이크로미터 구조물에 수백, 수천 개의 박테리아를 코팅해서 박테리아 동력 마이크로로봇을 만들었다. 박테리아 동력 마이크로로봇의 속도와 방향 제어는 전기장을 이용했고, 모바일 로봇처럼 서다 가다 하는 운동 제어는 특정한 빛의 파장을 사용했다. 박테리아에 약 350nm의 자외선을 쬐면, 박테리아 세포막을 가로질러 이온들이 통과하는 막통로Transmembrane Channel가 닫히고 물에 포함된 수소이온(H^+)이 나노모터에 전달되지 못한다. 따라서 물의 수소이온을 통해 동력을 얻는 나노모터가 멈추게 되는데, 바로 이 원리를 이용하여 박테리아의 운동 제어에 성공했다.

과학 교사였던 에드워드 스티거는 연구에서 특유의 열정을 보였다. 그의 열정은 3년 반 만에 박사학위를 받는 결과를 만들어냈고, 나의 '첫' 박사 제자가 되었다. 그는 펜실베이니아대학교의 비제이 쿠마르 교수 연구실에서 박사후 연구원을 마치고 현재는 같은 연구실 연구교수로서 박테리아를 이용한 다양한 의료용 마이크로로봇을 개발하고 있다. 지금 에드워드 스티거와 나는 제자와 지도교수라기보다 만나면 편한 동갑내기 친구에 가깝다.

The Bad, 박사학위를 포기한 '첫' 제자 라파엘 물레로

에드워드 스티거와 함께 박사과정을 시작한 학생은 히스패닉계 라파엘 물레로였다. 드렉셀대학교 기계공학과를 졸업하고 석사과정을 거치지 않고 바로 박사과정에 입학할 정도로 학업 성적이 뛰어난 친구였다. 라파엘 물레로는 내가 하버드대학교에서 박사후 연구과정에서 터득한 노하우를 전수받아, 박테리아 세포막에서 이온을 통과시키는 알파 히몰라이신을 자연모사하여, 투과형 전자현미경으로 질화규소 박막에 나노포어를 만들었다. 머리카락 굵기 10만 분의 1 수준인 나노포어에 전기장을 이용하여 DNA를 통과시키면서 해당 DNA 단분자의 구조적 특성을 분석하는 연구가 라파엘 물레로의 박사학위 논문 주제였다. DNA가 나노포어를 통과하면서 나노포어가 부분적으로 막히게 되는데, 이 '막힘 현상'에 따라 전기신호가 달라지게 된다. 이 달라진 전기신호를 통계적으로 분석하면 DNA의 길이와 구조적 특성을 알 수 있다. 라파엘 물레로는 7년 동안이나 나노포어를 이용한 DNA 분석을 연구했지만 박사학위를 받지 못하고 듀퐁DuPont에 입사하면서 결국 연구실을 떠났다.

연구는 재능보다 노력이다. 특히 실험연구는 지구력을 필요로 한다. 단번에 성공하는 실험은 거의 없다. 연구는 또한 사기수도적이어야 하는 동시에 창의성이 있어야 한다. 창의성이 없는 수동적 연구는 모방과 같은 재실험에 불과하다. 이런 연구는 값어치가 없다. 실험을 통해 얻어진 데이터를 과학적으로 분석하고 해석하는 능력은 교과서를 읽고 이해한 후 시험을 보는 학습 능력과는 다르다. 라파엘 물레로는 7년 동안 연구실에 있으면서 어느 프로젝트 하나 깔끔하게 마무리하지 못했다. 나는 지도교수로서 그동안 연구한 결과를 이삭줍기하듯 모아 어떻게든 박사학위를 쥐어주려 했지만, 라파엘 물레로는 그렇게까지 해서 박사학위를 받고 싶지는 않다며 연구실을 떠났다. 라파엘 물레로는 나의 '첫' 학생이었다, 박사학위를 받지 못하고 떠난… 지금까지도 아쉬움이 많이 남는다. 이후 그에게서는 전혀 소식을 들을 수 없었다. 어찌 보면 나는 제자도 제자의 마음도 모두 잃은 것이었다. 그래서 더 마음 아팠다.

에드워드 스티거와 라파엘 물레로는 미국 시민권자들로 학교 내·외부 펠로십을 받는 아주 우수한 학생들이었다. 이런 학생은 지도교수에게 경제적 부담을 주지 않는다. 급여나 학비가 학생들의 펠로십으로 충당되기 때문이다. 지도교수로서 이런 우수한 학생을 만난다는 것은 일종의 행운이다. 미국 대학원생 중 시민권자와 영주권자에게는 많은 장학금과 펠로십 혜택이 주어지지만 인터내셔널 학생에게는 그 기회가 극히 제한적이다. 학교에 따라 차이가 있겠지만, 미국에서 박사과정 대학원생 1명의 연구를 지원하려면 지도교수는 1년에 10만 달러 정도를 부담해야 한다. 학생의 1년 급여와 의료보험료 약 3만 달러, 1년 등록금 약 2만 달러, 실험 기자재 및 재료비 2만 달러, 학회 출장비 5,000달러, 간접비 2만 5,000달러 등을 합한 금액이다. 박사후 연구원의 경우에는 그보다 2만 5,000달러 정도가 더 든다. 교수로서 연구실을 운영하기 위해서 훌륭한 연구 인력 충당도 중요하지만, 무엇보다 급한 최우선 과제는 연구 인력을 경제적으로 지원할 수 있는 연구비를 조달하는 것이다.

이를 위해 미국 이공계 교수들은 밤낮으로 연구제안서를 쓴다. 돌이켜보면, 조교수 때 1년에 20~25개 이상의 연구제안서를 미국 국립과학재단, 국립보건원, 국방부 산하 연구지원기관 등에 제출했다. 지금도 1년에 10~15개의 연구제안서를 이곳저곳에 제출하여 연구비를 조달한다. 연구실에 몇 명의 대학원생과 박사후 연구원이 있느냐에 따라 그 연구실의 대략적인 1년 연구 예산이 정해진다.

우리 실험실의 경우 2명의 박사후 연구원과 8명의 박사과정 학생이 있다. 1년에 최소한 100만 달러의 예산이 필요하다. 미국 이공계 교수의 파워는 연구실의 대학원생과 박사후 연구원 수에 비례한다. 연구 인력이 많으면 많을수록 교수가 학교에 지불하는 간접비가 많기 때문이다. 미국에서 간접비란 개별 연구 과제에서 직접 산출할 수 없는 연구 시설 유지·보수와 관련한 시설비와 일반행정·학과행정과 관련하여 사용하는 행정비를 의미한다. 보통 미국 대학의 간접비 비율은 직접비의 50~65%에 이른다. 쉽게 말하면 간접비가 50%인 경우, 연구비 1억 원을 연구기관에서 받아오면 학교에서 간접비로 5,000만 원을 자동으로 떼어가고 나머지 5,000만 원을 학생 인건비와 등록금, 연구 재료비, 출장비 등 직접비로 사용할 수 있다는 뜻이다. 하버드대학교의 간접비는 무려 69%에 달한다.

The Ugly, 내 등에 칼을 꽂은 '첫' 제자 A

에드워드 스티거나 라파엘 물레로와는 달리 내가 지도교수로서 모든 경제적 지원을 오롯이 부담한 첫 번째 박사과정 대학원생이 A였다. 그는 중국의 명문 칭화대학교 전기공학과를 졸업했다. 마이크로·나노로봇을 만들기 위해서는 기계공학뿐만 아니라 전기·컴퓨터공학을 전공한 학생이 필요했다. 조교수 임용 후, 5년 동안 새로운 연구 방향을 설정하고 어떤 학생이 필요할까 고민하면서 뽑은 학생이 A다. 전기공학을 전공한 학생이라 기계공학 전공필수과목을 바탕으로 치러지는 박사 자격시험에 합격할 수 있을까 많은 걱정을 했는데, 나만의 기우였다. 명문 칭화대학교 출신답게 대학원 입학 1년 만에 보란 듯이 박사 자격시험에서 1등을 하는 기염을 토했다.

A가 연구실에 온 지 1년이 지난 후 나는 여름방학을 맞아 가족과 함께 한 달간 한국을 방문했다. 딸아이의 첫돌이라 부모님, 친지들과 기쁨을 나누고 싶었기 때문이다. 한국 방문을 마치고 돌아오니 무슨 일이 있었는지 연구실에 A가 보이지 않았다. 에드워드 스티거도 라파엘 물레로도 그가 어디에 있는지 몰랐다. 내가 한국에 있는 동안 A는 연구실에 나타난 적이 없다고 했다. 며칠 후, 이메일이 한 통 왔다. 내가 한국에 있는 사이에 단 한마디 의논도 없이 지도교수를 같은 학과의 알렉산더 프리드먼 교수로 바꿨다는 내용이었다. 그 배신감은 이루 다 말할 수 없었다. 심장이 터질 것처럼 고통스러웠다. 무엇보다도 지도하고 있던 학생을 데려가놓고도 안하무인 아무 연락도 없는 교수를 도저히 동료라고 생각할 수 없었다. 알렉산더 프리드먼은 당시 석좌교수로서 드렉셀대학교 플라즈마연구소장이었다. 나는 분노에 떨며 그의 부당한 처사에 대해 학과장과 공대학장에게 설명했지만, 어느 누구 하나 신출내기 조교수의 말에 귀 기울여주지 않았다. 그렇다고 부당함에 침묵만 하고 있을 수는 없었다. 나는 본능적으로 '건달'이 되었다. 알렉산더 프리드먼 교수 연구실의 문을 박차고 들어가 그의 '양아치짓'에 항의했다. '대뉴어 안 받을 거냐'라는 그의 협박에 뒤돌아 찰진 쌍욕과 함께 가운뎃손가락을

들어 보이고 나왔다. 이 일로 인해 나는 미국 대학이 얼마나 철저하게 자본주의적인지를 뼈저리게 깨달았다. 교수에게 연구비는 곧 힘이었다. 그리고 학생의 능력보다 인성이 훨씬 더 중요하다는 것도 깨달았다. 그렇게 A는 내 등에 칼을 꽂은 '첫' 학생이 되었다.

후유증은 오래갔다. A의 배신은 연구실 대학원생을 뽑는 나만의 기준과 원칙을 세워가는 시발점이 되었다. 서류 전형과 짧은 인터뷰를 통해서 학생의 인성과 적성을 파악하는 데는 많은 한계가 있었다. 그래서 나는 충분한 시간을 가지고 인성과 적성을 파악할 수 있는 드렉셀대학교 학부 학생들에게 관심을 갖기 시작했다. 학부 전공 수업 중에 대학원 진학 의사가 있는 우수한 학생들을 찾아서 그들에게 연구 기회를 마련해주고 최선을 다해서 지원해주었다.

그렇게 몇 년이 지나자 우리 연구실 학부 연구원으로 참여하면 연구 결과에 따라 논문도 쓸 수 있고, 국제 학회에서 발표할 수 있는 기회도 제공받을 수 있다는 소문이 학부생들 사이에 퍼졌다. 점점 더 우수한 학생들이 자발적으로 연구 기회를 얻으려고 찾아왔다. 그렇게 연구실에 온 학부 학생들은 연구에 대한 동기 부여가 스스로 된 만큼 열심히 연구했다. 졸업 즈음에는 미국 국립과학재단이나 미국 국방부에서 수여하는 가장 권위 있는 국립과학재단의 대학원연구펠로십[NSF-GRF]과 국방과학기술대학원의 펠로십[NDSEGF]을 받았다. 한국으로 따지자면 국가 연구장학생으로 선발되어 원하는 대학교 대학원 박사과정을 국비로 전액 지원받은 것이다. 연구실에서 4명의 학부 학생들이 NSF-GRF를 받았고, 2명이 NDSEGF를 받았다. 그리고 박사학위 연구를 위해 그들의 반은 MIT로 떠났고 반은 연구실에 남았다. 남은 세 학생은 지금 캘리포니아대학교 리버사이드 캠퍼스의 의공학과 교수로 있는 케빈 프리드먼, 중국 남방과학기술대학교의 기계공학과 교수로 있는 정유기, 플로리다주립대학교의 화학·생물공학과 교수로 있는 자멜 알리다.

02
존재만으로 힘이 되는
한국인 제자들

김달형 박사, 다학제 공동연구로 세계적 성과를 내다

A가 연구실을 그렇게 떠난 이듬해, 마이크로·나노로봇공학 연구를 위해 '첫' 한국인 박사과정 대학원생을 뽑았다. 평소 친분이 있던 고려대학교 기계공학과의 정우진 교수 연구실에서 석사를 마치고, 플로리다대학교 기계공학과 교수에게 연구장학생 오퍼를 받아서 박사과정에 입학할 예정이었던 김달형 박사였다. 나는 그가 정우진 교수 연구실에서 석사를 하면서 모바일 로봇의 경로 계획과 운동 계획을 연구한 경험이 있기 때문에 테트라하이메나 피리포르미스를 이용한 세포 기반 마이크로로로봇 연구의 적임자라고 생각했다. 그래서 이미 플로리다대학교에서 박사

과정을 시작하기 위해 플로리다 게인스빌로 이사 갈 계획까지 다 잡아놓은 그의 마음을 돌리기 위해, 드렉셀대학교에서 박사학위 연구를 하는 동안 최선을 다해 물심양면으로 지원해주겠다며 여러 번 설득했다.

김달형 박사는 기계공학 전공으로 학부와 석사학위를 받았기 때문에 미생물학에 대한 기초 연구 능력을 기를 필요가 있었다. 나는 그가 연구실에 들어오자마자 헝가리 부다페스트에 있는 세멜바이스대학교 의과대학의 라스즐로 코히다이 교수 연구실로 보내서 세포생물학의 기본과 세포배양기술을 배우게 했다. 그에 더하여 미세유체공학의 기본적 지식과 실험 노하우는 이화여자대학교 박성수 교수와 건국대학교 변도영 교수 연구실에서 배울 수 있는 기회를 주었다. 두 분 모두 현재는 성균관대학교 기계공학과에서 연구하고 있다.

다학제 적 개방적 공동연구에서 김달형 박사의 재능과 노력은 엄청난 시너지를 내어 세계가 주목하는 연구 성과를 낳았다. 전기장과 자기장을 통하여 테트라하이메나 피리포르미스의 2차원, 3차원 운동을 마음먹은 대로 제어할 수 있는 알고리즘을 개발하여, 세계 최초로 원생동물 세포를 이용한 마이크로로봇을 만들어낸 것이다. 김달형 박사는 2008년부터 2013년까지 박사과정 연구를 통해 16편의 저널 논문을 발표하고 내가 DNA를 연구했던 하버드대학교 로울랜드연구소에서 박사후 연구를 이어갔다. 그는 박사후 연구 과정을 끝마치고 서던일리노이대학교 기계공학과 조교수로 재직하다가, 최근 케네소주립대학교 기계공학과로 자리를 옮겨 다양한 모션 추적 이미징과 의공학 시스템 제어를 연구하고 있다.

조원진 박사, 한국 과학계의 '유리천장'을 여실히 경험하다

김달형 박사가 내 연구실에 오던 해에 조원진이라는 한국인 여학생 하나가 동료 교수 연구실에서 박사과정을 시작했다. 김 박사가 처음 인사하러 온 날, 나는 조원진 학생을 함께 불러서 커피 한잔을 나누며 어려운 일이 있으면 언제든지 찾아오라고 격려해주었다. 그리고 1년이 지난 후 어느 날, 조원진 학생이 찾아왔다. 1년 동안 지도교수를 두 번 바꿀 수밖에 없었던 사연을 얘기하고 박사과정 연구를 내 연구실에서 계속할 수 있는 기회를 줄 수 있느냐고 물었다.

나는 먼저 박사과정 연구지도를 맡았던 동료 교수들에게 내가 조원진 학생을 맡아도 되는지 조심스럽게 허락을 구했다. 동료 교수들은 지도교수를 두 번 바꾼 이유가 학생의 연구 관심과 자신들의 연구가 서로 맞지 않았기 때문이지 그 외에는 어떤 문제도 없었다며 흔쾌히 승낙했다. 교수가 학생을 뽑을 때 서류 전형과 인터뷰를 통해 학생의 인성과 적성을 파악하는 데 한계가 있듯이, 학생 입장에서도 지도교수를 선택할 때 인터뷰와 제한된 인터넷 정보로 자신의 적성에 맞는 연구가 무엇인지 파악하는 데 한계가 있다.

사실 나는 그녀의 이력서에 짧게 적힌 흔치 않은 경력을 보고 마음이 움직였다. 전북대학교를 우수한 성적으로 입학하고 졸업한 뒤, 동 대학원에서 석사까지 마친 다음에는 네덜란드에서 플로리스트 과정을 수료한 이색적인 경력이 있었다. 이유를 물으니, 전공에 대한 확신이 없어서 선택했던 차선책이었다고 했다. 꽃을 가꾸어본 경험이 있다면, 꽃을 가꾸듯 연구도 잘할 것이라는 확신이 들었다. 그렇게 연구를 시작한 조원진 박사는 내 '첫' 여성 박사 제자가 되었다.

조원진 박사는 아프리카 야생화 '란타나'처럼 강인하며 재능 많은 연구자였다. 내 연구실에 오기 전에 나노입자의 조직 세포 내 독성에 대한 연구 경험이 있었다. 그래서 나는 그녀에게 나노입자를 합성하여 다양한 박테리아 멸균 실험을 하는 것을 박사 논문 과제로 주었다. 조 박사는 금과 은을 사용하여 다양한 형태의 나노입자를 합성했을 뿐만 아니라, 플라젤린이라는 단백질로 구성된 박테리아 편모를 생화학적 단백질 중합과정을 거치면서 다양한 형태의 나노 구조물로 개발해냈다. 조원진 박사의 연구 결과는 나노입자에 기초하여 형태를 변환하는 모듈식 나노로봇과 박테리아 편모 구조를 이용한 표적지향형 약물전달용 박테리아 나노로봇의 설계와 제작에 토대를 마련해주었다.

조원진 박사는 4년 만에 박사학위를 마치고 귀국하여, 한국과학기술연구원의 박사후 연구원이 되어 뼈·근육·피부까지 세밀하게 구성된 '3D 프린팅 의수義手'를 개발하는 연구 프로젝트를 이끌었다. 그런데 슬프게도 지금 조 박사는 연구의 길을 떠나 다른 길을 모색하고 있다. 우수한 연구 성과와 3D 프린팅 전문가로 이름을 알렸지만, 한국에서 정규 연구직이나 교수직을 끝내 찾지 못했기 때문이다. 조원진 박사를 보면서 나는 대한민국 과학계의 '유리천장'이 아직까지 깨지지 않았음을 절실히 느낀다. 실제로 한국 상위권 대학들의 공과대학 내 여자 교수 비율이 5%도 안 되는 것을 보면 우리나라의 현실이 어떤지 알 수 있다.

폴 김 박사, 수동적인 학생에서 주동적인 연구자가 되다

내가 드렉셀대학교에 부임하고 2년 정도 지났을 때의 일이다. 여름방학을 앞둔 5월의 어느 날, 폴 김이라는 카네기멜론대학교 기계공학과 2학년 학생에게서 이메일이 왔다. 마이크로로봇에 관심이 많은데 여름방학 동안 학부 연구생으로 연구 경험을 쌓고 싶다고 했다. 한국인 2세였다. 학부 2학년 학생이 놀고 싶은 여름방학 동안 연구실에서 무엇인가 해보겠다고 하는 그 의지가 대견해서 흔쾌히 허락했다. 특별히 미국 국립과학재단이 학부생들이 연구 경험을 쌓을 수 있도록 권장하기 위해 마련한 '학부연구경험[REU]'이라는 프로그램을 이용하여 경제적인 지원을 받을 수 있게 배려도 했다. 그렇게 폴은 여름방학 3개월 동안 대학원생 선배들과 연구하고 함께 지내면서 의미 있는 시간을 보내고 돌아갔다. 떠나던 날 감사의 메시지를 담은 카드를 수줍게 전해주던 앳된 모습이 인상에 오래 남았다.

그로부터 3년이 지났다. 나는 드렉셀대학교에서 개최한 이공계 진학 설명회에서 지역의 학부모들과 자녀의 진로 상담을 위한 시간을 갖게 되었다. 재미한인제약인협회의 정재욱 박사 등 자녀 교육에 열정적인 필라델피아 젊은 아빠들과 함께 우리 한인 아이들에게 어떤 도움을 줄 수 있을지 논의 끝에 만든 행사였다. 지역 한인 과학자, 교수 등 현직에 있는 전문가들이 지역 한인 학생들을 위해서 영어로 과학, 공학, 제약, 생명과학 등 이공계 분야에 대해 집중적인 설명과 멘토링을 제공했다. 그리고 지역 한인 학부모를 대상으로 자녀 교육과 진로 선택을 위한 한국어 상담과 강좌를 마련했다. 아이러니하게도 필라델피아 등 미국 대도시에는 한국형 대성학원, 눈높이수학학원, 기숙형에센 학원 등 많은 입시 학원이 존재한다. 나는 몸은 미국에 있지만 생각은 여전히 대치동에 있는 학부모의 자녀 교육 방식을 바꿔야 한다는 것을 강조했다. 참석한 학부모들에게 21세기 지식정보화시대에 자율적·창의적 학습법의 가치를 설명하고, 왜 반드시 아이들이 스스로 익혀나가야 하는지 그 이유를 설명했다. 시간이 좀 걸리더라도 아이 스스로 공부하는 방법을 터득해나가는 것이 얼마나 창조적인 학습 과정인지, 학원의 요약 정리식 학습 방식과 비교하며 설명했다.

행사가 끝나갈 때쯤 중년의 한 여자분이 찾아와 3년 전 여름방학 동안 학부 연구생으로 있던 폴을 기억하냐고 물었다. 본인이 폴의 어머니라는 것이었다. 나는 반가운 마음에 '어떻게 여기 오셨냐, 폴은 대학을 졸업했을 텐데 어떻게 지내냐'라고 폴의 근황을 물었다. 그런데 의외의 대답이 돌아왔다. 폴이 대학을 졸업한 후에 취직하는 회사마다 두 달도 안 돼서 퇴사를 거듭하다가, 최근에는 집에서 오락만 하고 지내고 있다는 얘기였다. 나는 그 말을 도저히 믿을 수 없었다. 폴의 어머니는 지푸라기라도 잡는 심정으로 나를 찾아왔다면서, 폴에게 다시 연구할 수 있는 기회를 줄 수 없냐고 물었다.

일주일 후, 폴이 찾아왔다. 1남 4녀 중 막내로 자라온 폴의 이야기를 들었다. 폴은 혼자 생각하고 혼자 결정할 기회를 가지기 전에 엄마와 누나들이 정한 삶을 살아왔다고 했다. 그러다가 막상 대학을 졸업하고 나니 무엇을 해야 할지 답을 찾을 수가 없었다고 했다. 대학 2학년 때 내게 학부 연구생이 되고 싶다고 보낸 이메일도 큰누나가 보냈다고 했다. 연구 인턴십을 쌓아야 졸업 후 취직이 잘된다는 말에 본인의 의사는 묻지도 않고 누나가 나서서 이메일을 보냈다는 것이다. 하지만 비록 누나가 등을 떠밀어 연구실에 왔지만, 학부 연구생으로 있는 동안 대학원생 선배들과 연구하고 이야기하면서 많은 것을 느꼈다고 했다. 그래서 다시 한 번 연구를 해보고 싶다고 했다. 인생은 타이밍이라는 말이 있다. 폴은 기막힌 타이밍에 나를 찾아왔다. 당시 내 연구실에는 연구비가 넘쳐나는 상황이었다. 그래서 나는 폴에게 그 자리에서 연구장학생 오퍼를 주고 대학원 박사과정에 입학시켰다.

폴이 입학하고 얼마 지나지 않아서 연구실 컴퓨터 몇 대가 바이러스에 걸려 데이터 백업이 안 되는 상황이 생겼다. 폴이 컴퓨터게임을 통해 다져진 실력을 발휘하여 문제를 해결해보겠다며 나섰다. 컴퓨터와 한바탕 씨름하더니 반나절 만에 문제들을 말끔히 해결했다. 그것을 보며 나는 폴이 컴퓨터 하드웨어와 소프트웨어를 다루는 데 엄청난 재능이 있다는 것을 알게 되었다. 폴은 김달형 박사가 개발한 세포 기반 마이크로로봇을 군집 제어하는 프로젝트를 박사논문 주제로 연구했다. 주로 렌셀레어폴리테크닉대학교의 아공 줄리어스 교수의 제자와 당시 MIT-하버드 의과대학에서 박사후 연구원으로 있던 에런 베커와 군집 제어 알고리즘을 개발하는 공동연구를 함께했다. 박사과정 중에는 미국 국립과학재단의 해외파견 연구장학생으로 선발되어 한국과학기술연구원의 김진석 박사 연구실에서 마이크로 사이보그 개발 연구 프로그램에도 참여했다.

당시 아들이 한국에서 가장 권위 있는 정부 출연 연구기관에 국비 장학생으로 참여한다는 사실이 믿기지 않는다는 폴 아버지의 손편지를 받고 나 자신도 많은 보람을 느꼈다. 폴은 그렇게 4년 만에 박사학위를 받고 내 '첫' 한국계 미국인(한국인 2세) 박사 제자가 되었다. 현재 폴 김 박사는 OSI소프트라는 오퍼레이션 인텔리전스 분야의 글로벌 기업에서 다양한 소프트웨어 개발 책임자로 일하고 있다.

김호연 박사, 7년간 연구의 A부터 Z까지 함께하다

에드워드 스티거가 개발한 박테리아를 이용한 마이크로로봇을 더욱 발전시키기 위해서는 자율주행 시스템 제어 기술을 개발해야 했다. 자율주행 자동차처럼 주행 환경을 인식하고 컴퓨터 알고리즘을 통하여 정지 상태의 장애물뿐만 아니라 움직이는 동적 장애물까지 회피해가며 목적지에 도달하는 기술이다. 그 핵심 중의 하나가 장애물 회피 알고리즘을 어떻게 개발하느냐

하는 것이었다.

나는 이 연구 주제를 김호연이라는 한국인 박사과정 학생에게 맡겼다. 김호연 박사는 김달형 박사가 학사·석사를 받은 고려대학교 기계공학과 정우진 교수의 제자이기도 했다. 박사과정 3년이 되도록 뚜렷한 결과물이 나오지는 않았지만, 인내심이 강하고 자기주도적 연구 능력이 있다는 것을 알았기에 믿고 기다렸다. 그는 박사과정 4년이 되어서 드디어 전기장을 이용하여 고정된 장애물을 자율적으로 회피할 수 있는 박테리아 동력 마이크로로봇을 개발하는 데 성공했다. 그 성공을 기반으로 움직이는 동적 장애물을 회피하는 자율주행 알고리즘은 일사천리로 진행되어 개발까지 1년이 채 걸리지 않았다. 마이크로로봇이 약물전달을 위해 우리 몸 안을 움직일 때, 종양이나 용종 같은 고정된 장애물은 물론, 백혈구같이 자유자재로 움직이는 장애물까지도 회피하며 목적지까지 도달해야 한다. 이를 위해서는 장애물 회피 알고리즘의 개발이 필수불가결했지만 누구도 시도해보지 않은 새로운 영역의 도전이었다.

김호연 박사는 박사과정 5년과 박사후 연구원 2년, 총 7년을 나와 함께 마이크로·나노로봇을 연구했다. 김호연 박사의 제어 알고리즘 컴퓨팅 능력은 내가 아는 그 누구보다 우수했고 연구실 동료들의 연구 프로젝트에도 많은 기여를 했다. 우리 연구실의 로봇공학에서 유체공학까지 그의 손길이 미치지 않은 연구 프로젝트가 없다고 해도 과언이 아니다. 그는 내 연구실에서 진행된 마이크로·나노로봇공학의 A부터 Z까지 모두 섭렵한 유일한 제자다. 더군다나 내가 드렉셀대학교에서 서던메소디스트대학교로 연구실을 옮겼을 때, 새로 연구실을 꾸미는 데도 지대한 역할을 한 너무도 고마운 제자다.

김호연 박사는 7년간의 마이크로·나노로봇 연구개발을 통해 16편의 저널 논문을 발표했다. 나는 개인적으로 그와 같은 훌륭한 연구자가 대학교수로 자리 잡아 마이크로·나노로봇공학을 더욱 발전시켜주길 바랐지만, 그는 현재 요크 엑스포넨셜York Exponential에서 로봇 엔지니어로 산업용 로봇을 연구·개발하고 있다.

삶 속에서 만나는 인연은 종종 우연의 베일을 쓰고 아무도 모르게 찾아오는 경우가 있다. 나와 한국인 박사 제자들과의 인연이 그랬다. 다양한 문화적·종교적·환경적 배경에서 자란 다른 제자들과 달리, 그들과는 '한국인'이라는 동질감이 서로에게 많은 힘이 되어 더 많은 성과를 낳을 수 있었다. 열 손가락 깨물어 안 아픈 손가락이 없다고 하지만 그중에 특별히 아픈 손가락이 있다. 내 한국인 제자들을 떠나보낼 때마다, 더 가르쳐줄 수 있었는데, 더 잘해줄 수 있었는데, 더 도와줄 수 있었는데 하는 아쉬움과 애틋함이 더 큰 것은 그들이 나의 특별한 손가락이기 때문이다.

03
애제자에서 함께 진보하는 동료 연구자로
정유기 박사

성실함과 선량함, 과학적 호기심까지 겸비하다

2008년 봄학기 내가 맡은 기초 열역학 강의에는 드렉셀대학교 기계공학과 학부 2학년생 100여 명이 수강등록을 했다. 어떤 학생들이 등록했나 살펴보는데 유독 눈에 띄는 이름이 하나 있었다. U Kei Cheang이라는 이름이었다. 'U Kei'는 일본 이름 같았고, Cheang은 중국이나 한국 사람 성 같았다. 알고 보니 정유기 학생은 여섯 살 때 부모님을 따라 마카오에서 필라델피아로 이민 온 중국계 미국 학생이었다.

첫 기초 열역학 시험을 치른 후 채점을 마치자마자 나는 정유기 학생에게 이메일을 보냈다. 정유기 학생의 시험 답안이 100

여 명 수강생 중에서 독보적인 1등이었기 때문이다. 시험 성적에 대해 진심으로 칭찬하고 앞으로도 열심히 공부하라고 썼다. 정유기 학생은 말이 별로 없는 내성적인 성격이지만, 예의 바르고 미소가 온화한 노력파 학생이라는 것을 첫 만남에서도 알 수 있었다. 내 예감은 틀리지 않아서, 학기가 끝날 때까지 정유기 학생은 단연 돋보이는 성적으로 기초 열역학 수업에 두각을 나타냈다. 그래서 학부 학생들에게 연구 기회를 주는 헤스장학생프로그램에 그를 추천했다.

어느 날 정유기 학생이 헤스장학생으로 선발되었다며, 내 연구실에서는 어떤 연구가 진행되고 있는지 알고 싶다고 찾아왔다. 나는 마이크로·나노로봇에 대한 연구 동기와 연구 방향, 연구실에 들어오면 하게 될 연구에 대해 설명해주었다. 며칠 후 정유기 학생은 드렉셀대학교 헤스장학생으로서, 내 연구실에서 박테리아 편모를 합성하여 인공 박테리아로봇을 만드는 연구 프로젝트를 시작했다.

그는 과묵하지만 과학적 호기심이 많은 친구였다. 스스로 논문을 찾아보고 모르는 것이 있으면 내성적인 성격임에도 불구하고 내 방문을 두드리고 들어와 질문하는 것을 두려워하지 않았다. 단 한 가지 이상한 점이 있었는데, 항상 수업이 끝나자마자 집으로 갔다가 저녁 8시 이후에 다시 연구실에 나와서 학부 수업 준비와 실험연구를 하는 것이었다. 며칠을 지켜보다가 이유를 물었다. 영어가 서툰 부모님이 필라델피아 북부에서 작은 네일숍을 운영하는데 그 일을 돕기 위해 집에 다녀온다는 대답이었다. 나는 그의 효심이 깊은 것을 알고는 더욱 애정을 가지고 살피게 되었다.

정유기 학생은 그 후 2년 동안 연구실에서 성실히 인공 박테리아로봇 개발에 헌신한 결과 학부생으로서는 드물게 저널 논문 2편과 국제학회 논문 2편을 제2저자로 발표할 수 있었다. 이런 성과를 통해 학부 4학년 말에는 미국 국립과학재단의 대학원연구펠로십을 수상하는 영예를 안고, 박사과정을 마칠 때까지 전액 장학금을 받고 공부할 수 있는 기회를 잡았다.

세계 최초 트랜스포머 나노로봇을 함께 개발하다

나는 솔직히 NSF-GRF를 수상한 정유기 학생에게 내 연구실에서 박사학위를 받을 때까지 계속 함께하자고 말하고 싶었다. 하지만 그의 더 큰 학문적 성취를 위해서는 우물 밖으로 나가는 것이 좋겠다는 생각에 아이비리그 대학들과 몇몇 지도교수 후보를 소개해주었다. 그러나 정유기 학생은 부모님이 운영하는 가게 때문에 필라델피아를 벗어나서 다른 지역으로 갈 수 없다고 했다. 그 말을 들은 나는 다시 아이비리그 중 하나인 펜실베이니아대학교에 있는 몇몇 교수를 소개했다. 학부 때의 성과가 워낙 뛰어났던 정유기는 펜실베이니아대학교 기계공학과의 미세유체역학 대가인 하임 바우 교수에게서 바로 오퍼를 받고 박사과정 입학 허가를 받게 되었다. 그러나 좋은 조건이었음에도 불구하고 정유기 학생은 자신을 물심양면으로 지원해준 나를 배신할 수 없다며 드렉셀대학교에서 박사학위를 시작했다.

"유기야… 내가 생각할 때 하임 바우 교수 연구실에서 박사학위 연구를 하는 것이 맞는 것 같다."

"교수님, 저도 많은 생각을 했어요. 하임 바우 교수님은 유체공학을 연구하시지 마이크로·나노로봇을 연구하지는 않잖아요. 저는 로봇공학이 적성에 맞는 것 같아요."

"그래도… 드렉셀대학교 박사학위보다는 펜실베이니아대학교 박사학위가 네 꿈인 교수가 되는 데 훨씬 큰 도움이 될 수 있어."

"알아요, 교수님. 하지만 저는 출신 학교보다는 제 연구 결과로 제 꿈을 이루고 싶어요."

"그래 좋아! 그럼 우리 그 꿈을 함께 이루어보자!"

그와 나눈 대화는 감동 그 자체였다. 제자가 꿈을 꼭 이룰 수 있도록 나도 최선을 다해 도와주어야겠다고 결심했다. 정유기는 박사과정을 하는 동안, 나노미터부터 마이크로미터 크기의 자성입자를 서로 붙였다 떨어트렸다 자유자재로 제어하여, 입자들이 형태를 바꿔가며 유체 내에서 헤엄칠 수 있는 마이크로·나노 모듈식 로봇을 연구했다. 이 연구는 영화 〈트랜스포머〉에 나오는 한 장면에서 영감을 받았다. 영화 속에서 주인공이 모래 같은 물질을 한 움큼 쥐어서 공기 중에 던지면 그 작은 입자들이 서로 붙어가면서 점점 범블비 로봇의 형태가 만들어진다. 모래처럼 작은 물질이 서로 모여 형태를 바꾸다가 커다란 로봇이 되는 것을 보고 무릎을 쳤다. 우리 몸속의 유체 환경은 매우 다양하다. 그 때문에 각각의 유체 환경을 극복하며 정해진 목표 지점에 약물을 전달하기 위해서는 마이크로·나노로봇의 형태를 바꾸어가며 헤엄쳐나가야 한다는 발상이 떠오른 것이다. 그 아이디어로 연구를 시작했는데 이전의 누구도 해본 적 없는 실험이라 많은 시행착오를 거쳤다. 다행히도 헨리 푸 교수와의 공동연구로 실험적·계산적으로 나노입자들을 붙이고 떨어트리는 기본 원리를 이해할 수 있었다.

우리가 사용한 자성 나노입자는 미국 식품안전청이 의학적 사용 용도로 허가한 것으로 시간이 지나면 인체 안에서 자연 소멸되는 생물친화적인 입자였다. 이를 이용하여 막힌 혈관을 뚫어주는 실험을 시작했다. 동맥경화증 환자의 경우 대부분 혈관 폐색 등을 막기 위해 혈관에 스텐트를 주입하는 수술을 한다. 그런데 만성 동맥폐색증이 심장이나 경동맥에 발생했을 경우, 그

수술이 상당히 힘들고 성공률은 60% 내외로 낮기 때문에 새로운 수술법이 절실한 것이 현실이다. 자성 입자를 이용한 마이크로·나노로봇은 이 임무를 무선으로 수행할 수 있기 때문에 혈관 질병을 해결할 수 있는 새로운 기틀을 마련할 수 있는 획기적인 기술이다.

정유기 박사의 자성 입자를 이용한 마이크로·나노로봇의 연구 결과들이 저널 논문에 발표될 때마다 의학적·의공학적 마이크로·나노로봇의 기술 혁신과 가능성에 대해 많은 미디어가 대서특필하기 시작했다. 《포춘Fortune》, 《미국기계공학회 매거진ASME Magazine》, 《사이언티스트 매거진Scientist Magazine》, 《사이언스데일리ScienceDaily》, 《미국물리학회American Institute of Physics》, 연합뉴스 등이다. 2015년 12월 초 넷엑스플로Netexplo로부터 「넷엑스플로 10」 수상자로 선정되었다는 이메일을 받았다. 넷엑스플로는 디지털 기술이 사회와 산업에 미치는 영향과 변화 등을 관측하고 연구하는 독립된 기구다. 2008년부터 매년 전 세계 200명 이상의 기술 전문가와 비즈니스 전문가가 참여한 패널 투표를 바탕으로 유네스코, 프랑스 상원, 프랑스 디지털 경제 부처와 제휴하여 가장 유망한 혁신기술 100가지를 선정하여 「넷엑스플로 100」을 발표하고 있다. 그중에서도 가장 예외적이고 혁신적이며 전도유망한 10개 연구 기술 프로젝트를 수상자로 선정하여 프랑스 파리의 넷엑스플로 포럼에 초청하여 연구 결과를 발표하게 한다(그림 1). 나와 정유기 박사는 2016년 2월 10일 프랑스 파리 두핀대학교에서 열린 넷엑스플로 포럼에서 혁신기술상을 수상하는 영광을 안았다. 우리가 함께 연구한 마이크로·나노로봇이 사람의 동맥을 통해 수영하며 혈관의 막힘을 감지하고 제거하거나 몸 안의 특정한 부위에 정확하게 약물을 전달할 수 있는 잠재력을 인정받아 유네스코-넷엑스플로 10대 혁신기술상 수상자로 선정된 것이다. 또한 같은 해 세계 최초로 트랜스포머 나노로봇을 개발한 성과로 재미한인과학기술자협회와 한국과학기술단체총연합회에서 매년 공학 분야에서 뛰어난 기술적 공헌을 한 공학자에

그림 1 2016년 프랑스 파리 두핀대학교에서 열린 유네스코-넷엑스플로 10대 혁신기술상 시상식에서의 김민준 교수의 기조강연 모습

게 공동 수여하는 올해의 공학자상을 수상했다.

박사학위를 마친 정유기 박사는 박사후 연구도 나와 함께했다. 그는 박사학위 때의 연구와 달리 박테리아 편모를 이용한 표적지향형 약물전달용 나노로봇 연구를 이어나갔다. 살모넬라 박테리아에서 추출·합성한 편모에 초상자성 나노입자를 붙여, 로봇이 체내·외에 직접 약물을 전달할 수 있도록 설계했다. 초상자성 나노입자는 외부 자기장의 유무와 상관없이 자기적 성질을 갖는 입자다. 분산력이 좋고 콜로이드 상태로 안정성이 뛰어나서 자기공명영상 조영제, 약물전달 등 생체의약 분야에 널리 쓰인다. 여기에 박테리아 편모를 붙인 나노로봇은 자기공명영상의 회전 자기장 내에서 시계 방향 혹은 반시계 방향으로 회전하면서 움직이게 되며, 추진력이 강해 표적 세포벽을 뚫고 약물을 세포 내부에 전달할 수 있다. 따라서 의료 분야에 획기적인 공헌을 할 수 있을 것으로 기대를 모았다. 이 연구 결과는 《네이처Nature》 자매지인 국제 학술지 《사이언티픽 리포트Scientific Reports》에 실렸다. 학부부터 석사, 박사, 그리고 박사후 연구까지 나와 함께하며 많은 성과를 만들어낸 학생은 정유기 박사가 유일무이하다. 그에 대한 나의 애정은 정말 각별할 수밖에 없다.

선입견과 편견 속에서도 인내하며 때를 기다리다

심성이 고운 정유기 박사는 바쁜 연구 스케줄 속에서도 주말이면 자발적으로 꾸준히 지역 봉사활동까지 하고 있었다. 그는 연구실 책상머리 위에다 "주는 기쁨은 모든 것 중에서 가장 큰 기쁨이다The joy of giving is the greatest joy of all"라는 문장을 붙여놓고 연구하면서 항상 들여다볼 만큼, 나눔의 기쁨을 아는 제자였다. 마카오에서 필라델피아 북부의 낙후된 흑인 할렘 지역으로 이민 와서 경제적으로 힘들게 성장하던 어린 시절, 자신의 가족에게 도움을 준 많은 사람들에게 감사하며 언젠가는 이웃에게 받은 도움을 꼭 돌려줘야 한다는 신념을 가지고 살았다고 고백하는 꽃 같은 제자였다.

정유기 박사의 꿈을 함께 이루는 과정은 결코 쉽지 않았다. 함께 연구하며 20편가량의 저널 논문과 15편의 국제 학회 논문을 발표했지만, 그가 대학교수로 임용되는 데까지 오랜 시간이 걸렸다. 가장 큰 이유는 향수병으로 노후에 중국으로 역이민을 가고 싶어 하는 부모님 때문이었다. 미국 시민권자인 정유기 박사가 부모님 고향인 중국 광동성 지역에서 대학교수 자리를 찾으려고 하니 그 과정이 만만치 않았던 것이다. 그의 엄청난 연구 실적에도 불구하고 인터뷰 요청이 들어오는 곳이 거의 없었다. 미국 시민권자가 중국 대학에 지원하니 채용한다 하더라도 오래 있지 않고 미국으로 돌아갈 것이라는 선입견과 편견이 가장 큰 원인이었다.

중국의 아는 지인들에게 상황을 설명하고 도움을 요청했다. 중국 광저우 화남이공대학교에서 인터뷰 요청이 들어왔다. 한국으로 치면 카이스트와 포항공대 같은 중국 남부의 명문 이공계 대학이다. 그런데 인터뷰를 위한 항공료와 체류비를 본인이 부담하는 조건이었다. 그 소식에 정유기 박사가 인터뷰를 고사하려 했다. 나는 그의 꿈을 같이 이루겠다는 내 자신과의 한 약속을 지키기 위해 사비를 털어 제자의 등을 떠밀어 인터뷰에 보냈다. 인터뷰는 잘 진행된 듯했다. 총장 인터뷰까지 하고 돌아온 정 박사의 얼굴이 밝았다.

하지만 인터뷰가 끝나고 6개월이 되도록 광저우에서는 아무런 소식이 없었다. 기다리는 시간을 허비할 수 없어서 정유기 박사가 필라델피아 근교 로완대학교 기계공학과에서 한 학기 동안 방문 조교수로 강의할 수 있게 주선했다. 결국 화남이공대학교에서도 미국 시민권을 가진 정유기 박사가 오래 재직할 것이라는 보장이 없기 때문에 채용하지 않았다는 소식이 전해졌다.

사제 관계, 학교 간 MOU로 연결되다

나의 꽃 같은 제자는 실망하지 않았다. 문을 두드리면 열릴 것이고 누구든 구하는 사람은 받을 것이며 찾는 사람은 찾을 것이라는 말씀처럼 최선을 다하고 기다렸다. 두 번째 기회가 찾아왔다. 홍콩 옆 선전Shenzhen에 위치한 중국 남방과학기술대학교에서 인터뷰 요청이 온 것이다. 마침 기계공학과 학과장과 안면이 있었던 나는 제자가 인터뷰하기 전에 그 학과장에게 전화해서 화남이공대학교 인터뷰 얘기를 전했다. 그리고 정유기 박사가 중국의 대학에 지원하게 된 배경을 설명했다. 나는 언제든 정 박사와 함께 공동연구하고 그를 지원할 것이기 때문에 그를 뽑으면 "하나를 사면 하나가 공짜Buy One, Get One Free"의 효과를 볼 수 있을 것이라고 강조했다. 그렇게 인터뷰를 다녀와서 석 달 만에 나의 꽃 같은 제자는 그의 꿈을 펼칠 수 있는 기회를 얻게 되었다.

중국으로 떠나기 전, 정유기 박사가 필라델피아에서 텍사스주 댈러스 서던메소디스트대학교로 옮긴 나를 찾아왔다. 함께 PGA AT&T 바이런 넬슨 챔피언십 2016년 골프 경기를 갤러리로 관전했다. 골프는 우리 인생과 다르지 않다. 아무리 드라이브 샷을 잘 쳤다 하더라도 세컨 샷에 실수를 하면 그린에 공을 붙일 수 없다. 아무리 드라이브 샷, 세컨 샷을 잘 쳤어도 그린 위에서 마지막 퍼터에 집중하지 못하면 파Par를 놓칠 수 있다. 우리는 어느 샷에 실패할지 알지 못하고, 어느 샷에 행운이 따라줄지 알지 못한다. 따라서 순간순간 최선을 다해야 하고 그에 따른 결과는 담담하게 받아들여야 한다. 그날 우리는 학부부터 박사후 연구 과정까지 주마등처럼 스쳐 지나간 지난 10년이라는 시간을 되돌아보고 함께 만들었던 수많은 추억들을 이야기하며 크게 웃을 수 있었다. 온 마음에 행복이 넘쳐 흐르는 기분 좋은 시간이었다. 다음 날 공항에서 헤어질 때 정유기 박사는 나를 꼭 선전에 초대하겠다고 말했다. 나는 활짝 웃으며 그의 약속에 빅허그로 화답하고 내 꽃 같은 제자를 먼 곳으로 떠나보냈다.

2018년 봄, 중국 남방과학기술대학교 기계공학과장이 미국 출장길에 정유기 박사의 소식을 전하러 찾아왔다. 내가 말한 "Buy One, Get One Free"를 상기시키더니 더 나아가 중국 남방과학기술대학교와 서던메소디스트대학교가 MOU를 체결하여 연구 인력 교류와 공동연구를 활성화하자는 제안을 했다. MOU는 6개월 만에 결실을 보았다. 양측 총장의 사인으로 두 학교는 공식적인 연구·교육 파트너로 인적 교류와 공동연구를 활성화하기로 약속했다. 2019년 여름, 정유기 박사가 초청 이메일을 보내왔다. 남방과학기술대학교에 부임한 지 2년 만에 마이크로·나노로봇 연구를 위한 연구실 세팅이 완료되어서 제일 먼저 지도교수에게 보여주고 싶다는 내용이었다. 기쁜 마음으로 홍콩 출장길에 제자의 연구실을 방문했다. 제자의 제자들을 만나는 또 다른 기쁨까지 만끽했던 행복한 시간이었다.

교수가 된 이래 제자의 성공보다 기쁜 소식은 없었고, 제자의 실패보다 슬픈 소식은 없었다. 나의 제자들이 청출어람이벽어람青出於藍而碧於藍한다면 스승으로서 그보다 더 행복한 일은 없다는 것을 제자를 통해 알게 되었다. 정유기 박사를 만나고 돌아오는 비행기에서 내 자신의 연구 좌우명을 되새기며, 나 스스로 제자들에게 더 좋은, 더 유능한, 더 정직한 스승이 되어야겠다고 다짐했다.

우리는 사람을 통해 사람을 만난다.

좋은 사람은 좋은 사람을, 유능한 사람은 유능한 사람을, 정직한 사람은 정직한 사람을 만나게 해준다.

그러한 만남을 통해 우리는 진보한다.

04
다른 길을 찾아 떠난
아쉬움이 남는 제자들

미국의 대학교는 서로 다른 인종과 문화를 가진 다양한 나라에서 온 학생들이 모여 교육과 연구가 이루어지는 곳이다. 미국 교육은 다양성을 존중하는 것에서 시작한다. 미국이라는 나라 자체가 다양한 민족과 인종으로 구성되어 있기 때문이다. 처음 미국으로 이민 온 학생들이나, 유학 온 외국 학생들은 문화적·종교적·환경적 변화에 심한 스트레스를 경험하게 된다. 나 또한 유학생 시절 그런 경험을 했던 터라, 이란, 방글라데시, 스리랑카 등 땅끝에서 유학 온 학생들이 학업과 연구를 병행하는 동안 학문적 성취뿐 아니라 좀 더 안정적이고 편안하게 유학 생활을 할 수 있도록 모든 지원을 다 해주려고 노력한다. 하지만

다양한 배경의 학생과 함께 연구하면서 예기치 않은 많은 시행착오를 겪어야 했다. 그렇게 떠나보내야 했기에 아쉬움이 남는 학생들을 마음속에 다시 기억하고 싶다.

데이비드 카세일, 박사학위 대신 결혼을 선택하다

드렉셀대학교에서 기계공학 전공 필수 기초 열역학을 가르치는 동안, 우수한 학생들을 많이 만났다. 그들 중에서 데이비드 카세일, 정유기, 케빈 프리드먼이 대표적인 우수한 학생들이었다. 기초 열역학은 대부분 기계공학과 2학년 재학 중인 학생들이 수강하는데, 나는 강의 중에 눈에 띄는 학생들을 지켜보다가 학기가 끝날 즈음 면담을 통해 연구 기회를 주곤 했다. 데이비드 카세일은 한 학기 열역학 수업 중에 치러지는 세 번의 시험에서 모두 만점을 맞은 유일한 학생이었다. 두말할 것도 없이 학기가 끝나자마자 바로 연구실에서 마이크로로봇을 연구하도록 배려하고 급여 지급, 등록금 보조 등 경제적 지원도 아끼지 않았다. 김달형 박사가 세멜바이스대학교 의과대학에 세포배양 기술을 배우러 갈 때도, 학부 연구생이었던 데이비드 카세일을 동행시켜 연구 견문을 넓힐 수 있도록 특별히 배려하기도 했다. 그가 학부를 졸업하고 석·박사과정을 통해 훌륭한 연구자가 될 것이라는 확신이 있었기 때문이었다.

그런데 석사 1년을 마치고 데이비드 카세일은 사랑에 빠졌다. 어느 날, 연구실에 경찰관이 찾아왔다는 학생의 전화를 받고 무슨 사고가 일어난 줄 알고 다급하게 연구실로 뛰어 들어갔다. 내 예상과는 달리 연구실 분위기가 화기애애했다. 데이비드 카세일이 활짝 웃으며 여자 친구라고 경찰관 아가씨를 소개해주는 것이 아닌가. 연구실에서 집으로 돌아가는 길에 과속 단속에 걸린 우연이 인연으로 이어져 마침내 연인이 되었다는 영화 같은 사연을 들었다. 잘생긴 데다 뇌까지 섹시한 남자는 아무리 가난한 대학원생일지라도, 과속 티켓을 받는 그 어처구니없는 상황에서도, 아니 그보다 더한 어떠한 상황에서도 '찜'을 받는구나 하는 생각에 나도 모르게 뿌듯해하며 오피스로 돌아왔다.

그리고 6개월 후 데이비드 카세일은 석사를 마치자마자 그녀와 결혼하여 가정을 꾸리기 위해 취업을 해야겠다며 박사과정 진학을 포기했다. 지도교수로서 그가 석사를 마치고 박사까지 이어가기를 원했지만, 심사숙고 끝에 내린 그의 결정을 존중해줘야 한다고 생각했다. 그는 석사를 마치고 필라델피아 근교의 막스 레비 오토그라프Max Levy Autograph라는, 광학을 이용해서 나노테크놀로지를 개발하는 기업에 취업했다. 나와는 지금까지도 페이스북으로 소식을 전하며 지내고 있다. 애견 우노, 경찰관 아내와 함께 사이클을 즐기는 그의 일상을 볼 때면 데이비드 카세일의 결정을 존중하고 응원했던 내가 옳았다는 생각에 흐뭇하지만 여전히 많은 아쉬움이 있다. 얼마 전에는 갓 태어난 딸 사진을 보내왔다. 비록 박사를 포기하고 떠나긴 했지만, 종종 안부를 물어 오며 살갑게 인사하는 제자가 곁에 있다는 사실은 내게 큰 위안이 된다.

스콧 뉴브리, 학업 스트레스를 못 이기고 떠나다

조교수에서 부교수 승진을 하고 며칠 지나지 않았을 때, 스콧 뉴브리라는 아이비리그 명문 다트머스대학교의 학생에게 이메일을 한 통 받았다. 마이크로·나노로봇에 대한 관심을 설명하면서 연구장학생 오퍼를 받아서 박사과정에 입학하고 싶다는 내용이었다. 먼저 인터뷰를 통해 그의 인성과 적성에 대해 알아보고 오퍼를 내기로 결정했다. 화상 인터뷰를 하는데 그는 심하게 말을 더듬었다. 언어적 장애가 있는 것이 분명했다. 나는 그에게 기회를 주었다. 그가 언어적 장애 때문에 박사과정 연구를 하지 못할 것이라고는 생각하지 않았기 때문이다. 나는 내 촉을 믿었다. 하지만 내가 미처 손을 써보기도 전에 스콧 뉴브리는 두 학기 연속 학사경고를 받고 학교를 떠나야 했다.

드렉셀대학교와 다트머스대학교는 분기학기제 시스템으로 학사운영을 한다. 한국 학생들에게 익숙한 계절학기제의 경우 봄학기, 가을학기를 각각 14주 이상 길게 운영하고 여름방학과 겨울방학을 두지만, 몇몇 미국 대학교가 운영하는 분기학기제 시스템은 가을, 겨울, 봄의 학기마다 10주 동안 집중 강의를 통해 교과목을 가르친다. 여름 분기가 되면 학생들은 다른 분기학기처럼 10주 동안 수업을 듣거나 3개월 여름방학을 가진다. 분기학기제는 계절학기제에 비해 10주마다 반복되기 때문에 학생들은 늘 학업에 쫓기듯 바쁘고 더 많은 공부를 한다는 주관적인 느낌을 받을 수 있다. 학업에 집중력과 순발력을 요구하기 때문에 심한 스트레스를 받는 경우가 종종 있다. 특히 대학원생의 경우 학업과 연구를 병행해야 하기 때문에 그 스트레스가 과중될 수도 있다. 따라서 대학원 박사과정 입학을 결정할 때 그 대학교 대학원이 어떤 학기제를 운영하는지 곰곰이 살필 필요가 있다.

학사경고를 두 번 받고 떠나야 했던 스콧 뉴브리는 드렉셀 대학교가 다트머스대학교보다 이렇게까지 대학원 학사 운영이 빡빡한지 몰랐다며 황당해했다. 스콧은 3년 반 만에 박사학위를 받겠다던 당찬 포부와 함께 연구실에 들어온 지 6개월 만에 그렇게 떠났다.

B, 명예살인을 위해 학업을 그만두다

한때 건국대학교 신기술융합학과 박훈철 교수 연구실과 함께 사이보그곤충 개발을 위한 공동연구를 했다. 초소형 기계장치들을 개발하고 조립하여 로봇을 만드는 것보다 오랜 시간 진화를 거치면서 작은 몸집에 모든 것이 이미 최적화되어 있는 곤충을 사이보그로봇으로 만드는 것이 훨씬 경제적이고 효율적이라는 아이디어에서 출발한 연구 프로젝트였다. 드렉셀대학교에서 장수풍뎅이의 뇌를 미세단층촬영하여 전기 자극을 주기 위한 전극 설치 위치를 선정하면, 건국대학교에서 장수풍뎅이 뇌에 전극을 삽입하여 사이보그풍뎅이를 만들었다. 전극 4개를 오른쪽, 왼쪽 각 시신경계, 뇌의 중추신경계, 풍뎅이의 전흉 배판에 설치하고 전기 자극으로 풍뎅이의 날개짓을 제어하여 다양한 비행 기술을 실현시켰다. 그 결과 미국 국립과학재단으로부터 충분한 연구비를 받아 건국대학교와 공동연구에 박차를 가할 수 있었다. 이 공동연구를 위해 터키 출신 대학원생 2명을 뽑았다. 석사과정 연구 지도를 해줬던 알리 베스콕 교수에 대한 보은으로 언젠가 꼭 터키 학생을 제자로 삼고 싶었는데 우수한 터키 학생들이 오게 된 것이다.

사이보그곤충 프로젝트에 참여한 첫 번째 학생은 터키 국비장학생인 B였다. 터키에서 우수한 성적으로 대학을 졸업하고 석·박사과정을 미국에서 할 수 있는 국가장학생 시험에 응시해서 선발된 전도유망한 대학원생이었다. 대학 캠퍼스에 온 첫날,

내 오피스로 터키 전통 사탕을 선물로 가지고 와서, 본의 아니게 나에게 '사탕발림'을 한 살가운 학생이기도 했다. 학업도 연구도 열심히 했다.

그렇게 무난하게 한 학기가 끝나가는 줄 알았는데 동료 교수에게서 B가 기말고사를 보지 않았다는 연락을 받았다. 중간고사에서 탁월했던 학생이 기말고사를 치르지 않은 것이 이상하다며 무슨 일이 있는 것이 아닌지 확인 차 연락했다는 것이었다. 나도 굉장히 황당했다. B를 오피스로 불렀는데 그는 아무 말 없이 울기만 했다. 더욱 의아했다. 지도교수로서 자초지종을 알아야 최선을 다해 도와줄 수 있다며, 무슨 일이 있는지 상세하게 말할 준비가 되면 다시 오라고 위로하고 돌려보냈다.

서너 시간 후에 다시 올 줄 알았는데 일주일이나 지난 후, 터키로 귀국할 결심을 마친 다음에야 B는 나를 찾아왔다. 그가 들려준 얘기는 충격 그 자체였다. 그에게는 네 살 터울의 여동생이 있었다. 2월에 결혼할 예정인 그 여동생이 자신을 짝사랑하던 남자와 함께 사라졌다는 것이었다. B의 아버지는 당장 귀국해서 가문의 명예를 회복하라고 연락을 했다. B는 아버지와 친척들과 통화를 하고 고민한 끝에 귀국하기로 마음을 정했다고 했다.

나는 그의 말을 듣고 망연자실했다. 말로만 듣던 명예살인을 다른 사람도 아니고 내 제자가 석사·박사과정 5년간 보장된 국비 장학금까지 포기하면서 해야 한다는 말에 너무 당황스러워 어떻게 해야 할지 몰랐다. 터키 국비장학생의 경우 학위를 마치기 전에 귀국하게 되면 정부로부터 경제적 지원을 받을 수 없을 뿐만 아니라 국가장학생 지위까지 박탈된다. 그를 위해 무엇이든 해야 했다. 터키 출신 동료 교수들과 학과장에게 사실을 알리고 도움을 요청했다. 터키 출신 동료 교수 말에 따르면, 터키 정부에서는 성적 우수자를 대상으로 선발하는 국비장학생과 소수자를 배려해서 성적과 상관없이 선발하는 국비장학생이 있다고 했다. B의 출신 지역으로 보면 쿠르드계나 시리아계일 것 같다면서 그 지역은 터키 정부도 어떻게 할 수 없는 지역이라는 것이었다. 학생을 위해 할 수 있는 조치는 모두 취한 것 같으니 일단 기다려보자는 말로 나를 위로했다. 아무리 B의 아버지 입장에서 이 상황을 생각하고 이해하려 해도 그 어느 것 하나도 이해가 되지 않았다. 더욱 안타까운 것은 학교나 학과에서 어떤 도움을 주기도 전에 B가 이미 터키로 떠나버렸다는 사실이었다.

레이한 타스피나, 종교적 이유로 연구실을 옮기다

B와 함께 연구실에 조인한 터키 학생은 레이한 타스피나라는 여학생이었다. 터키 명문 중동기술대학 기계공학과에서 학부와 석사를 우수한 성적으로 마치고 박사과정에 입학한 학생이었

다. 그녀는 박사과정 연구 프로젝트로 사이보그곤충을 연구했다. 미국 농무성의 허가를 받아 한국에서 수입한 장수풍뎅이의 뇌구조를 미세단층촬영하여 뇌 부위별 기능을 연구하고 특정 부위의 신경 회로망을 전기로 자극해서 날개짓 운동 제어를 했다. 그뿐만 아니라 장수풍뎅이의 날갯짓을 모방한 초소형 비행체를 공학적으로 설계·제작하여 헬리콥터의 관절식 회전 날개의 상하 방향의 회전운동을 항공역학적으로 이해하고 미래의 초소형 사이보그곤충 드론 개발을 위한 기초 연구를 수행했다. 그녀는 건국대학교 박훈철 교수 연구실에 교환학생으로 방문해서 사이보그곤충 연구의 기초적인 실험 노하우를 배우고 돌아와 다양한 실험을 착실히 진행해나갔다.

그러나 아쉽게도 레이한 타스피나 역시 박사과정 연구 2년이 지난 어느 날 장수풍뎅이 실험을 그만두었다. 개인적으로나 종교적으로나 사이보그곤충 프로젝트가 본인과 맞지 않아 지도교수를 바꾸든지 다른 학교로 옮기겠다는 것이었다. 서운한 마음이 없지는 않았지만 최대한 그녀의 입장에서 생각하고 결론을 내렸다. 짧다면 짧고, 길다면 긴 약 2년의 기간 동안 함께 연구했기에 내 제자라고 생각했다. 학생의 연구가 행복하지 않다면 그 연구에 좋은 결과를 기대하기는 어려울 것 같았다. 내 박사 지도교수님이 해줬던, "너의 성공이 나의 성공이고, 나의 성공이 너의 성공이다"라는 말이 떠올랐다. 비록 내 연구실을 떠난다 하더라도 어디선가 그녀가 성공할 수 있다면 그 성공을 위해 떠나보내는 것이 지도교수의 도리라고 생각했다.

레이한 타스피나에게 동료 터키 교수인 첼란 쿰부르를 소개해주었다. 같은 중동기술대학교 출신이고, 컴퓨터 시뮬레이션으로 연료전지 실험연구를 하는 교수였다. 레이한 타스피나는 첼란 쿰부르 교수의 지도로 성공적으로 박사학위를 마쳤다. 현재는 보스턴에 있는 AvCarb 머트리얼 솔루션Material Solutions이라는 회사의 선임 개발엔지니어로서 차세대 연료전지를 연구·개발하고 있다.

연구만큼이나 어려운 학생 매니지먼트

우리의 삶이 그렇듯이 연구 프로젝트나 학생 매니지먼트도 마음대로 되지 않는 것이 대부분이다. 터키 학생들과 함께 사이보그곤충을 개발하려 했지만 프로젝트를 하는 중간에 두 학생이 모두 떠나버려 연구를 이어나갈 추진력을 상실했다. 그래서 과감하게 사이보그곤충 연구를 접었다.

레이한 타스피나가 연구실을 떠나기 두 달 전, 《매드 사이언스Mad Science》 매거진의 소피 부시윅 기자가 "사이보그곤충들이 세상을 바꾸는 5가지 방법5 Ways Cyborg Insects Could Change The World"이라는 제목의 기사를 통해 연구실에서 진행하고 있던 곤충 인공두뇌학에 대해 보도했다. 보도 기사에는 우리 연구실에서 진행되고 있던 사이보그장수풍뎅이의 비행 제어 연구와 케이스웨스턴리저브대학교 로이 리츠먼 교수 연구실의 사이보그바퀴벌레의 운동 제어 연구가 자세하게 소개되었다. 기사가 나가고 난 뒤 많은 사람들의 뜨거운 관심과 격려를 받았다. 하지만 장수풍뎅이의 뇌에 전극을 꽂아 사이보그를 만드는 것이 잔인한 동물학대라는 의견 또한 만만치 않게 많았다. 바퀴벌레 실험은 되고 풍뎅이는 안 된다는 모순적인 논리가 지배적이었다. 그 논리를 과학자로서도 공학자로서도 납득하기 어려웠다.

공학설계의 첫 번째 원칙은 단순화다. 이해하기 어려운 논리를 최대한 단순화하면 어떤 선택의 상황에서 결정을 내리기 쉽고 그 결정에 대해 후회가 거의 없다. 당면했던 많은 문제들 가운데 당시 내가 내린 결정은 사이보그곤충 연구를 접고 그 에너지를 마이크로·나노로봇에 더욱 집중하는 것이었다. 그 결정은 옳았던 것 같다.

05
스승을 뿌리삼아 세상으로 뻗어나가는 제자들

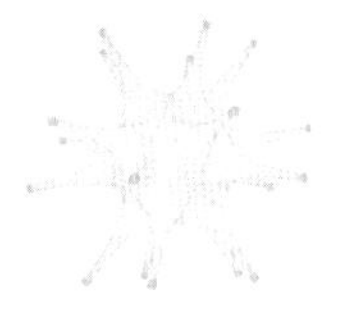

미국에서 석사, 박사, 박사후 연구 과정을 거치는 동안 4명의 지도교수를 만났다. 그 4명은 모두 그들 자신만의 교육철학과 연구철학이 있었다. 어느 것은 마음에 와닿았지만, 어느 것은 그렇지 못했다. 서로 다른 지도교수와 서로 다른 연구 프로젝트를 수행하면서 많은 것을 경험할 수 있었다. 지도교수는 어찌 보면 낯선 여행지의 관광 가이드와 같다. 가이드의 역량과 가치관에 따라 여행의 질이 달라지듯 지도교수의 역량과 가치관에 따라 연구의 질이 달라진다. 연구 과정 중 예기치 못한 여러 상황들을 경험하며 때로는 지도교수에게 혼나기도 하고, 때로는 지도교수에게 칭찬을 듣기도 하고, 때로는 지도교수의 말 한마디, 행동거

지 하나에 감동을 받거나 실망하기도 한다. 난 그 상황들 속에서 '나중에 교수가 되면, 이런 것은 지도교수님처럼 해야지!' 혹은 '난 절대 지도교수님처럼 하지 않을 거야!'라는 생각을 했다. 드렉셀대학교에서 테뉴어 트랙 조교수를 시작했을 때, '지도교수님처럼 해야지!'라고 생각했던 것들을 떠올리며 연구실 학생들을 지도하려고 노력했다.

그렇게 1년이 지나고, 5년, 10년이 지나면서 많은 제자들을 만나고 경험하면서 지도교수로서 제자를 대하는 나만의 철학이 자리 잡기 시작했다. 내가 깨달은 것은 어쩌면 아주 단순한 것일지 모른다. 연구는 사람이 한다. 스승과 제자라는 사람과 사람의 관계에 따라 연구가 즐거울 수도 있고, 고통스러울 수도 있다. 즐거운 연구실 생활은 연구에 큰 원동력이 된다. 언제부터인가 나 자신에게 '어떻게 하면 여행(연구)을 하러 온 고객(학생)에게 더 즐겁고 더 유익한 여행(연구)이 될 수 있도록 도와줄까?'라는 물음을 던지고 그에 대한 답을 찾기 시작했다. 계절에 따라 여행 오는 고객들이 다르듯이 학기마다 연구를 하러 오는 학생들이 달라 정해진 답은 없었다. 하지만 학생들을 정해진 기준을 가지고 대하기보다는 관계로 이해하려 노력했다.

나의 박사 지도교수는 연구실 박사과정 학생들에게 "탁월한 학생은 박사학위 받는 데 3년이면 충분하다. 그렇지 못한 학생은

4년을 하나 5년, 6년을 하나 별반 차이가 없다. 그래서 나는 4년 이상 박사과정 학생을 데리고 있지 않는다"라는 말을 항상 했다. 3년 만에 MIT에서 박사학위를 받은 본인을 기준으로 둔 것이다. 그 기준으로 보면 그에게 제자는 탁월하거나 탁월하지 않은 두 부류밖에 없는 셈이다.

나도 한때는 학생을 평가하는 내 나름의 기준이 있었다. 시간이 흐른 뒤 그 기준에 따라 제자들을 평가하는 것이 얼마나 의미 없는 것인지 깨달았을 때 많이 부끄러웠다. A 프로젝트와 B 프로젝트를 수행하는 두 제자를 논문이라는 연구 성과를 기준으로 평가하는 것은 많은 문제가 있었다. 두 프로젝트는 본질적으로 다르고, 연구 성과의 파급력 또한 다르기 때문이다. 기준은 상대적인 것이고, 기준에 따른 판단은 연구에 따라 다를 수 있다.

스승이 제자에게 화를 내는 이유는 제자가 스승의 기준을 만족시키지 못하기 때문이다. 이것을 많은 제자들을 통해 깨달은 후로는 제자의 연구에 대해 어떤 기준도 두지 않기 시작했다. 대신 기준이 아닌 관계로 제자를 보기 시작했다. 스승으로서 내가 이끌어야 하는 관계로 제자를 대했다. 그렇게 하니 제자들을 기준에 따라 비교하지 않게 되었고, 무엇보다도 모든 관계가 편하고 아름다워졌다. 제자도 기준이 아닌 관계로 자신을 대하는 지도교수에게 살갑게 다가왔다. 관계가 편하고 즐거워지니 연구가 재밌고 행복해졌다.

천륜의 관계라고 말하는 부모와 자식도 한쪽이 세상을 떠나면 그 관계가 끝이 난다. 하지만 지식과 학문을 추구하는 학계에서 스승과 제자의 관계는 학맥學脈에 의해 죽어서도 이어지는 맺음이다. 스승이 나무의 뿌리 같은 존재라면 제자는 세상을 향해 뻗어나가는 가지다. 가지에 잎이 달리고 꽃이 필 수 있도록 뿌리는 끊임없이 물과 영양분을 공급해주어야 한다. 가지는 뿌리로부터 받은 물과 영양분으로 더 튼튼하게 뻗어나가야 하고 열심히 꽃을 피워야 한다. 이 관계를 이해한다면 종종 신문기사에서 접하는 '교수 갑질'이라는 행동은 상상할 수도 없는 일이다. 제자를 교수의 기준으로 평가하는 대신 관계로 생각할 때, 소통은 수직이 아닌 수평이 된다. 편견 없는 눈으로 현상을 바라보고 그 현상을 이해하고 과학적으로 해석하는 것이 연구다. 그 현상을 바라보는 것은 연구자의 눈이다. 스승과 제자가 서로 같은 눈높이를 가지고 역지사지적 수평적 소통을 해야 하는 이유다.

나는 연구하는 사람이다. 앞으로도 GNR를 통한 마이크로·나노로봇 연구를 위해 수많은 학생을 만날 것이다. 짧게는 몇 달, 길게는 몇 년 동안 연구실에서 그들과 함께 부대끼며 생각을 나누고 실험을 통해 상상을 현실로 만들어나가는 과정을 무한반복할 것이다. 같은 공간에서 같은 시간을 공유하며 학생들과 스승과 제자라는 아름다운 관계를 맺고 연구할 때 나뭇가지는 무성하게 세상을 향해 뻗어나갈 것이고 그 가지는 꽃들로 만발할 것이라 믿는다. 이 믿음이 오늘도 연구실에서 학생들과 즐겁게 아름다운 연구를 할 수 있는 원동력이다.

5장

나노로봇공학자가 상상하는 미래

오늘의 상상과
내일의 현실을 연결하다

상상이 현실이 될 때 그것이 '혁신'이다. 연구를 사람이 한다면, 융합도 혁신도 사람이 한다. 다양한 사람이 함께하면서 하나하나 이루어가는 융합 기술이 혁신을 만들어낸다.

01
아직 누구도 보지 못한 풍경
실패를 즐기는 모멘텀이 되다

해발 1,500m에 위치한, 남아메리카의 봄의 나라 과테말라. 지난여름 과테말라 작은 도시 파나하첼의 골목골목을 거닐다가 생각지도 못한 태극기를 보고 들어간 곳이 있다. 바로 브라운 홀릭 카페 로코Café Loco! 그곳에는 오직 커피 하나 때문에 지구 반대편까지 날아온 한국 청년들이 맛난 커피를 내리고 있었다. 한국 사람들에게 잘 알려지지 않은 아티틀란 칼데라 호숫가에 있는 작은 도시의 길모퉁이에서 20대 바리스타 친구들이 내려준 그 진한 커피 맛을 나는 잊을 수 없다.

가장 맛있는 커피가 재배되기 위해선 화산·고산지대의 기후가 필수다. 카페 로코의 청년들은 가장 좋아하고 가장 잘할 수 있는 커피에 도전하기 위해 최적의 기후 조건을 지닌 파나하첼에 정착했다. 그들의 무모한 도전에 현지인들은 'Loco'(스페인어로 '미쳤다'라는 뜻)라고 말했고, 그 말이 카페의 이름이 되었다. 대한민국 젊은 바리스타들의 열정은 세계의 커피 입맛을 사로잡아, 세계적인 여행 정보 사이트 '트립어드바이저'는 카페 로코를 과테말라 최고 업체 중 한 곳으로 선정했다. 카페 로코의 이야기는 우리나라의 방송과 뉴욕의 잡지에도 소개되었다. 나는 그들의 아름다운 도전에 가슴이 뭉클했다. 그들에게서 미국의 여성 비행사 아멜리아 에어하트의 도전을 보았기 때문이다. 에어하트는 "다른 사람들이 할 수 있거나 할 일을 하지 말고, 다른 이들이 할 수 없고 하지 않을 일들을 하라!"라는 말을 남겼다. 이 말처럼 그들은 조국에서 이역만리 떨어진 이름조차 낯선 도시에서 아무도 시도하지 않았던 도전을 하고 있었다.

카페 로코의 청년들은 언어와 문화의 차이 등 많은 어려움을 극복하고 지금은 생산한 커피의 10%는 현지 카페에서 소화하고, 나머지 90%는 수출하고 있다고 한다. 판매 수익의 일부는 선교와 자선사업에 쓰고 있다는 말을 듣고 그 아름다운 나눔에 한 번 더 머리가 숙여졌다. 그들과의 만남은 내 자신을 다시 돌아보는 계기가 되었다.

'귀한 자식은 여행을 보내라'라는 옛말이 있다. 여기서 여행은 꼭 비행기를 타고 멀리 떠나는 것만 의미하지는 않을 것이다. 부모로서 아이스크림이 먹고 싶다는 아이에게 늘 먹는 아이스크림을 사다 주기보다, 아이가 아직 맛보지 못한 새로운 아이스크림에 도전할 수 있는 기회를 만들어주는 것은 어떨까? 예를 들어, 배스킨라빈스에 데려가서 10여 가지 다양한 맛의 아이스크림들 중 아이가 아직 맛보지 못한 아이스크림을 고르게 하거나, 아조또AZOTO처럼 지금껏 먹던 것과 전혀 다른 질소 아이스크림을 알려줄 수도 있다. 그렇게 아이는 세상에 매우 다양한 아이스크림과 새로운 맛이 있다는 것을 하나하나 알게 되고, 새로운 것을 맛보는 즐거움에 행복을 느끼고, 새로운 맛을 찾아 떠나는 도전에 익숙해질 수 있을 것이다.

대학교 2학년 때, 어머니가 나에게 유럽 배낭여행을 다녀오라고 거금을 마련해줬던 일이 떠오른다. 그 돈을 받아 친구들과 부산, 대구, 서울에 있던 나이트클럽을 하루하루 여행했다. 받은 돈을 3일 만에 다 써버리고, 친구들한테 빈대 붙어 이 집 저 집을 전전하며 한 달 반을 지내다 집으로 돌아갔다. 사진기를 소매치기당해 사진 한 장 없다고 너스레 떠는 내 말을, 어머니는 알고도 속아준 건지 정말 믿었던 건지 지금도 알 수 없다. 20년이 지난 2012년에 독일 막스플랑크연구소에서에서 안식년을 가질 때 유럽 이곳저곳을 여행하며 많은 것을 보고 느끼고 배우면서, '만약 그때 유럽 배낭여행에 도전했더라면 더 일찍 더 큰 세상을 보고 느끼고 배울 수 있었을 텐데…' 하며 뒤늦은 후회를 했다. 20년 전에 이미 유럽을 보고 배우고 느낄 수 있는 기회를 스스로 차버렸기 때문이다. 새로운 것을 보고 느끼고 배우는 도전이 두려웠다. 항상 익숙한 환경 속에 안주하며 그 안에서 즐거움을 찾으려 했던 난 더 일찍 도전의 새로운 맛을 느낄 필요가 있었다.

나는 항상 연구실 학생들에게 말한다. "첫째가 돼라! 첫째가 되기 위해 최선을 다해라! 실험의 어떤 실패도 걱정하지 마라!" 인생은 꿈꾸며 행동하는 대로 이루어진다. 실패는 성공을 위한 과정이다. 실패에 부끄러움은 없다. 오히려 꿈꾼 인생을 꿈 안에 내버려두는 것이 더 부끄러운 일이다. 항상 긍정적 사고를 가지며 실패에 익숙해져야 한다. 긍정은 긍정을 불러오고 그 긍정은 우리를 행복하게 만든다. 세상은 과정보다 결과를 중요시한다. 하지만 우리는 과정에서 배운다. 결과에 집착하게 되면 목표를 이룬 후 모든 것이 허망할 수 있다. 목표는 방향성을 가질 뿐 항상 조정 가능하며 조정해야 한다. 꿈을 이룬 사람보다 꿈을 이루어나가는 사람이 더 행복하다.

박사과정 첫 학기 어느 날, 지도교수가 뜬금없이 Ph.D.A Doctor of Philosophy가 무엇이라고 생각하냐고 물었다. 박사학위라는 것밖에 떠오르는 것이 없어서 대답을 못 하고 가만히 있었다. 지도교수는 이렇게 말했다. "Ph.D.는 운전면허증 같은 거야. 난 네게 운전하는 방법, 차가 고장 났을 때 수리하는 법, 연료가 떨어졌을 때 채우는 방법을 가르쳐줄 거야. Ph.D.라는 운전면허증을 받고 어디를 향해 운전해 갈지는 바로 네가 정하는 거야!" 똑같은 질문과 대답을 내 학생들에게 해준다. 그리고 덧붙여 난 아직도 운전 중이라고 말한다.

첫째가 되기 위해서는 남들이 가지 않는 길로 가야 한다. 도전 없이는 불가능하다. 실패를 두려워하는 사람은 남들이 가지 않는 길로 접어들기 어렵다. 실패가 두렵다면 과학자나 공학자가 되면 안 된다. 우리는 실패를 밥 먹듯 하는 사람들이니까. 아침에 밥을 먹었다고 해서 점심이나 저녁을 굶지 않는다. 마찬가지로 실패를 한 번 했다고 해서 다음의 시도를 멈추면 안 된다. 밥 먹듯이 실패하고 밥 먹듯이 시도하는 삶, 그것이 과학자와 공학자의 숙명이다.

20년 연구를 하면서 수많은 실패를 맛보았다. 아직도 아쉬운 실패는 박테리아의 지형인지감각Geotaxis을 실험적으로 증명하는 것이다. 박테리아에게 작은 공간과 넓은 공간을 만들어주면, 작은 공간보다 넓은 공간에서 자유자재로 움직이는 것을 선호한다. 이를 바탕으로 논리회로를 만들어 박테리아의 운동성을 일정한 방향으로 유도하려고 했던 실험이었다. 하지만 방대한 양의 실험과 데이터 분석에도 불구하고 박테리아의 불규칙적 운동성 때문에 모션을 제어하는 데 실패했다. 같은 논리회로 안에서 박테리아의 상태에 따라 실험 결과가 달랐다. 무엇보다 실험 결괏값에 대한 재연성을 담보하기 힘들었다. 실험 데이터 분석에 의한 과학적 물증에 의존하지 않고 단지 심증만 믿고 다양한 실험을 방만하게 진행하다 보니 나중에는 박테리아의 불규칙적 운동성처럼 실험의 방향성을 잃어버려 오도 가도 못하는 상황에 도달했다. 심증이 아닌 과학적 물증에 의한 실험의 설계와 실험 방향의 재설정이 얼마나 능률적이어야 하는지를 뼈저리게 느끼게 해준 연구였다.

실패를 거듭하다 보면 종종 행운도 찾아온다. 세포를 이용해 마이크로로봇을 만드는 실험을 할 때였다. 보통 자성을 가진 미생물은 독성이 강해 인체 내에 주입하기 어렵다. 따라서 인공적으로 자성을 가지는 하이브리드 세포로 만들어야 한다. 이것은 굉장히 도전적인 과제였다. 하지만 우연히 섬모충류에 속하는 원생동물인 테트라하이메나가 자성을 띤 나노입자를 먹이인 줄 착각하고 삼켰다가 서너 시간 후에 토해낸다는 사실을 알게 되었다. 어느 날 학부생 하나가 대학원생이 실험 중이던 테트라하이메나 배양액에 장난으로 나노입자를 살짝 넣고 퇴근했다.

다음 날 대학원생이 실험을 하는데 세포의 몸 안에 이상한 점들이 있는 것이 보였다. 그는 학부생에게 뭘 했길래 자기 세포들이 점박이가 됐냐고 물었다. 학부생은 모르는 척 시침을 뗐다. 그런데 몇 시간 후, 학부생이 현미경을 들여다보니 점박이 세포들이 온데간데없었다. 깜짝 놀란 학부생은 자신이 장난했던 실험을 반복해보았다. 그랬더니 세포들이 나노입자를 삼켰다 뱉는 것이 아닌가! 외부 자기장을 이용하여 세포가 삼킨 내부의 나노입자들이 긴 나무막대기 모양으로 결합하도록 만들어서, 세포가 나노입자를 뱉어내지 못하게 했다. 그 결과 자성을 가진 나노입자들을 삼킨 테트라하이메나는 외부 자기장으로 제어할 수 있게 되었고, 세포를 이용한 다양한 로봇으로 활용할 수 있게 되었다.

우리가 사는 현실 세상에서 모바일 로봇은 자체에 동력원과 센서를 지니고 있기 때문에 환경을 스스로 인식하고 행동한다. 예를 들어 도로를 달리는 자율주행 자동차는 시작점과 목표점을 입력하면 시작점부터 정지된 장애물과 움직이는 장애물을 인식하고 회피하며 목표점까지 무사히 도착할 수 있어야 한다. 마찬가지로 약물전달용 마이크로·나노로봇은 인체 안에서 혈관이나 기관 내의 다양한 장애물을 극복하고 정확한 목표점에 약물을 전달해야 한다. 그런데 로봇의 크기가 머리카락 두께보다 10배나 작기 때문에 배터리 같은 동력원을 탑재할 수 없다. 따라서 박테리아를 마이크로 구조물에 붙여서 전기장, 자기장, 빛, 온도 같은 외부 자극으로 운동성을 제어해서 로봇을 조정한다. 하지만 눈에 보이지 않는 물체를 인식하여 회피하는 것은 쉽지 않다. 수많은 공학적 설계와 제어 기술 개발의 실패와 도전을 반복하면서 마침내 시작점부터 모든 정지해 있는 장애물과 움직이는 장애물을 회피하면서 목표점에 도달하는 자율주행 박테리아 동력 마이크로로로봇 개발에 성공할 수 있었다. 수학적 모델링부터 전기장·자기장 제어 시스템 설계·제작·완성, 제어 알고리즘 설계·제작·완성 등에 4년이라는 시간이 걸렸던 도전의 결과물이었다. 로봇이 각각의 장애물을 전기장 변화를 통해 자율적으로 인식하고 회피하는 순간순간에 느꼈던 그 짜릿한 감정을 아직도 잊을 수가 없다.

끊임없는 실패에도 불구하고 실패를 즐기며 앞으로 한 발 한 발 나아가는 모멘텀은 첫 번째가 되었을 때의 신선한 성취감 때문인 것 같다. 아무도 걷지 않은 첫눈이 소복히 쌓인 길을 걸어본 경험이 있는 독자라면 쉽게 공감할 수 있을 것이다. 아무도 가보지 않은 길에 과감하게 들어서서 묵묵히 가시밭길을 헤치며 한 발 한 발 나가다 만난, 이 세상 누구도 보지 못한 더없이 아름다운 풍경! 아무도 걸은 적 없는 사막 모래 위의 신기루를 따라가다 만난 생명의 오아시스! 이런 느낌이 어제도 오늘도 내일도 나를 연구의 길로 이끈다. 더없이 아름다운 풍경과 오아시스를 만나도 나는 잠시 머물 뿐, 이내 발길을 재촉해 또 다른 길을 나선다. 지금 만난 것보다 훨씬 더 멋지게 펼쳐질 또 다른 풍경과 오아시스를 만나기 위해서 현재에 만족하지 않고 다시 길을 떠나는 것이다.

02
수학이라는 언어
자연현상을 읽고 상상을 현실화하다

나는 어릴 때부터 사진 찍는 것을 좋아했다. 세상의 아름다운 것들을 사진 안에 담아두고 보고 싶을 때 언제든지 볼 수 있다는 사실 자체가 신통방통한 것이었다. 대학 때, 첫 아르바이트로 장만한 물건도 중고 카메라였다. 여행을 가면 사진 찍기에 몰두한다. 잊힐 수 있는 시간과 풍경을 사진에 담는다. 나의 흔적을 사진 속에 적어놓는다. 사진을 보면 사진사의 세상 읽는 구도가 보인다. 창조적·능동적 구도와 습관적·수동적 구도는 분명히 차이가 난다. 창조적 구도는 사물을 찍는 사람만의 독창적 시각으로 새롭게 구성해 찍은 것이다. 아래에서 위로, 비스듬히, 종종 거꾸로… 빛이 사물과 만나는 각도는 그 빛의 양을 조절하며 사

물의 본질적 색채감에 다양성을 부여한다.

색은 개성이다. 각기 다른 색을 섞으면 검정이 된다. 검정은 카오스다. 사실 우리는 카오스 안에서 질서를 지키며 산다. 창조적 구도는 늘 새롭다. 항상 자신의 눈높이 시각으로 바라보는 습관적·수동적 구도에 익숙한 우리에게 신선하게 다가온다. 늘 보던 그 프레임 안의 세상이 아니기에 감동이 있다. 늘 보는 내 프레임 안에, 내 눈높이에 세상을 맞출 때, 어제의 세상, 오늘의 세상 그리고 내일의 세상은 별반 다르지 않다. 나의 구도가 바뀌지 않을 때, 내가 본 세상은 남들이 본 세상과 다르지 않다. 같은 사물도 보는 시각에 따라 다른 배열과 다른 아름다움이 있기 때문이다.

나는 나만의 구도로 세상을 읽으려 노력한다. 그 안에 그려진 다름 속에 숨겨진 아름다움을 탐한다. 사람을 볼 때도 창의적 사진사의 눈으로 바라보면, 한 사람 한 사람마다 아름다움을 발견할 수 있고, 새삼스럽게 감동을 느끼게 된다. 창의적·능동적 구도는 삶을 풍요롭고 아름답게 한다.

과학이 현상에 대한 끊임없는 의심에서 시작한다면, 공학은 융합을 통한 혁신에서 시작한다고 생각한다. 따라서 현상에 대해 질문하고 기본적인 답을 구해가는 것이 과학이고, 시스템의 개선점을 발견하여 끊임없이 향상하고 발전시키는 것이 공학이다. 개선점을 발견하려면 사진을 찍을 때처럼 창의적·능동적 구도와 과학적·공학적 지식과 도구가 필요하다.

상상을 현실화하는 도구 중 하나가 수학이다. 머릿속의 생각을 언어로 표현하듯이, 수학을 통해 상상을 과학적·공학적으로 표현한다. 나는 한국에서 고등학교 다닐 때 미·적분을 배웠고 공과대학을 다니며 편미분과 텐서Tensor 같은 고등 수학을 배웠지만, 수학을 과학적·공학적 언어로 사용하는 데 미숙함이 많았다. 대부분의 한국 학생들이 어려서부터 영어를 배우지만 막상 외국인과 만나 대화할 때면 소통의 어려움을 겪는 것과 마찬가지 상태라고 생각하면 이해가 쉬울 것이다.

공과대학 1학년 때 고등 수학을 배울 때는 도통 무슨 말을 하는지 알 수가 없었다. 대학 졸업할 때까지 수학을 별도로 공부하지 못했고, 대학을 마치고 군대 생활을 하면서는 내 삶에서 수학의 중요성을 인식할 기회조차 없었기 때문이다. 그런데 유학을 와서 대학원 두 번째 학기에 전공필수과목이라 어쩔 수 없이 고등 수학을 수강해야 했다. 아이러니하게도 미국 공과대학교 대학원 고등 수학은 내가 대학교 학부 1학년 때 들었던 바로 그 과목이었다. 다른 점은 대학교 1학년 때의 고등 수학 선생은 기계공학과 교수였고, 미국 공과대학교 대학원 고등 수학 선생은 수학과 교수였다는 것뿐이다. 영어를 문법·읽기 위주의 한국인 영어 선생님에게 배운 것과 말하기·듣기 위주의 원어민에게 배운 것의 차이를 안다면, 내가 배운 고등 수학의 차이를 이해할 수 있을 것이다. 석사·박사과정을 하는 동안 지도교수와 미팅할 때는 항상 수학을 언어로 사용했다. 유학 초기, 영어라는 언어를 통한 의사소통(말하기·듣기)은 어려웠지만 수학이라는 언어를 통한 의사소통은 오히려 쉬웠다. 공학은 이렇듯 수학이라는 언어를 통해 의사소통이 이루어지기 때문에 영어가 부족한 이공대 출신의 유학생들도 얼마든지 유학이 가능하다.

공간은 3차원이라 x, y, z가 있고 시간인 t가 있어 우리는 4차원 시공간에 산다. 1차원 x와 다른 1차원 y가 서로 만나면 xy 평면을 그리는 2차원이 되고, x, y, z가 만나면 3차원 공간이 된다. 각 차원을 시간값으로 나누면 미분이 되고 3개의 차원값들 중 하나는 묶어두고 나머지 2개에 변화를 주면 편미분이 된다. 4가지 변수들을 어떻게 표현하는지 이해하고 적용하는 것이 결국 수학이다. 실험을 통해 알 수 있는 값과 알 수 없는 값을 상수와 변수로 놓고 수학적 모델링을 하고 변수를 어떻게 찾을까 고민하는 것이 실험의 시작이다.

석사 지도교수는 응용수학자였다. 컴퓨터 수치해석을 통해 현상을 설명하고 시스템의 개선점을 찾는 연구를 했다. 상상을 표현하는 수학이라는 도구가 컴퓨터와 만날 때의 시너지는 상상

이상이었다. 내가 대학 다닐 때 배운 컴퓨터 프로그래밍 언어는 포트란Fortran이었다. 대학을 졸업할 즈음에 몇몇 학생들이 C라는 컴퓨터 프로그래밍 언어를 배웠지만 난 별로 관심이 없었다. 유학을 와보니 컴퓨터 프로그래밍을 하는 학생과 못 하는 학생의 연구 능률이 하늘과 땅 차이만큼 컸다. 예를 들어 컴퓨터 프로그래밍을 못 하는 학생은 데이터를 일일이 엑셀 파일에 넣어 결괏값을 찾지만, 프로그래밍을 하는 학생은 몇 줄의 컴퓨터 언어를 이용해 데이터를 통째로 분석할 수 있었다. 실험값만 가지고 있으면 학생은 놀아도 데이터 분석은 컴퓨터라는 친구가 대신 해주는 형국이었다. 컴퓨터 프로그래밍과 실험이 만나게 되면 자동화가 이루어질 수 있다. 로봇공학은 자동화에서 시작하고 자동화를 위한 학문이기도 하다. 따라서 로봇공학은 수학에 기초해서 컴퓨터 프로그래밍을 통해 현실화된다.

군집 제어는 여러 로봇을 동시에 조종하는 기술이다. 약물전달의 효율을 극대화하여 100개, 1,000개의 약물전달체를 암세포나 특정 부위에 보내기 위해 제어를 한다. 마치 저수지 위를 나는 군집 형태의 수백, 수천 마리의 철새들을 외부 자기장이나 전기장으로 제어하여 정확한 목표점까지 이동시키는 것과 같다. 이것을 어떻게 수학으로 표현할 수 있을까?

$$X_i = g_i(X_i)v + h_i(X_i)\omega;\ X_i \triangleq (x_i; y_i; \theta_i)^T$$

하얀 도화지 위에 상상을 그려나간다. 철새 1번, 철새 2번… 철새 i번, 이들이 모여 커다란 군집 X를 형성한다. 군집(X)에는 i만큼의 철새들이 있다. 그 철새들이 2차원 공간이동을 한다면 xy 평면 안의 시작점에서 목표점까지 어떤 경로를 그릴 것인지 생각해본다. 그리고 그 경로로 군집이 이동하는 상상을 해본다. 100마리 전부 다 경로를 따라서 움직이지는 않을 것 같다. 사람도 100명을 세워놓고 좌향좌 우향우를 하면 꼭 반대 방향으로 몸을 트는 사람이 몇 명은 있다. 하지만 군집을 이탈하는 철새를 최소화하는 것을 목표로 삼는다. 경로는 시작점에서 어떤 방향으로 이끌어나가느냐에 따라 달라지므로 θ를 지정해주어야 한다. 1번부터 i번까지의 철새를 행과 열을 맞춰 군집 형태로 세워본다. 수학적으로 행렬이 딱이다. 종종 철새들이 자리바꿈을 할 수 있다. 그래서 특별한 트랜스포즈(전치행렬, 즉 행과 열을 교환하여 얻는 행렬)를 썼다. 이렇게 군집 형태의 철새들을 수학적으로 표현해내고 일정한 힘을 x, y, θ 방향으로 이끌어주면 군집 제어를 할 수 있다.

하이드로젤이라는 생체적합물질에 50nm 지름의 자성 입자를 섞으면 동글동글하고 물컹물컹한 소프트-마이크로로봇이 된다. 지름이 0.1mm로 우리 머리카락 두께보다 얇다. 앞의 수학적 군집모델을 이용하여 x 방향, y 방향, 그리고 θ 방향에 자기장을 조절하며 힘을 가해주면 수백 개의 소프트-마이크로로봇들이 군집이동을 한다. 자기장의 크기와 방향 변화에 따라 경로 계획이나 동작 계획을 할 수 있다. 100~200개의 소프트-마이크로로봇들이 몰려다니며 커다란 구조물을 밀어서 a라는 곳에서 b라는 곳으로 운반할 수도 있다. 수십 마리의 개미들이 자기 몸보다 훨씬 큰 비스킷을 짊어지고 이동하는 것과 같은 원리로 로봇을 제어할 수 있는 것이다.

세상 사람들은 서로 다른 언어를 가지고 있다. 우리는 한국어, 중국 사람은 중국어, 미국 사람은 영어로 자신의 생각을 표현하고 의사를 전달한다. 나 같은 로봇공학자는 수학이라는 언어를 통해 상상을 현실화하고 자연현상을 읽고 표현한다. 도구란 자꾸 쓰면 익숙해지게 마련이다. 수학에 대한 두려움이나 선입견이 있다면 수학을 우리가 사용하는 언어로 생각하라고 조언하고 싶다. 그렇게 생각한다면 세상을 읽는 또 다른 방법을 이해할 수 있을 것이다.

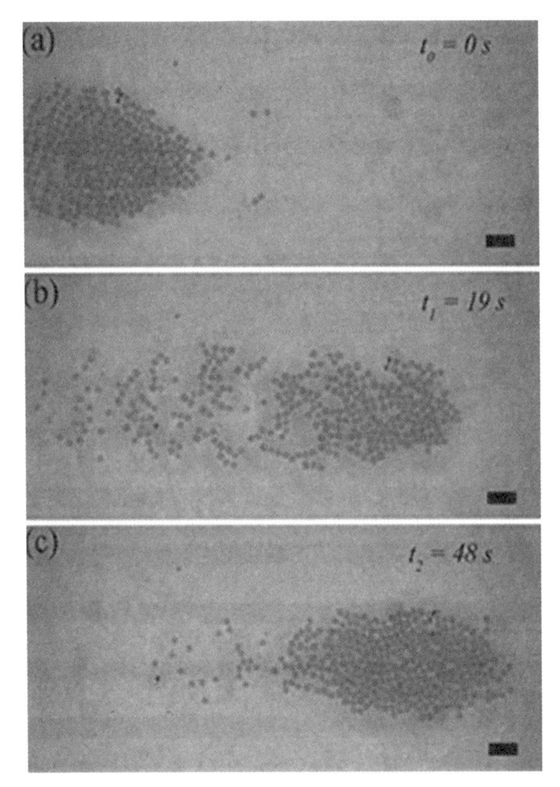

그림 1 **소프트-마이크로로봇 군집 제어**
외부 자기장을 이용하여 수백 개의 소프트-마이크로로봇들을 왼쪽에서 오른쪽으로 이동시키는 군집 제어. 검정색 기준자는 1mm를 나타낸다.

03

학생들과의 연구

마음껏 '덕질'하며 학맥을 이어나가다

실험을 통해 연구하는 나는 재능보다 노력이 중요하고, 결과보다 과정이 중요하다는 철학을 가지고 있다. 하지만 유학을 나오기 전까지는 나도 이 말을 믿지 않았다. 고등학교 3년 동안 열심히 노력했어도 대학 입시를 치르는 단 하루의 컨디션에 따라 삶의 많은 것이 달라지는 것을 경험한 내게는 과정보다 결과가 중요해 보였다. 받아들일 수 없는 결과 앞에서 과정이 중요하다는 말은 단지 위로에 불과하다고 생각했다.

그러나 본격적으로 실험을 통해 과학적 질문에 대한 답을 구해가는 연구자의 길을 걷게 되면서 과정과 결과의 인과관계에 대한 생각이 바뀌었다. 실험을 통해 연구의 방향을 찾아가는 사람은 100번의 실험 중 몇 번의 실험이 성공할지 모른다. 100번 모두 실패할 경우도 있다. 어떤 실험 결과가 나올지 모르기 때문에 실험 전에 모든 것을 완벽하게 준비하려고 노력하고, 실험의 모든 과정 하나하나에 최선을 다할 뿐이다. 실험 결과는 있는 그대로 정직하고 정확하게 분석하고 해석한다. 이것이 연구 윤리에 부합하는 바른 연구자의 자세다. 좋은 실험 결과는 최선을 다한 과정에 대한 보상 같은 것이다. 따라서 과정을 중시하는 바른 연구자와 함께 연구하는 것은 커다란 복이다.

'인사人事가 만사萬事'라는 말이 있다. 연구는 사람이 한다. 좋은 학생을 선발하여 학생이 마음껏 '덕질'할 수 있는 연구 프로젝트를 배정하면, 그 연구는 절반 이상 성공한 것이나 다름없다. 나는 학생을 뽑을 때, 타고난 재능을 가진 학생보다는 꿈을 가지고 꾸준히 노력하는 학생을 선호한다. 노력하는 학생은 연구 과정에서 자신이 들인 노력을 칭찬해주면 그만큼 다시 또 노력한다. 노력하는 학생은 대부분 자기주도적 연구 역량을 가지고 있다. 예술을 하는 데 꼭 필요한 창의성은 선천적으로 타고난 능력일 수 있지만, 연구에 필수적인 창의성은 선천적인 것보다 노력의 산물이라고 나는 생각한다.

나는 매년 지원받은 연구비에 따라 적게는 1명에서 많게는 3~4명의 대학원 박사과정 학생들을 선발한다. 학생을 선발할 때는 신중을 기한다. 선발된 학생에 대해서는 지도교수로서 학위 과정 중 학문적 도움을 주어야 하고 필요한 모든 경제적 지원을 책임져야 하기 때문이다. 그뿐만 아니라, 교신저자●로서 함께 발표하는 모든 논문에 대한 무한책임도 지도교수에게 있기 때문이다. 학생의 지원 서류 중에서 나는 가장 먼저 추천서를 읽어본다. 학생의 인성과 연구 잠재력에 대한 평가를 눈여겨본다. 학생의 이력서에서는 출신 학교나 학부 성적보다는 박사과정 연구를 위해 학부·석사 때 어떤 과정을 준비했는지 본다. 예를 들면 어떤 컴퓨터 언어에 능통한지, 어떤 동아리 활동을 했는지, 어떤 연구 경험을 가지고 있는지를 살핀다. 이 과정을 통해 인터뷰 대상자를 추려내고 화상미팅을 한다. 예전에는 TOEFL이나 GRE 성적만 보고 학생의 언어능력을 평가했지만, 요즘은 스카이프나 구글 행아웃 같은 영상통화 프로그램을 통해 화상면접을 한 후 학생을 선발한다.

화상면접할 때 내가 첫 번째로 하는 질문은 왜 박사를 하려고 하느냐는 것이다. '성과=동기×능력×노력'이라는 방정식이 말해주듯이 동기는 매우 중요하다. 두 번째 질문은 어떤 미래를

● 학술지 편집자 또는 다른 연구자들과 연락을 취할 수 있는 저자. 논문과 대해 질문이 있거나 문제점이 발견되었을 때 연락을 취하여 조치하도록 하기 위한 제도다.

꿈꾸느냐는 것이다. 박사학위 후 어떤 직업을 가질 것이냐는 질문에 교수를 꿈꾸는 학생을 개인적으로 선호한다. 교수는 교수만이 만들 수 있는 직업이고, 개인적으로 학맥Academic Genealogy을 이어갈 수 있는 토대가 되기 때문이다. 세 번째 질문을 하기 전에 나는 현재 내 연구실에서 진행되고 있는 연구 프로젝트에 대해 최대한 상세하게 이야기해준다. 그리고 현재 진행 중인 연구 프로젝트들 중에서 어느 것이 제일 흥미 있고 재미있을 것 같으냐고 묻는다. 만약 학생이 진행 중인 로봇 프로젝트 중 소프트-마이크로로봇이 제일 흥미롭고 재밌을 것 같다고 말하면, 왜 그 프로젝트가 그런 흥미와 재미를 유발할 것 같은지 물어본다. 그리고 소프트-마이크로로봇 프로젝트가 학생의 박사학위 연구과제가 될 수 있도록 최대한 배려한다. 화상면접까지 통과한 학생 중 가장 우수하다고 생각하는 몇몇 학생들에게 연구장학생 오퍼를 준다.

실험연구를 하는 학생에게는 다음 네 가지 유형의 연구자 중 자신은 어디에 해당하는 것 같은지 묻는다. 첫째, 나는 내가 무엇을 아는지 알고, 내가 무엇을 모르는지도 안다. 둘째, 나는 내가 무엇을 아는지는 알지만, 내가 무엇을 모르는지 모른다. 셋째, 나는 내가 무엇을 아는지 모르지만, 내가 무엇을 모르는지는 안다. 넷째, 나는 내가 무엇을 아는지도 모르고, 내가 무엇을 모르는지도 모른다. 연구를 할 때, 내가 무엇을 알고 무엇을 모르는지 알면 모르는 것에 집중하고 노력함으로써 많은 시행착오를 줄일 수 있다.

비슷한 질문을 늘 내 자신에게도 한다. 나 자신이 어떤 사람인지, 그리고 나 자신이 가진 능력이 어떤 것인지 아는 사람은 무엇에서든 성공할 잠재력이 큰 사람이다. 지피지기면 백전불태라는 말이 있듯이 자신과 자신의 능력을 잘 알아야 삶의 방향과 목표를 정할 수 있다. 그런 사람은 자신의 삶에 선택과 집중을 할 수 있다. 나 자신이 어떤 사람인지 아는 사람은 자신이 무엇을 좋아하며, 무엇을 할 때 행복한지 아는 사람이다. 우리는 우리가 좋아하는 것을 할 때 행복하다. 시간 가는 줄 모른다. 하지만 우리와 안 맞는 일을 할 때 행복하지 않다. 그리고 그 일에 쉽게 지친다. 따라서 내가 좋아하는 것을 아는 것, 내가 하면 행복해지는 것을 아는 것은 정말 중요하다. 그것이 나에게는 연구다. 연구실에서 학생들과 좌충우돌하며 다양한 연구 프로젝트를 수행해왔다.

그중에는 크게 성공한 박테리아 나노로봇 프로젝트가 있는 반면, 완전히 실패한 사이보그곤충 프로젝트도 있다. 지금까지 연구과제 성공률은 약 50% 정도 되는 것 같다. 절반의 성공이지만 나는 만족한다. 연구의 결과보다 연구의 과정이 아름답고 행복했다고 자부하기 때문이다.

04
국가의 연구 경쟁력
경쟁과 협업을 보장하는 환경에 달려 있다

2019년 중국 마카오에서 열린 국제로봇학회IROS에서 대한민국 국가대표급 로봇 연구자들과 '어떻게 하면 한국의 연구 역량과 연구 경쟁력을 강화할 수 있는가?' 하는 질문을 놓고 고민한 적이 있다. 나는 '미국과 비교했을 때, 한국의 무엇이 문제이고 무엇이 다른가?'라는 질문을 받았다. 나는 한국연구재단과 한국산업기술평가관리원의 연구 과제들을 수행했던 경험을 바탕으로 세 가지를 말했다.

첫째는 경쟁이다. 나는 매년 미국 국립과학재단에 심사위원으로 초대받아 연구제안서를 심사한다. 보통 심사 패널에는 10~12명의 심사위원이 있는데, 패널당 약 25개의 연구제안서를 평가한다. 그중 2개 정도가 연구비를 받아간다. 5년 전, 한국산업기술평가관리원의 의료용 마이크로로봇 과제에 도전한 적이 있었다. 한국 연구 과제 중에 드물게 국제협력을 허용하며, 1년에 30억 원, 5년에 150억 원을 지원하는 대형 연구 과제였다. 미국 국립과학재단의 연구 과제는 80% 이상이 1년에 1억 원의 예산을 총 3년 동안 지원하는 상향식 과제들이다. 약 20% 이하의 하향식 연구 과제도 대부분 1년에 5억 원 정도이고 대부분 3년에서 5년 동안 연구 지원을 해준다. 그러니 총액 150억 원이라는 어마어마한 액수의 연구비라면 엄청난 경쟁률을 뚫어야 할 것이라는 긴장감에 연구제안서를 만들 때 최선을 다했다. 연구제안서 마감일에 맞춰서 제안서를 제출한 후 들은 경쟁률은 2 대 1이었다. 5년 150억 원 연구 과제에 달랑 2개의 연구제안서가 제출되었고, 그중 하나가 연구 과제로 선정된 것이다. 아이러니했다. 25 대 2의 경쟁률과 2 대 1의 경쟁률은 시사하는 바가 많다. 경쟁이 없으면 퇴보한다. 보다 나은 연구를 위해서 경쟁은 피할 수 없는 과정이다.

둘째는 연구제안서 심사다. 미국 국립과학재단은 보통 심사 한 달 전에 심사위원을 정하고 최소 3주 전에 연구제안서들을 보낸다. 각 심사위원은 2~3주 동안 약 8개 정도의 연구제안서를 심사한다. 그리고 각 연구제안서에 대한 강점과 약점을 자세히 기술한 심사평과 평가 점수를 심사일 3일 전에 국립과학재단에 온라인으로 제출한다. 이후 국립과학재단에서는 이틀 동안 치열한 패널 심사를 통해 제출된 연구제안서 가운데 어떤 연구 과제를 지원할지 확정한다.

한국의 경우는 심사위원들이 심사 당일 연구제안서를 받고, 연구제안자들의 발표를 통해 그들의 연구를 이해하고 심사 결정을 내린다. 5년 150억 원 연구 과제 심사를 단 몇 시간 만에 결정한다? 비록 나는 한국계 미국 교수이지만, 홍콩, 영국, 스위스, 벨기에, 이스라엘, 크로아티아 등의 연구기관으로부터 매년 연구제안서 심사 요청을 받고 연구개발 과제평가를 한다. 그 이유는 무엇일까? 미국에 비해 상대적으로 연구심사 인재풀이 작은 나라에서는 이해 상충으로 야기될 수 있는 심사의 비공정성을 최소화하기 위해 나라 밖에 있는 외부의 심사위원을 적극적으로 활용하고 있다. 아이러니하게도 한국연구재단이나 한국산업기술평가관리원같이 대한민국의 연구를 기획·평가·관리하는 연구기관으로부터 받은 연구제안서 심사 요청은 아직까지 단 한 번도 없었다.

올바른 연구 과제 심사는 혁신적 연구 경쟁에서 필수다.《네이처》,《셀[Cell]》,《사이언스[Science]》 같은 세계 최고 학술지의 논문 심사가 철저한 평가와 검증에 기반하지 않았다면 지금의 권위를 갖지 못했을 것이다.

셋째는 연구 과제비 집행 과정이다. 한국산업기술평가관리원의 의료용 마이크로로봇 연구 과제와 한국연구재단 해외우수연구기관유치사업에 선정된 이후에 진행된 연구비 집행 실태는 그야말로 충격 그 자체였다. 예를 들어 연구 과제 수행 시작일이 6월 1일이었는데 3개월이 지나도록 연구비가 한 푼도 집행되지 않았다. 더 기가 막힌 것은 석 달이 훌쩍 넘어 연구비가 집행되었는데도 중간 평가는 예정대로 해야 한다는 사실이었다. 미국의 경우, 모든 연구비는 과제 수행 전에 반드시 집행된다. 연구비 없이 무엇을 할 수 있단 말인가? 예산 집행은 한 번도 제때 이루어지지 않았는데 연구 평가는 일정에 맞추어 이루어져야 한다니 정말 이해할 수 없는 일이었다.

중간 평가 후에는 연차 평가가 있었는데 매년 평가 기준이 달랐다. 중간 평가와 연차 평가를 준비하느라 몇 주씩 연구 과제 수행은 뒷전이 될 수밖에 없었다. 미국의 경우 국방부 산하의 몇몇 연구 집행기관을 제외하면, 연구비의 많고 적음에 관계없이 매년 한 차례 온라인 서면보고로 연구 평가를 대신한다. 예산 집행이 늦어졌음에도 불구하고 해당년도 예산은 이월이 안 되고 당해에 모두 써야 한다는 규정은 더욱 이해하기 힘들었다.

해가 바뀌자 연구 예산이 삭감된 경우도 있었다. 예산이 삭감된 이유는 바둑기사 이세돌 9단이 인공지능 알파고와 대국에서 지는 바람에, 계획에 없던 인공지능 연구 과제를 만들어 지원했기 때문이다. 이미 집행되고 있는 연구들의 예산에서 십시일반 비용을 차출해서 계획에 없던 연구 과제에 지원금을 주었던 것이다. 이 과제의 예산 집행과 행정 지원을 해주었던 드렉셀대학교 연구처에서는 모든 것이 난센스라며 연구비 집행 과정을 이해하지 못했다.

가장 어처구니없었던 것은 연구 참여 1년이 지나자마자 2년 차 연구 참여 배제에 대한 공지를 연구 총괄책임자에게서 카카오톡 메시지로 받은 사실이다. 우여곡절 끝에 30% 이상 삭감된 연구비로 2년 차 연구를 수행할 수 있었지만 3년 차부터는 연구에서 완전히 배제되었다. 국제협력 과제였는데도 공동연구에서 배제되어야 했던 이유가, 국민의 세금이 해외 연구자에게 가는 것에 대해 심사위원들이 불쾌해해서라는 사실을 연구 총괄책임자에게 들었다. 상당히 씁쓸하고 허탈했다.

한 국가의 과학기술 경쟁력은 과학기술정책과 효율적 연구개발투자에 의해 결정된다. 한국의 연구개발 투자액은 매년 증가하는 추세에 있다. 하지만 혁신적 연구 성과는 창의적 아이디어에서 발현된다. 단순한 연구개발 투자비의 증액이 혁신적 연구 결과를 낳을 것이라는 안이한 생각은 구시대적 발상이다. 따라서 지금부터라도 혁신적 연구 성과를 불러올 수 있는 연구 환경을 조성하기 위해 정부는 창의 핵심 인력들의 치열한 경쟁을 유도하고 공정한 심사를 통해 연구 과제를 선정하여 올바르게 집행하기 위해 노력해야 한다. 계속해서 강조하지만, 연구는 사람이 한다. 다학제 간 연구에 기반한 혁신적 연구는 혼자가 아니라 서로 분야가 다른 여러 사람들의 협업을 통해 이루어진다. 다양성 안에서 일반성은 보편적 질서를 만들고, 다양성 안에서 자라나는 독창성은 혁신적 아이디어를 만들기 때문이다.

05

10년 동안의 동물 실험

임상실험의 미래를 모색하다

마이크로·나노로봇을 인체 내에 투입하여 표적지향형 약물 전달과 최소침습수술의 의학적 임무를 수행하기 위해서 반드시 선행되어야 하는 실험이 동물 실험이다. 드렉셀대학교에서 서던 메소디스트대학교로 연구 공간을 옮긴 후, 동물 실험을 위한 모든 서류를 준비하고 제출하여 최근에 IACUC Institutional Animal Care and Use Committee의 동물 실험 허가를 받았다. 지난 15년간 연구해 온 마이크로·나노로봇의 체외 실험을 통해 축적된 노하우를 바탕으로 생쥐와 쥐를 대상으로 다양한 동물 실험을 할 예정이다. 마이크로·나노로봇을 이용한 다양한 약물전달과, 의학 영상 기반 피드백 제어와 군집 제어를 통한 최소침습수술을 실험용 쥐

를 대상으로 하나하나 실험할 계획이다. 죽은 쥐의 눈, 자궁, 혈관, 뇌 등을 적출한 뒤, 마이크로·나노로봇을 투입하여 외부 자기장을 제어하면서 비뉴턴 유체 내에서 마이크로·나노로봇들이 목표한 표적까지 어떻게 이동하는지, 그리고 어떻게 약물을 전달할 수 있는지를 보여주는 의공학적 실험들은 이미 연구실에서 진행되고 있다.

마이크로·나노로봇공학은 동물 실험을 통해 생물학, 의공학 연구에 엄청난 기여를 할 뿐만 아니라 나노의학 기술을 한층 더 발전시킬 것이다. 이 연구는 의료용 약물이 코팅된 마이크로·나노로봇을 표적 대상 영역으로 유도하는 것과 같은 추가 개발로 이어질 것이며, 제어 가능성의 정도에 따라 뇌하수체 종양 제거 수술 같은 초정밀도를 요구하는 비침습수술법 연구도 계속될 것이다. 나는 동물 실험과 관련하여 전보다 훨씬 많은 도전과 실패가 시작될 것이라는 것을 누구보다 잘 알기 때문에 매 실험에 최선을 다하고 있다. 특히 생명을 다루는 만큼 가능한 한 적은 수의 동물을 이용하고, 실험 전 대체 가능한 방법이 없는지 모색하며, 실험 진행 중에는 동물이 고통받지 않도록 최선을 다한다. 앞으로 10년 동안의 동물 실험을 통해 실제 사람을 대상으로 실험하는 임상실험의 길을 모색하고 더욱 발전된 마이크로·나노로봇공학의 미래를 그려갈 계획이다.

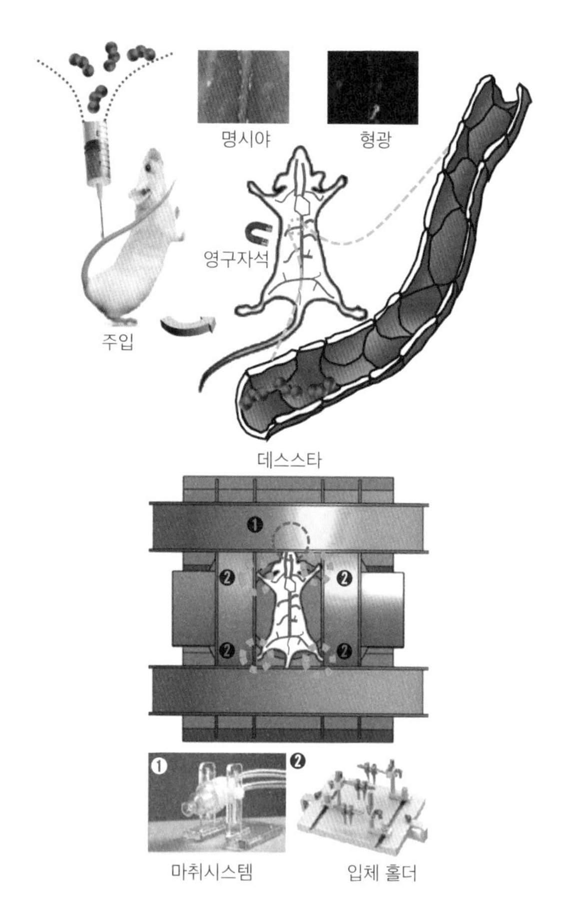

그림 2 **동물 실험의 개략도**
쥐 모델을 사용하여 이산화탄소 폐복막 진단개복술을 한 뒤, 꼬리정맥주사를 통해 마이크로로봇을 주입한다. 실험을 위해 쥐 모델의 입안에 마취 튜브를 연결한 후, 전·자기장 제어 코일 시스템 내부에 위치한 해부용 입체 고정걸이에 쥐의 다리를 고정한다. 영구자석은 실험 표적 모세혈관이나 정맥 근처에 위치하여 마이크로로봇이 혈압에 의해 혈관 안으로 밀려 들어가 표적 영역을 무단통과하는 것을 방지한다. 마이크로로봇이 영구자석(표적) 주위에 위치한 것을 관찰하고 나서 전·자기상제이 코일 시스템의 회전 자기장을 켜면, 마이크로로봇이 운동/경로를 정확하게 제어하며 약물전달을 위해 움직이기 시작한다. 의학 영상기법에 의해 쥐모델의 모세혈관과 정맥에서 형광의 영역과 밀도를 측정하면 마이크로로봇의 이동 성과를 실시간으로 파악할 수 있다.

06

미래의 나노로봇

오늘의 상상과 내일의 현실을 연결하다

인체 내를 들여다보는 의학영상은 X선, 초음파, 자기공명 등을 통해 확보한다. X선을 사용하는 X선 전산화 단층 촬영(CT)이나 X레이의 경우 방사선 피폭의 위험이 있어 마이크로·나노로봇 공학에 사용하지 못한다. 초음파 영상은 해상도가 아주 낮다.

자기공명영상(MRI)의 경우 자기장을 통해 인체 내 특정 부위에 고주파를 쏘아 수소원자를 공명시켜 나오는 신호의 차이를 디지털 정보로 변환하여 영상을 얻는다. MRI가 CT에 비해서 뛰어난 부분은 방사선과 무관하다는 점이다. 또한, CT 검사는 뼈를 보기에는 좋지만 연부조직이나 신경 등을 볼 때에는 MRI가 압도적으로 좋은 영상을 제공할 수 있다. 하지만 현재 사용하는 대부분의 MRI 영상은 초음파 영상처럼 마이크로·나노미터 스케일에 적용하기에는 해상도와 대조도에 기술적 한계가 있다. 예를 들어, 신장결석이나 요도결석의 크기가 0.1mm(100㎛) 이하가 되면 영상으로 판독하기 힘들다. 마이크로미터의 입자 크기 차이는 전혀 구분할 수 없다.

그렇기 때문에 현재 기술 수준으로는 영상 기반 피드백 제어를 통해 나노로봇을 '이너스페이스'에 실현할 수는 없다. 인체 내에서 움직이는 나노로봇의 동작이나 경로를 실시간 모니터링하는 것이 거의 불가능하기 때문이다. 이는 약물전달, 세포조작, 최소침습수술, 암 조기진단과 생체검사 같은 나노로봇 응용 프로그램에 비전통적 제어 방법이 필요하다는 뜻이다.

앞으로 개발될 미래의 의료용 나노로봇 개발 연구 프로그램은 첫째, 설계-모델링-제작-개량 주기에 기초하여 새로운 형태의 나노로봇을 개발하고 최적화하는 것이다. 쉽게 설명하면 다양한 환경에 스스로 형체를 변화하고 주어진 장애물을 스스로 극복할 수 있는 지능형 모듈식 트랜스포머 로봇의 개발이다. 둘째는, 나노로봇 무리에 대한 제어, 계획 및 국지화를 실행하기 위한 이론 및 실험 작업을 더욱 발전시키는 것이다. 현재의 자기공명영상 기반 피드백 제어는 해상도의 기술적 한계가 있으므로 이 기술적 한계를 나노로봇의 군집 제어로 극복해나가려고 한다.

특히 비뉴턴 유체와 조직이나 장기의 변형에서 오는 인체 내 환경적 불확실성을 극복하기 위해 단일 로봇 대신 1,000~1만 개의 나노로봇을 군집 제어하는 방식으로 약물전달뿐 아니라 조직 탐사나 의료영상 확보를 실현시킬 것이다. 셋째는, 자기장 제어 시스템 내부에 설치된 3차원 자기센서를 이용하여 자성을 띤 마이크로·나노로봇의 움직임을 영상 정보의 도움 없이 실시간으로 분석하여 인체 내 환경에 대한 정확한 지도를 작성하는 작업SLAM, Simultaneous Localization and Mapping을 머신러닝이나 딥러닝 등 인공지능과 결합하여 구현해내는 기술을 개발하는 것이다. 이를 바탕으로 영상에 기반하지 않는 다양한 SLAM 기술과 확률적 최적 피드백 제어 기술을 결합하여 마이크로·나노로봇을 이용한 약물치료, 조직진단, 그리고 최소침습수술 등 나노의학 기술 향상에 획기적으로 기여할 것이다.

바이러스·DNA·단백질, 나노로봇의 미래 소재들

바이러스는 다른 유기체의 살아 있는 세포 안에서만 생명활동을 하는 작은 감염원이다. 바이러스는 DNA와 RNA 중 하나만을 가지며, 박테리아와 달리 내부에 리보솜과 같은 기관이 없기 때문에 스스로 에너지나 유기물을 만들어낼 수 없다. 하지만 바이러스는 엔도사이토시스를 통해 DNA나 RNA를 특정 세포 내부로 전달할 수 있는 능동 수송 능력이 있다.

바이러스는 또한 혈뇌 장벽을 투과해 뇌의 목표 부위에 약물을 전달할 수 있는 가능성이 있는 극초소형 생물체다. 최근에 유전공학으로 만들어진 아데노 연관 바이러스가 유전자 치료를 위해 세계 최초로 미국 식품의약국의 승인을 받아 사용되고 있다. 2013년 한국에서는 아데노 바이러스 감염으로 인한 감기 소아환자들이 많이 발생하고, 2차 합병증인 폐쇄성 세기관지염(치사율 10~20%)을 유발하여 사회적 이슈가 되었다. 흥미로운 사실은 2017년 이후 인류는 어린이와 성인 환자들에게 실명을 초래할 수 있는 유전적 형태의 시력 상실을 치료하는 데 새로운 유전자 치료제인 룩스투르나를 사용한다는 점이다. 룩스투르나는 특정 유전자의 돌연변이에 의한 질병을 대상으로 미국에서 처음으로 승인된 직접 투여 유전자 치료법으로, 아데노 연관 바이러스를 활용한다. 과학은 특정한 DNA나 RNA를 바이러스를 통해 표적 세포에 전달함으로써 유전자 이식이나 유전자 치료가 가능하게 만들었다. 특히 암유전자 치료법이 요즘 다양한 바이러스를 통해 새롭게 개발되고 있다. 바이러스는 '침투의 귀재'이기 때문이다.

5년 후 연구실의 풍경을 상상해본다. 아마 연구실에서는 박테리아 대신 바이러스를 사용하여 다양한 나노로봇을 표적지향형 약물전달체로 사용하고 있을 것 같다. 몇 년 전부터 우리 연구실에서 지질Lipid을 이용하여 다양한 크기의 리포솜 같은 말랑말랑한 나노입자들을 만드는 이유가 여기에 있다. 지질이 DNA나 자성 나노입자를 감싸게 되면 나노미터 크기의 인공세포가 된다. 외부에서 자기장을 가하면 충분히 운동 제어와 경로 제어를 할 수 있다. 산화철 자성 나노입자는 약물전달 후 인체 내에서 1~2주 후 자연적으로 생분해된다. 무엇보다도 박테리아의 편모를 리포솜에 붙이게 되면 완벽한 표적지향성 약물전달 나노로봇으로 만들 수 있다.

나는 DNA와 DNA, DNA와 단백질, 단백질과 단백질 등 각각의 단일 생분자들을 모듈식 나노로봇처럼 붙였다 떨어트렸다를 반복하여 나노미터 스케일에서 다양한 오리가미Origami 구조를 만들려고 연구 중이다. DNA 오리가미의 다양한 패턴들은 자가조립기능을 통해 서로 엮여가며 나노미터 단위의 1차원, 2차원, 3차원 구조물을 형성할 수 있다. 이런 구조물은 지능형 표적지향형 약물전달체로서 가장 이상적이다. 같은 방법으로 단백질을 이용하여 단백질 오리가미의 3차원 구조물을 만들어 약물전달체로 사용할 수 있다.

나는 이런 생적합성 단일 생분자들을 원료로 삼고, 스마트 디지털형 바이오팩토리온어칩 시스템을 이용하여 다양한 구조를 가진 DNA 혹은 단백질 구조물을 합성하여 신약 설계와 개발에 기여하고자, 유전공학-나노공학-로봇공학을 바탕으로 다양한 연구를 진행하고 있다.

딥러닝과 나노로봇의 융합, 나노로봇을 진화시키다

연구실에서 개발해온 나노로봇의 자율주행 기술은 운동 제어, 행동 계획, 위치 추적과 환경 인식 알고리즘이라는 네 가지 프로세스로 구성되어 있다. 영상 기반 피드백 제어에 따라 외부 자기장을 조작하여 나노로봇의 위치를 실시간 추적하고 동시에 로봇을 제어하면서 목적지까지 이동하는 것이다. 이런 제어 시스템에 자기장 센서와 머신러닝, 딥러닝 등 인공지능이 결합하면 나노로봇의 자율형 표적지향적 약물전달은 한층 빠른 속도로 진화할 수 있을 것이다.

영상 기반 피드백 제어의 경우 인체 내 약물전달에는 많은 제약이 따르지만 체외 줄기 세포군의 약물전달이나 세포조작 같은 나노로봇 응용 분야에서는 다각도로 사용할 수 있다. 지금까지 수집된 데이터를 이용한 머신러닝을 통해 실험에서의 추가 변수들을 고려하여 더 나은 행동 계획과 경로 계획을 만들어 최적화된 약물전달 시나리오와 세포조작 시나리오를 만들어나가려고 한다.

나노로봇의 제어 알고리즘을 통해 생산된 빅데이터를 바탕으로 한 딥러닝은 나노로봇의 제어와 응용에 커다란 도움을 줄 것이다. 특히 군집 제어를 이용한 인체 내 약물전달 시나리오에 획기적 발전을 가져올 것이다. 딥러닝 기술은 100개, 1,000개, 1만 개, 10만 개의 작은 나노로봇이 인체 내의 특정한 표적에 약물을 전달하기 위해 항해를 시작할 때 일어날 수 있는 셀 수 없이 많은 불확실성을 학습을 통해 회피하거나 해결하는 외부 자기장 제어 시스템의 두뇌 역할을 하기 때문이다. 〈은하철도 999〉에서 초과학 우주 전함 아르카디아호를 실질적으로 컨트롤하는 메인 컴퓨터처럼, 기계학습을 통해 주변 환경을 더 정확하게 인식하고 각종 매개변수를 정확하게 조율하는 방법으로 나노로봇을 이너스페이스에서 다양한 목적으로 활용할 것이다.

공상과학영화의 한 장면처럼 느껴지겠지만, 눈에 보이지 않는 나노로봇이 우리 뇌에 침입하여 기억을 훔치거나 조작하는 기억 해킹이 딥러닝과 나노로봇의 융합으로 이루어질 수도 있다. 한발 더 나아가 DNA와 단백질로 구성된 각각의 나노로봇이 자가조립에 의해 다양한 구조를 만들고 그 구조가 바이오팩토리 온어칩 안에서 특정 약물과 만나 약물전달체로 재구성되는 것도 가능하다. 그렇게 재구성된 약물전달체를 주사기를 통해 인체 내에 투약하면, 몸 안에 잠복해 있다가 특정 바이러스에 언제든지 대처할 수 있는 2차적 면역 시스템이 되어 미래의 의료계를 변혁시킬 것이다.

상상이 현실이 될 때 그것이 '혁신'이다. 오늘도 나는 '무에서 유는 창조될 수 없다'라는 열역학 제1법칙을 생각하며, 사람과 사람의 만남을 통해 기술과 기술의 융합을 이루어가며 새로운 혁신에 도전한다. 연구를 사람이 한다면, 융합도 혁신도 사람이 한다. 다양한 사람이 함께하면서 하나하나 이루어가는 융합기술이 티핑 포인트에 이를 때 혁신은 일어난다. 이 믿음으로 오늘도 나는 나의 학생들, 공동연구자들과 열심히 연구하고 있다.

감사의 글

눈에 보이지도, 손에 잡히지도 않을 정도로 작은 나노로봇에 대한 나의 열정과 신념이 잦아들지 않도록 한결같이 곁에서 응원해준 내 가족들에게 감사한다. 유학을 도전할 수 있도록 북돋워주고, 마음껏 상상하고 연구할 수 있는 자유를 허락한 아내에게 진심 어린 고마움을 표하고 싶다.

'이너스페이스'라는 꿈을 좇아 유학길에 오르던 그날이 엊그제 같은데 벌써 20년이 훌쩍 지나가버렸다. 그 시간의 간극만큼 희미해진 기억 속에서 여러 고마운 사람들을 다시 떠올리며 글을 쓸 수 있어 참 행복했다. 학창 시절 '스승'이라는 이름이 걸맞은 선생님들과 수업시간에 배울 수 없는 수많은 스킬을 가르쳐준 친구들, 그리고 힘든 군 생활을 미소 짓는 추억의 시간으로 만들어준 소대원들에게 감사한다.

나노로봇공학자의 길을 걸어갈 수 있도록 해준, 연구를 통해서 만난 소중한 인연들을 되짚어보니 감사한 분들이 너무 많다. 연구자로서의 기본을 가르쳐준 지도교수님들 외에도 유학생 시절 함께 꿈을 만들어갔던 연구실 동료들에게 고마움을 전한다. 특히 헌신적으로 나의 연구를 아낌없이 도와준 워싱턴주립대학교의 프라샨타 두타 교수, 뉴욕주립대학교의 퐁유 황 교수 , 플로리다인터네셔널대학교 김문주 교수, 임페리얼칼리지런던의 죠수아 에델 교수에게 감사의 마음을 전한다.

책에 실린 여러 마이크로·나노로봇은 필자의 연구 그룹Biological Actuation, Sensing, and Transport Laboratory에서 긴 시간을 동고동락했던 연구원들의 열정이 만들어낸 연구 결과들이다. 함께했던 드렉셀대학교 그리고 함께하고 있는 서던메소디스트대학교 모든 바스트랩Bast Lab 연구원들에게 진심으로 감사한다.

『김민준의 이너스페이스』라는 책을 쓸 수 있도록 동기부여를 해준 네바다주립대학교의 폴 오 교수님과 이진주 선생님께 감사의 마음을 전한다. 책이 완성되기까지 3년이라는 시간을 인내심을 갖고 묵묵히 지켜봐주시고 응원해주신 동아시아 출판사 한성봉 대표님께 고마움을 전한다. 그리고 이 책을 위해 물심양면으로 도움을 주시고 각 장의 마인드맵을 구상해주신 정이숙 선생님, 멋진 프로필 사진을 만들어주신 권혁재 선생님, 온 열과 성을 다해 처음부터 끝까지 책의 편집을 맡아주신 김학제 선생님께도 깊은 감사의 말씀을 드린다.

마지막으로 늘 멀리서 응원해주시는 한국에 계신 부모님께도 깊은 감사와 존경을 표한다.